油气管道信息系统集成技术与实践

刘 斌 著

石油工业出版社

内 容 提 要

本书基于国内外管道行业油气管道信息系统集成的研究成果以及最佳应用实践,以促进管道企业管理变革为基本点,通过油气管道信息集成的背景、管理、技术以及实践等不同的侧面的剖析,提出在管理层面实行集中统一的管控一体化运营模式,在业务层面搭建创新的全业务数据架构模型,在技术层面构建技术创新的企业级架构 PEA 及全方位集成技术,对油气管道信息系统集成项目建设进行了深入的探讨、分析和研究。

本书可供油气管道行业的管理人员、技术人员参考使用,也可供咨询顾问、实施顾问、媒体编辑、政府公务员、高等院校计算机应用及信息管理专业师生参阅。

图书在版编目(CIP)数据

油气管道信息系统集成技术与实践/刘斌著.
北京:石油工业出版社,2014.6
ISBN 978 – 7 – 5183 – 0160 – 7

Ⅰ. 油…
Ⅱ. 刘…
Ⅲ. ①石油管道 – 信息系统集成
②天然气管道 – 信息系统集成
Ⅳ. TE973

中国版本图书馆 CIP 数据核字(2014)第 099509 号

出版发行:石油工业出版社
(北京安定门外安华里 2 区 1 号 100011)
网　址:www.petropub.com.cn
编辑部:(010)64523535　发行部:(010)64523620
经　销:全国新华书店
印　刷:北京中石油彩色印刷有限责任公司

2014 年 6 月第 1 版　2014 年 6 月第 1 次印刷
787×960 毫米　开本:1/16　印张:16
字数:295 千字

定价:80.00 元
(如出现印装质量问题,我社发行部负责调换)
版权所有,翻印必究

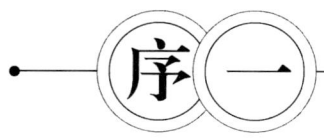

人类正处于信息化的时代。人们的生产、工作、学习和生活无不受惠于现代信息技术带来的诸多变革。关于信息技术与信息化的书籍琳琅满目,虽然涉及范围甚广,有介绍信息与通信技术的,有介绍信息化理论与实践的,也有各种通俗普及的,但研究和讨论信息与通信技术在某一行业应用的专著则并不多见。本书致力于研究信息化和油气储运行业的融合发展,是信息化和工业化深度融合推进中一个比较有代表性的优秀实践案例,虽然涉及的只是某一个专业领域,但对推动我国"两化"融合的理论和实践研究却有着普遍的意义。

信息化在企业中的应用十分普遍,例如计算机辅助设计、工程问题计算、工业设备自动控制等,从产品研发、设计、生产、检测、运维,到产供销人财物的管理等,无不依赖于信息通信技术提高劳动生产率与管理的有效性和效率。其中,既有对工业生产和管理活动的辅助支撑,满足企业生产和管理业务的需要,同时也包括大量地使用信息系统,使其成为企业业务运转的基本平台,对企业业务的影响则更加深远。然而,企业的信息化工作者却并不满足于此。近些年来,很多企业的CIO提出,要从信息支持业务迈向信息引领业务,通过信息化的发展带动企业发展,也出现了信息治理、数据治理等新的思想。有鉴于此,本书不仅讨论了信息化对油气储运业务的支持,还重点论述了信息化对企业业务发展的引领作用。本书重点描述的是信息系统集成,但是强调集成不是目的,而是通过企业各种信息系统之间的集成,来促进企业各项业务的集成,通过信息系统和工控系统的集成来促进企业管控一体化的实现,很有新意。

刘斌博士长期从事于油气管道运输行业,在油气管道运输的信息化建设方面潜心钻研,颇有建树。他曾和我提起过,希望能将这些年来自己在信息化行业的经验、心得以及困惑编写成书,和业界人士分享。今天,这本书如期而至。本书首先介绍了油气管道运输行业的工作内容和特点,详细说明了当前业界使用的各种信息系统,使读者对该行业的信息化建设和应用可以有一个充分的了解。全书以信息系统集成为中心,探讨了各种信息系统集成技术,穿插介绍了SOA、云计算、物联网、数据管理等新兴技术,同时还引入了企业级架构、管控一体化、集中管控等管理理念，更难能可贵的是将这些技术和理念有机地融入在一起，深刻地剖析了它们之间的内在联系。本书的创新和亮点即在于此，而且对各个行业的信息化建设均有借鉴作用。

本书语言深入浅出，通俗易懂，不仅实例丰富，而且运用比喻和类比的方式，尽可能地将技术术语转换为日常用语。因此，本书也可以作为企业信息化的一本入门教材。

国家信息化专家咨询委员会常务副主任

2014 年 3 月 28 日

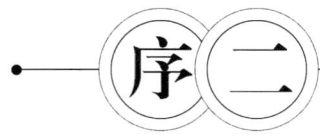

中国石油的核心业务涉及范围广泛，包括油气勘探开发、油气储运、石油贸易、炼油化工、油品销售、工程技术服务和石油装备制造等专业，所以信息化的服务对象也十分广泛。对于一般的企业来说，往往只需要面对一个应用领域即可。而中国石油则不然，需要面对跨度巨大、地域广阔、业务复杂、专业密集，以及管理颇具难度的产业链条，大家能想到的领域几乎都涉及，因此信息化的需求非常复杂。中国石油一直坚持"六统一"原则，即"统一规划、统一标准、统一设计、统一投资、统一建设、统一管理"，并最终实现了从独立分散建设向集中统一建设的跨越式转变，信息化整体水平走在中央企业前列。信息化在优化资源配置、强化过程管控、支持管理创新、提高经营管理水平和劳动生产率等方面的支撑作用越来越显现。

在中国石油信息化建设过程中也涌现出了一批人才，他们不但对中国石油的生产业务有很深的造诣，而且在信息化技术方面也不断地学习、总结、开拓和创新，本书作者刘斌博士就是其中的杰出代表之一，他多年来致力于油气储运行业的信息化建设，取得了很大成绩，也积累了丰富的经验，本书正是他多年来工作和研究成果的象征。

管道运输行业是中国石油业务链中的重要一环，它紧密地连接着油气田、炼油厂、化工厂、油气储运基础设施，既起着承上启下的作用，又具有"点多、线长、面广"的特点。近些年来，随着管道行业的蓬勃发展，其业务对信息化的依赖程度也显著增强，油气的运输调度、系统的运转监控、管道的保卫保护、工程的建设实施、设备的维修维护，无不需要信息化作为支撑。如何建设和运用好信息系统，充分发挥自动控制和数据分析的作用是一个很大的课题。这些年来，管道行业信息化在中国石油信息化建设的统一框架下迅速发展，并取得了巨大成就，但是一直缺乏这个领域的专著，本书全面介绍了油气管道信息系统的建设和应用情况，正好填补了这个空白。

本书的重点是突出对信息系统集成的论述。企业刚开始进行信息化建设时，一般来说都是一个系统对应一项业务，逐渐形成了一个个"信息孤岛"，不但增加了操作人员的工作强度,而且信息之间无法共享,不能充分发挥信息技术给业务带来的高效与精确。面对这种情况,近些年来中国石油一直在致力于信息系统集成建设,刘斌博士就信息化集成建设的思路同我进行过多次交流,并在这个领域做了大量的工作。本书的集成技术以 SOA 为核心,融合了物联网、云计算、大数据等先进的技术和理念,以实现信息系统之间的集成,以及信息系统和工业控制系统之间的集成。其目标是实现业务的管控一体化,也就是信息化和工业化"两化融合"的具体体现。

本书通俗易懂,对于石油行业的工作人员来说,可以了解到很多信息化的知识。同时,本书在信息化建设理念上又有很多创新,对于信息化专业人士也会有很大启发。

祝愿我国的石油石化行业信息化再放异彩。

工信部国家两化融合试验区专家组成员
清华大学研究生院指导委员会委员 张志檩

2014 年 3 月 28 日

前 言

众所周知,信息集成是指系统中的各个子系统和用户的信息采用统一的标准、规范和编码,形成统一的信息化语言,方便全系统范围内的信息共享,进而实现相关用户软件间的交互,为工作的有序开展奠定良好的基础和条件。它是一种针对某个目标或面向某项特定服务对信息进行组织和管理的理念,其核心是将企业的信息资源作为大系统,采取技术手段进行整合,实现资源共享。

目前我国多数企业仍然处于初级的个别流程信息化建设阶段,也就是说,开始意识到数据处理和管理信息系统的重要性,并进行了初步的尝试,但依然没有形成企业内部全数据的贯通和集成。随着信息技术发展的日新月异,以及物联网、云计算平台和虚拟化技术的发展乃至推进,管道企业IT管控和海量数据资产管控模式也将发生很大的变化,它会使管道企业资源配置更加集中、统一和简化。那么,顺应时代发展的需求,企业的信息集成水平也亟待提高,通过不断完善企业信息化的统一规划实践,以推动"数据难以共享"的现状向"数据集成度较高"和"集成化最优控制"的高度发展。

"努力提高企业信息系统应用的集成度、扩展性和信息化项目的成功率,减少以至消除信息孤岛,实现资源共享,不断提高企业信息化建设与应用水平",这是全国企业信息化工作领导小组明确提出的信息化建设过程中亟待推进的工作。系统集成作为企业决策者最为关注的战略问题之一,决定了一个企业不仅仅是网络通信硬件的系统集成,还应该注重更高层面上的应用系统的集成。所以,任何一个企业在其信息化建设发展过程中,不能只把工作的中心放在不断扩大系统应用面上,还要充分重视并积极推进企业信息集成应用的发展。

如何认识信息集成的本质?如何在系统中实现信息集成?如何让企业能够更好地理解和推广集成应用?如何在集成应用的理念指导下分步实施,保证企业健康快速地发展?本书的目的就是和大家讨论这些问题,为推进油气管道生产经营信息系统的集成应用而努力。

目前市面上信息化集成的相关书籍琳琅满目,其中多数是一些专家学者的理论性的或者是某个具体软件的操作手册,在企业信息化集成建设的初期确实起到了一定的指导作用。但是随着信息时代的飞速发展,特别是油气管道行业应用集成的复杂性,初期的个别理论和实践已经无法满足企业信息化集成的需求。能够从企业角度出发并全面阐释油气管道行业信息化集成和实践的书籍确实不多。

本书从油气管道信息系统集成建设项目的实施背景、管理需求、技术构建和具体实践等方面出发,全面、详尽地对管道行业企业的信息系统集成进行了深入研究,并结合最佳的应用实践,提出业务、信息和时间三个维度的流程模型概念,对管道企业的业务集成需求以及信息系统集成项目的建设做出了深入浅出的分析,充分体现了业务、管理、技术、建设、实践的最优融合匹配。根据管道行业现有业务以及应用系统的发展需求、功能架构、数据架构、技术架构和基础设施架构及信息安全架构等,进而到面向服务的 SOA 企业级应用架构,将 SOA 理念贯穿于整个研究和设计,通过建立完备的技术规范和数据标准,形成管道行业的企业级架构 PEA,可为油气管道行业的信息化集成提供借鉴。

本书还提供了管道行业甚至能源行业的信息化建设及集成应用建设领域中较为全面、相对专业、非常有益的思想、建设与实施等方面的参考意见和技术指导,并结合先进的集成应用项目实践,具备一定的指导性。

本书在编写过程中力求做到条理分类清晰、资料旁征博引、操作简单易懂,以充分展示油气管道行业集成市场需求的准确定位,并以浅显易懂的语言和经典实用的案例为特色,结合笔者多年来在管道行业的实战经验,从全企业应用系统集成的角度,详尽展示了企业集成的需求、实施以及重要意义,相信会对油气管道行业企业的集成化建设起到一定的推动和借鉴作用。

总之,希望本书能够对读者有所裨益,促进我国油气管道行业企业向世界先进水平迈进一步。

由于作者水平所限,书中难免会有不足之处,恳请读者批评指正。

目 录
CONTENTS

○ 背景篇 ○

第1章 信息集成引发管理模式转变 …………………………………… (3)
  1.1 信息集成引发管理挑战 ………………………………………… (3)
  1.2 集中管控成为发展趋势 ………………………………………… (4)

第2章 油气管道信息系统建设现状 …………………………………… (5)
  2.1 国内管道企业信息化现状 ……………………………………… (5)
  2.2 信息化孤岛 ……………………………………………………… (13)

○ 管理篇 ○

第3章 信息化集成与管控一体化 ……………………………………… (17)
  3.1 信息集成促进管控一体化 ……………………………………… (18)
  3.2 管控一体依赖信息化集成 ……………………………………… (24)

第4章 信息化集成业务价值 …………………………………………… (27)
  4.1 推进集中统一进程 ……………………………………………… (27)
  4.2 规范业务流程管理 ……………………………………………… (28)
  4.3 创新管理模式 …………………………………………………… (29)
  4.4 建立高效财务管理 ……………………………………………… (30)

第5章 信息化集成需求 ………………………………………………… (32)
  5.1 管道行业业务现状及问题 ……………………………………… (32)
  5.2 信息数据集成需求分析 ………………………………………… (33)
  5.3 应用系统集成需求分析 ………………………………………… (48)
  5.4 业务流程集成需求分析 ………………………………………… (50)

目 录
CONTENTS

第 6 章　信息化集成项目管理 ……………………………………………………（56）
6.1　应用系统集成生命周期管理 ……………………………………………（57）
6.2　系统集成项目过程管理 …………………………………………………（58）
6.3　系统集成项目实施方法 …………………………………………………（59）

第 7 章　信息化集成规划与实施 ……………………………………………（62）
7.1　信息化集成规划 …………………………………………………………（62）
7.2　信息化集成实施 …………………………………………………………（64）

○ 技术篇 ○

第 8 章　管道企业级架构 PEA ………………………………………………（85）
8.1　业务功能架构 ……………………………………………………………（88）
8.2　数据架构设计 ……………………………………………………………（90）
8.3　技术及基础设施架构 ……………………………………………………（92）
8.4　信息安全架构 ……………………………………………………………（98）
8.5　标准体系建设 ……………………………………………………………（104）
8.6　SOA 应用架构 ……………………………………………………………（114）

第 9 章　数据管理体系的建设 ………………………………………………（120）
9.1　数据管理体系框架 ………………………………………………………（120）
9.2　数据管理体系任务 ………………………………………………………（122）
9.3　数据管理支撑要素 ………………………………………………………（128）
9.4　数据管理体系实施经验 …………………………………………………（138）

第 10 章　管道业务界面集成技术 ……………………………………………（140）
10.1　界面集成技术现状 ………………………………………………………（140）
10.2　界面集成技术实施方案 …………………………………………………（141）

目录
CONTENTS

10.3 界面集成核心技术 …………………………………………… （144）
10.4 界面集成经典案例 …………………………………………… （147）
第 11 章 管道业务数据集成技术 …………………………………… （149）
11.1 数据集成技术概述 …………………………………………… （149）
11.2 数据集成核心技术 …………………………………………… （150）
11.3 数据集成案例分析 …………………………………………… （159）
第 12 章 管道业务应用集成技术 …………………………………… （162）
12.1 管道业务应用集成现状 ……………………………………… （162）
12.2 应用集成核心技术 …………………………………………… （163）
12.3 应用集成案例分析 …………………………………………… （167）
第 13 章 管道业务流程集成技术 …………………………………… （169）
13.1 流程集成目标及意义 ………………………………………… （169）
13.2 业务流程集成模型 …………………………………………… （171）
13.3 业务流程集成技术剖析 ……………………………………… （176）
13.4 管道业务电子模型 …………………………………………… （182）
第 14 章 管道物联网技术应用 ……………………………………… （187）
14.1 物联网技术概述 ……………………………………………… （187）
14.2 管道物联网应用现状 ………………………………………… （188）
14.3 管道物联网平台建设 ………………………………………… （191）

◇ 实践篇 ◇

第 15 章 信息系统集成建设概况 …………………………………… （201）
15.1 信息集成建设背景 …………………………………………… （201）
15.2 信息集成建设目标 …………………………………………… （202）
15.3 信息集成建设需求 …………………………………………… （203）

目 录 CONTENTS

第16章　信息系统集成建设方案 (206)
- 16.1　信息化集成建设内容 (206)
- 16.2　信息化集成建设团队 (208)
- 16.3　信息化集成实施计划 (213)
- 16.4　信息化集成功能架构 (214)
- 16.5　信息化集成软硬件设计 (216)
- 16.6　信息化集成平台部署 (225)
- 16.7　信息化集成运维体系 (227)

第17章　信息系统集成典型经验 (229)
- 17.1　坚守集中统一原则 (229)
- 17.2　深入落实集中管控 (230)
- 17.3　推行项目管理机制 (230)
- 17.4　通过招标选商降本 (231)
- 17.5　持续推进系统集成 (232)
- 17.6　注重自主创新能力 (232)

第18章　信息系统集成建设效益 (234)
- 18.1　提高工作效率 (234)
- 18.2　优化系统配置 (235)
- 18.3　加强成本控制 (235)
- 18.4　提升决策支持 (236)

参考文献 (237)

附录 (239)
- 词汇表 (241)
- 缩略语 (242)

背景篇

21世纪是信息科技高速发展的时期，信息技术与网络技术的飞速发展，进一步促进了经济市场的全球化和国际化的发展趋势，也使国际化企业置身于日趋激烈的竞争和快速多变的商业环境，为现代企业的发展带来了巨大的管理挑战，特别是业务纷繁复杂的油气管道行业的信息化建设问题显现，传统的企业管理模式急需借助IT技术进行转变和提高，才能为企业的发展保驾护航。

油气管道行业要想在历史舞台上站得更久走得更长，就需要顺应时代的发展，转变管理模式，摆脱信息孤岛困境，优化提升现有的信息系统，依靠信息集成建设来实现管控一体化的发展模式。

第1章 信息集成引发管理模式转变

现代企业面临的管理风险和运营难度越来越大,其信息系统需要承载的功能日渐复杂庞大,应用范围也随之不断扩展。为了提高核心竞争力,企业的发展需要整体协同,优化业务运营中涉及的所有环节,通过信息系统的集成来实现业务信息流和数据流的贯通及共享,依靠高科技的信息技术来支撑企业业务流程的发展和功能模块的健全,让企业能够快速响应企业内部和市场的变化。

1.1 信息集成引发管理挑战

在信息时代背景下,为了推进企业的高效管理,提升整体运营能力,促进企业完成发展模式的转型以及开拓创新的进程,任何一种现代企业的管理模式都需要依赖信息化手段来实现管控一体化。通过建立统一的信息集成平台,将企业管理和业务发展紧密联系在一起,将业务发展的情况作为管理决策实施的依据,同时围绕管理方面的新要求开展业务,实现二者的完美统一和相互促进。集成化管理是提高企业管理水平、保持企业核心竞争力的关键,是企业管理发展的必然趋势。

管控一体化作为一种先进的企业管理模式,是实现集成化管理和决策信息系统的理论基础,是信息高速发展催生出来的适应时代发展的产物,已成为现如今企业提升核心竞争力应该采用的重要的管理模式。企业的信息化集成作为管控一体化的实施手段,通过优化协调企业内部相互独立的部门、核心业务的上下游产业,促进部门系统之间的联系沟通,真正实现信息共享,制定快速准确的决策,最终实现企业发展的战略目标。因此,企业的集成度越高,其功能就越协调,市场竞争力就越大。对信息系统、设备、应用、人员等功能实体进行集成,建设支撑企业各类生产活动、经营活动全过程的集成化的系统,可以有效地解决企业内部各部门之间的信息孤岛现象,构建企业发展所依赖的整体的完整的信息化系统平台。

随着企业内外应用系统的扩大,集成技术也需要更加具有针对性,以便解决各种纷繁复杂的问题。对于企业集成来说,不但要实现企业内部各个专业的业务信息系统,更要集成不同企业之间的各类专业信息系统,实现数据共享。

当然，信息化集成建设中还面临着很多的问题和难点，比如创建灵活的信息集成架构、企业管控一体化进程中信息管控先行的必然性、各种资源的集成管理、系统多样性以及信息爆炸所带来的影响和风险，都给企业现有的管理模式带来更高更严峻的挑战，为适应现代化发展的需求，企业管理模式的转变还任重道远。

1.2 集中管控成为发展趋势

当今，为了应对市场需求和行业管制的不断变化，国内外的企业纷纷组织变革，特别是油气管道行业，将IT信息系统在管道生产、经营管理以及决策支持等方面进行了广泛的应用，通过大力建设信息化集成项目，转变调整了业务运营模式，进而提升企业发展绩效：利用先进的管道技术，通过面向管道完整性应用的地理信息系统，提高管道安全，降低维护成本，同时提供完整性分析所需的地理信息数据和管道中心线数据，并逐步与各类管道运维系统集成，保证管道数据完整性，更好地支持完整性管理体系和业务能力。通过应用系统的集成，实现业务流程处理的连贯及高效，帮助管道企业提高快速反应能力及综合管理能力。

在整个行业更加强调管制及监控重点的要求下，油气管道行业进行了完整性管理，尤其是对高风险地区的监控管理。在管道运营的各方面均采用先进的决策支持工具，如设备前瞻性分析系统、管道完整性管理与评估系统、实时运行风险评估系统等。同时，工业和制造业的持续增长使得管道企业需兴建更多的管道来满足市场增长的需求。因此，随着资产不断扩大和信息技术水平的提高，国际化的管道运营企业开始借助信息化来加强集中化的支持功能和共享服务，以减少运营成本、提高收入和增加利润，日益强调管道网络的最优化，高效的油气管道运营效率及集中管控一体化已经成为国内外管道运营企业所追求的重要目标。

• 小结 •

管控一体化是实现集中管控，从而提升企业管理的重要手段，需要通过信息系统集成来实现。

第 2 章　油气管道信息系统建设现状

信息化发展的内在规律决定着企业必然经历由信息化集中建设走向集成应用的发展,这是改变现阶段数据管理问题、业务模式规范问题的唯一方式,是企业信息化从投入阶段转向产出阶段的必经之路,是提升企业信息化服务水平的关键一环。目前国内管道企业的信息化建设取得了一定的成效,但是仍然存在很多问题,尤为突出的就是信息化孤岛现象严重。

2.1　国内管道企业信息化现状

管道企业,顾名思义,主要的资产就是一个埋在地下的管子,通过这根管道将原油、成品油、天然气输送到目的地。管道运营企业不开采和生产油气,只是进行运输(当然也可以用汽车、火车、飞机、轮船等形式运输,之所以有管道企业的存在,是因为根据实践,管道运输相对是非常节省成本的),属于物流行业,所以我们不关心油气是如何来的,我们关心的是它们从哪里来,到哪里去。一条管线和一条河流一样,有起点,也有终点,有时也会有几条支线,起点一般是油气田输送原油天然气,或者是炼厂输送原油,原油管道的终点通常是炼厂,天然气管道的终点是通往城市燃气管网的起点,通过城市燃气管网天然气进入了千家万户,而成品油管道的起点是炼厂,终点是石油销售企业的油库,通常通过专门的运油车从油库运到加油站,在这里石油进入了我们的汽车中。管道的支线和干线类似,有的支线将油气输送到干线中,属于生产者,而有的支线是将一部分油气从干线中输送出去,属于消费者。但是管道和河流又不一样,"滚滚长江东逝水",河流中的水自然会流向大海,这是由于地球引力,河流是一种自然现象,而管道是一种生产工具,其中的油气也不能随波逐流,油田可能比炼厂的地势低,当然不能依靠地球引力了,而且我们不但需要原油能够从油田流向炼厂,我们还需要按照我们要求的时间、流速等要求准确地到达目的地,这就需要我们利用其他手段。一个静止的物体发生运动,或者是一个运动的物体加速运动,就必须给它一个力,既然地球指望不上了,我们就需要找到一个其他动力的来源。在原油成品油管道上这个动力来源就是泵,而在天然气管道上就是压缩机。由于摩擦力等阻力的作用,油气获得动力走了一段距离后就又慢了下来,这时怎么办？很容易，就是再加一个泵或是压缩机；由于管道一般很长（有几百甚至上千公里），不好控制，有时候流速又太快了，所以要让它慢一点，这时候怎么办呢？通常使用的是阀门，通过阀门调节流速，这就是调节阀，当然管道上有很多地方都会用到阀门，不仅仅是为了调节流速，比如我们规定给一个油库100升的油，我们发现已经输送完毕，但这时由于惯性油还是往油库方向流，我们需要用阀门将油截断，这就是截断阀。有时我们需要将油中转一下，需要在管道的中端对石油有一定的储备，所以需要储油罐，相当于货物中转站。管道上的设备还有很多，例如为了增加原油的流动性，我们需要给原油加热，就需要加热炉；为了在输油过程中减少其中的杂质，我们需要过滤器。通过这些设备保证了油气按照规定的时间、方向、流量流向我们规定的地点。这些设备一般都放在一个集中的地方，虽然管道基本都埋在地下，但是设备需要经常地操作和维护，所以一般都放在地上，并且为了操作和维护这些设备，会成立一个站场，这是管道企业最基层的单位。当然，站场的作用并不仅仅限于维护设备，通常为了能安全高效地完成输送油气任务，需要实时调控设备，这就需要掌握管道的实时数据，包括温度、压力、流速等，也就需要大量的仪表，所以维护和按时读取仪表数据也是站场的任务之一。不过在当前信息化的时代，越来越多的工作不再需要人工操作了，管道企业一般都会使用SCADA（数据采集与监视控制）系统来完成设备的操作与仪表数据的读取，从而完成油气管道输送油气的调度与运行。几乎所有的站场设备都由油气调控中心远程控制，并且可以在远程实时看到管道以及管道设备的信息，既然如此，在站场还需要人员来操作和维护这些设备和仪表吗？答案是需要。正如一所房子如果长时间没有人住，就很可能会被盗贼破门而入，尤其是管道站场为了安全起见一般都选择在偏远地区，如果无人值守就会方便不法分子对设备的盗窃和破坏；如果只是为了看护，其他动物也能胜任，当然还有其他任务，远程控制依靠的是光缆传输的信号，一旦光缆中断设备就失控了，就需要现场操作设备了，所以站场就产生了一系列的工作，需要对这些工作进行管理，当前很多管道企业在使用管道生产管理系统（简称PPS），用来定时记录设备的定时参数、下达油气调度指令、记录站场设备运行情况以及能源消耗情况；另一项工作就是设备需要经常维护，比如要定期排水排气、注脂润滑、祛除锈蚀等，以此来预防设备的故障，所以一般站场都需要有人员值守。这些管道设备不像我们家用电器，坏了就坏了，这些设备一方面要用很多钱来买，另一方面一旦出现故障将会对油气正常运行产生很大的影响，所以需要专门管理，比如要为设备建立一个台账，用来统计设备的基本信息，对每台设备还需要一个预防性的维修维护计划，按计划对设备进行维护，发现设备故障时要清晰明确设备的保修流程，用最短的时间使管道运行恢复正常，还包括设备的备品备件的储存量是否合理，通常这些工作也需要系统支持，这就是 EAM 系统(设备管理系统)。前面提到了设备和仪表需要维修维护，作为管道本体同样需要维修维护，这就是站场的另外一个重要职责，也就是确保管道本体的安全，由于管道一方面埋在地下，另一方面跨度广，其风险就比站场设备更大，同时更加难以管控，对于确保管道本体的安全有一整套理论体系，就是管道完整性理论，其核心内容是通过风险控制的思想来实施管道运维计划从而保障管道安全，国内外的管道运营公司无不把安全作为首要目标，因为这本身就是一个高危行业，安全第一也是人本主义的体现。管道的维护是有严格的维护计划的，制订计划需要有一系列的步骤，找出管道的风险在哪里，分出轻重缓急，逐步实施。首先，要采集数据，当前是大数据时代，做决策需要量化分析，没有数据也就无法对问题进行判断，需要的数据也是多种多样的，包括管道的长度、直径、壁厚、当前有哪些缺陷等，日常运行的温度、压力，管道防腐设施的参数，管道地理坐标，埋地的土壤信息，管道沿线周边的建筑物、河流、铁路、公路、公共设施、人口分布等一系列的信息，这些数据是管道维护工作的基础，但是采集这些数据的工作非常繁琐，而且不是一劳永逸的，因为绝大多数信息是在时刻变化的，而且管道所在的地点跨度很大，是一条线，采集数据需要沿着线路跑，当前这种工作基本上是无法用计算机代替的，这就需要大量的人工采集，数据采集是管道完整性的基础，其数据质量对管道完整性的整个工作十分关键，数据的质量低下直接会影响到最终决策，你的决策能力再高，面对虚假数据也会做出令人费解的判断。数据采集完毕后，就需要根据数据对管道途经的各个区域做一次分析，找出如果发生管道事故其后果比较严重的区域，我们给这个区域起了个名字叫"高后果区"。高后果区包括哪些区域呢？比如河流或海洋，如果石油泄漏到河里或海里，会引起大面积的污染，而且不容易处理；再比如人口密集地区，如果发生爆炸就会有大量人员伤亡。接下来是对管道做风险评价，风险评价的对象主要是针对这些高后果区的管段。风险评价这个名词并不是专业术语，因为在各行各业，在我们的日常生活中都存在着风险评价。各种各样的风险评价无外乎包含两个方面：一是发生意外的概率，二是发生意外造成的后果。这两者都是和风险成正比的，所以如果量化的话，风险就是这两者的乘积，其实做任何事情都有风险，就看你能不能接受这个风险了。举一个例子，有一个朋友找你借钱，但是你感觉他有可能会不还，但是又不好意思不借，因为担心会破坏你们之前的友情，那到底是借还是不借呢？我们根据风险评价的理论，首先判断一下他不还的概率，比如说是 50% 吧，这还不能够决定我们借还是不借,因为少了一个因素,就是后果,实际上我们就是要看对方借多少钱,如果是 5000 块钱,如果对方不还的话我们还能够承受,所以就借了,而如果是 5 万块钱的话,我们感觉不能承受,所以可能就不借了,所以说借的钱越多我们就越可能不借,也就是说借钱越多产生的后果也就越大,风险也就越大。同样,假设有两个人找我们借钱,数目一样,我们对一个人的判断是 50% 可能不还,而对另一个人的判段是 30% 不还,我们会更倾向于借给第二个人,这样风险更小,所以意外发生的概率也影响着风险的大小。我们对管道进行风险评价,一方面要对不同的管段进行事故后果分析,将高后果区的后果进行量化,同时要识别这些管段发生事故的概率,如果要识别发生事故的概率,就需要识别对管道产生危害的因素。什么会对管道产生危害呢?我们可以想象一下,无外乎是内因和外因,内因又分为历史问题和现行问题。一方面可能在管道建设过程中就出现了问题,比如焊接不好,或者施工时将管道损坏,或者是购买的钢管本身就有问题;另一方面可能是建设完成时没有问题,后来出现了问题,因为无论是管道内部输送的石油还是管道外面的土壤都是有一定腐蚀性的,会使管道内外产生一个个裂缝和凹陷,总之,管壁越来越薄,说不定哪天就漏了。当然这是自身方面的问题,还有外在原因,一方面是天灾,另一方面是人祸,比如发生洪水、地震引起了管道破损就属于天灾,而在施工作业时被挖土机给碰坏了就是人祸,在外因的实际统计中还是人祸占据多数。我们通过采集到的数据对这些因素进行分析得到管道各区间发生事故的概率,再综合上面得到的发生事故的后果,就形成了管道风险评价,我们根据风险大小顺序对各个区间排个序列,风险越大越往前,其中有可接受的风险,有不可接受的风险,对于不可接受的风险我们就需要进一步拿出具体措施进行控制了。风险评价之后的步骤就是对这些有着不可接受风险的管段进行全方位的分析,将其中的缺陷进行详细研究,最终列出管道维修维护的计划,接下来的一步就是实施维修维护了,维修维护的工作很多,包括管道宣传保护、反打孔盗油、阴极保护、对地质灾害的预防等,对各个步骤进行综合的效果评价,检查效果的同时用以下一步改进,这样就完成了管道预防性维护的整个过程。这个过程需要大量数据的存储,同时需要严格的业务流程支撑,所以当前管道企业一般都在使用管道完整性系统(简称 PioaGIS)对管道保护工作支持。尽管我们尽可能对管道的风险进行预控,但是事故发生是不可避免的,这就需要进行风险应急预案的编制和演练,不但在管道泄漏后有严格的抢修流程,还需要对每个可能的抢险地点的周围环境有充分了解,比如是否有公路、铁路、河流?人口是否密集?事发地点的海拔位置,而且这些资料也需要实时更新,而且应急抢险是一个实时性很强的系统,不可能所有人员都赶到事发现场,所以需要事发现场和办公室的人员实时交互,这样就需要应急管理系统进行支撑。

管道运营企业一般除了要运行维护管道,还要管理管道建设,管道工程建设不但需要符合一般工程项目的规范,包括规划可研阶段、勘察设计阶段、施工建设阶段、投产试运及竣工验收阶段,其具体内容又涉及管道设备数据、线路管理、站场管理、阀室管理、通信管理、阴极保护管理等方面,一方面需要系统支持整个管理流程,另一方面大量的数据需要采集维护,所以各个管道企业都采用了管道工程建设管理系统(简称 PCM)。

当然管道企业同其他企业一样需要 ERP 系统,对公司的财务、采购、库存、销售、设备、项目、人力资源进行统一管理,对各个业务进行统一协调。不过 ERP 系统是以财务为核心,更侧重于从财务角度去看各个业务,目前只能做到财务信息的统一。

以上系统属于管道企业的核心系统,在多年的信息化建设中,不断有新的业务产生,新的需求被提出,所以在一个企业中的不同阶段产生了多个信息系统,以某企业为例,信息系统如图 2-1 所示。

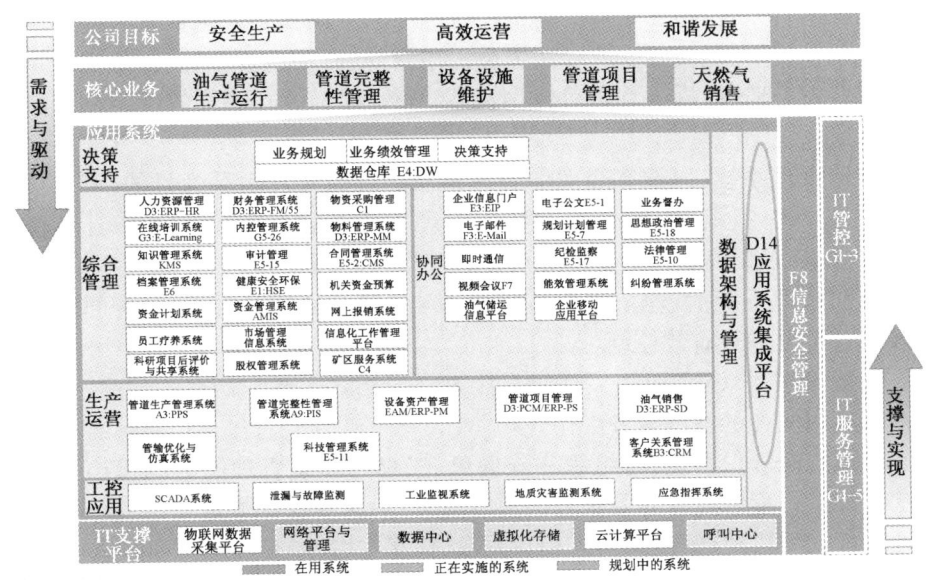

图 2-1 某企业信息化实施规划蓝图

人力资源管理系统：包括人事日常事务、薪酬、招聘、培训、考核等功能模块，对人力资源管理进行全面分析、规划、实施、调整，提高企业人力资源管理水平，使人力资源更有效地服务于组织或团体目标。

财务管理系统：是指将财务管理各相关的因素按一定的规则结合起来，在外部环境提供的种种机会和限制条件下，为实现财务目标而进行的整体运作体系。

物资采购管理系统：针对企业物资的入库、领用、库存等情况进行管理，完成企业对物资日常业务的采购入库、退货、领用、退库、盘点、往来账款等管理工作，使管理人员能及时、准确地了解所需信息，为企业的决策提供正确、便捷的支持平台。

在线培训系统：企业内部的培训管理系统，包括规划、创建及运作在内的整体实施服务，融合多种领先的远程教育技术，具备完善的可扩展性。

内控管理系统：以端到端的流程为载体，将风险内控目标、措施、责任、风险预警、风险内控知识、合规以及记录等协同起来，帮助企业建立全面的风险内控体系，提高企业风险管控与风险防范能力，使企业能以最低的成本得到更高的效率与安全性。

物料管理系统：帮助企业的物资控管部门和下属物资采购及仓管部门在保证供货的前提下，尽量减少库存和资金占用量，同时加速资金周转，加强物资使用监督和财务监督，提高物资管理劳动生产率，对于搞好物资的供、管、用具有重要意义。

审计管理系统：以改善企业的管理素质和提高管理水平为目的，审查被审计事项在计划、组织、领导控制、决策等管理职能上的表现，促使被审计单位提高管理水平，以提高经营活动的经济性、效率性和效果性。

合同管理系统：管理企业合同制订、审批、执行的整个过程，对合同的合规性及执行情况进行有效控制。

档案管理系统：企业相关部门直接对员工档案实体和档案信息进行管理，并提供利用服务的各项业务工作。

健康安全环保系统：将组织实施健康、安全与环境管理的组织机构、职责、做法、程序、过程和资源等要素有机构成的整体，这些要素通过先进、科学、系统的运行模式有机地融合在一起，相互关联、相互作用，形成动态管理体系。

机关资金预算系统：对企业的资产、负债、所有者权益及其相互关系进行预算。如企业的资产负债表、损益表等均为资金预算依据。

资金计划系统系统：一段时间内企业资金计划的申报、平衡、控制和反馈系统,可以保证企业资金的合理开支,实现收支平衡,优化资源配置,从而提高管理计划性,提高工作效率。

资产管理系统:对企业资产从购入到退出的整个生命周期进行全程跟踪管理,为企业资产管理工作提供全方位、可靠、高效的动态数据与决策依据,实现资产管理工作的信息化、规范化与标准化管理,全面提升企事业资产管理工作的工作效率与管理水平。

网上报销系统:基于 Internet 的财务报销流程。在这一流程下,员工可以在任何时间、从任何地点提交财务报销申请,领导可用数字签名的方式在任何时间、任何地点进行业务审批,财务部门对原始凭证审核无误后,自动生成记账凭证,并可以通过网上银行进行支付。

市场管理信息系统:将市场信息(诸如客户信息、竞争信息、政策信息、市场信息、价格信息、需求信息等)按一定的规则进行分类形成市场信息文档库,同时按一定的权限和规则实现信息共享。

股权管理系统:对股权全方位的操作,不仅规范了企业的管理和运作,而且简化了股权相关的交易业务。每个股东都有自己独立的股权证号,股东可进行开户、变更、遗失补办、增(减)股本、继承、现金分红、转让、赠与、合并、送股、配股、转赠股本、质押、冻结等操作。系统把股东的每一次变动都存储起来方便查询,并且所有的变动和分红信息都可以打印在股权证书上,同时能将分红数据导出 EXCEL 文档以上报银行。

企业信息门户系统:指在 Internet 的环境下,把各种应用系统、数据资源和互联网资源统一集到企业信息门户之下,根据每个用户使用特点和角色的不同,形成个性化的应用界面,并通过对事件和消息的处理、传输把用户有机地联系在一起。

电子公文系统:电子公文是指各部门通过由企业统一配置的电子公文传输系统处理后形成的具有规范格式的公文的电子数据等。

电子邮件系统:一种用电子手段提供信息交换的通信方式,可以是文字、图像、声音等各种方式,是企业员工进行业务交流和数据分享的主要渠道。

规划计划管理系统:企业各项经营活动统一管理的统称,包括人员编制、项目规划、生产经营活动等计划任务,通过计划管理,合理地利用人力、物力和财力等资源,有效地协调企业内外各方面的生产经营活动,提高企业经济效益。

即时通信系统:一种基于互联网的即时交流消息的终端服务业务,允许两人或多人使用网路即时的传递文字信息、档案、语音与视频交流,是企业员工及时沟通的工具。

视频会议系统:用电视和电话在两个或多个地点的用户之间举行会议,实时传送声音、图像的通信方式。同时还可以附加静止图像、文件、传真等信号的传送,在不同地点参加会议的人感到如同和对方进行"面对面"的交谈,在效果上可以代替现场举行的会议。

能效管理系统:系统应用智能化集成系统技术,对绿色建筑内各用能系统的运行信息予以采集、显示、分析、处理、维护、控制及优化管理,通过资源整合形成具有实时性、全局性和系统性能效综合职能管理功能的系统,以期实现"管理节能"和"绿色用能"。

企业移动应用平台:通过通用的企业移动平台、服务移动终端应用和后端应用服务,协助移动终端与部署在计算机上的应用服务快速搭建起通信,通过提供可复用的通信模块、基础服务模块等,使远程服务调用、信息推送、数据抓取、即时通信等功能快速实施起来,在减少或避免对已有业务系统的改造基础上,使其能为移动终端应用提供访问入口或信息源。

管道生产管理系统:针对管道生产应用而开发,能够帮助企业建立一个规范准确即时的生产数据库,同时实现轻松、规范、细致的生产业务与库存业务一体化管理工作,提高管理效率,掌握及时、准确、全面的生产动态,有效控制生产过程。

管道完整性管理系统:对油气管道运行中面临的风险因素进行识别和评价,通过监测、检测、检验等各种方式,获取与专业管理相结合的管道完整性的信息,制定相应的风险控制对策,将管道运行的风险水平控制在合理的、可接受的范围内,最终达到持续改进、减少和预防管道事故发生、经济合理地保证管道安全运行的目的。

SCADA系统:即数据采集与监视控制系统,在本文中是指用于采集管道温度、压力等参数以及控制泵和阀门等管道设备的系统。

应急指挥系统:在突发事件的事前预防、事发应对、事中处置和善后管理过程中,通过建立必要的应对机制,采取一系列必要措施,保障生命财产安全,保证企业稳步健康发展。

设备资产管理系统:对企业设备运动过程中的实物形态和价值形态的某些规律进行分析、控制和实施管理。从而保证设备资产的正确有效的使用,确保资产的保值增值,实现资产的高效运行,促进设备资源的优化配置。

2.2 信息化孤岛

不少管道企业对信息集成系统建设做出了很大的投入,但是都可能面临着这样的困惑:投入和产出不成正比,最终效果却不尽如人意,是规划没做好,还是需求边界不明确?是系统选型有问题,还是实施监察不到位?除了系统原因,还有哪些人为因素?很多管道企业都会在系统上线的启动会上不约而同地喊出那句雄壮的口号:不上 ERP 是等死,上 ERP 是找死!我们的企业要发展就要置之死地而后生。

近年来,管道行业建立了一系列的系统来支撑业务活动的开展,也收到了不错的成绩。但国内管道企业的在建系统除了 ERP 系统涉及的组织机构和业务范围外,大部分系统专注于某类业务或者某个部门的业务,系统之间的信息共享程度比较低,特别是工控系统和管理系统之间的信息共享程度基本属于空白,系统之间的割裂形成了所谓的"信息孤岛",而"信息孤岛"的存在带来了诸多的问题。

缺乏统一的平台,不同系统之间还是一对一或点对点的连接。系统之间的交互需要大量的人工参与、同样的数据需要分别在多个系统中录入、操作人员需要分别登录到不同的系统才能完成数据录入工作,这无疑增加了很多重复的工作。如现有的管道生产管理系统和 ERP 系统都有设备故障停机的记录,需要操作人员分别在管道生产管理系统和 ERP 系统中录入,而在站场的 SCADA 系统中,可以直接获取设备的故障停机信息,如果这三者能够集成起来,那么 ERP 和管道生产管理系统可自动从 SCADA 系统中获取设备故障停机信息。

缺乏有效的数据传输机制。系统间的数据发放和接收没有有效的可传输机制,很难保证其准确性和完整性。同样的数据在不同的系统中变成了颗粒度不同的信息,会导致不同系统统计出来的数据不一致。如在设备故障停机中,管道生产管理系统中就只在备注栏中输入停机信息,而在 ERP 系统中则需要填写更多的信息,可以作为工单的来源。在变更执行过程中,多系统内数据更新不及时、内容不完整。各信息系统间的交互错综复杂、缺乏柔性,不能快速适应企业业务流程的改变,同时增加了系统维护的难度以及未来信息系统集成的成本和风险。

主数据难以统一。相同的主数据存在于多个系统中且凌乱分散不统一,进一步加剧了不同信息系统数据加工的难度。如果要形成统计决策分析的报表,需要对不同信息系统的数据进行多次预处理,将主数据对应起来统计分析,这无疑加大了数据加工的难度,也降低了数据深加工的价值。

缺乏统一的中间格式数据模型,需要处理大量的数据格式转换;缺乏协同工作环境,未能充分发挥虚拟系统中各部分的作用;无法方便地组织多个系统中的数据,为用户提供完整的数据信息;无法对跨系统的业务数据实现有效及时的追踪、监控和审计;面临多种异构的应用和数据接口,没有规范的接入标准。

由于以上原因,导致了企业决策层很难通过信息系统获取全面、准确的数据。为了让这些信息系统之间的数据能够按照需要自由流动起来,发挥更大的使用价值,降低数据录入工作量和提高操作便捷性,非常有必要将现有的信息系统集成起来。这样,才能更好地实现各个业务流程跨系统之间的贯通及信息在系统间的传递和交互,并将分散在各个孤立的应用系统中的数据从企业层面体现其价值,通过业务流程和系统的集成对企业的数据资产进行梳理和规划,支撑和引领业务的发展。

小结

管道企业的业务已经有了大规模的信息系统支持,但是大多数管道企业的现状是信息孤岛林立,离系统集成的目标还有差距。

管理篇

随着 ERP 系统及专业系统的建成应用,如何发挥信息系统的集成优势,进一步提升企业的管理水平和市场反应能力已成为管道企业今后信息化建设的重中之重,因此需要以管道业务应用为核心,不断对应用集成及 ERP 系统功能进行扩展及提升,实现管道企业的管控一体化,由信息化带动管道业务的自动化和智能化,管道企业业务的智能化发展反过来也促进信息化集成,由此形成良性循环,为管道企业的做大做强奠定坚实的基础。

本篇内容从管理角度出发,重点研究信息化集成的业务价值和集成需求,剖析管道企业进行信息化集成的必要性,同时给出了管理组织和实施规划方面的可借鉴的实施方案,为信息化集成建设提供指导。当然,信息化集成的最终目标就是实现管道业务的管控一体化,最终实现管道业务自动化、信息化的智能运营。

第3章　信息化集成与管控一体化

管控一体化是管道企业信息化集成实施规划的重要组成部分,目标在于实现"管控信息一体化,确保企业安全高效和谐",将优化工艺和劳动组织架构相结合,实现管理模式变革,最大限度地减轻员工的劳动强度,提高业务工作效率和安全生产管理水平。管控一体化实质上就是将工控类系统和管理类信息系统整合在集成平台上,实现全线系统整合,使员工能够准确、快速、全面地掌握生产运行状态,智能便捷操作,它是加快改进工作模式,实现企业安全、和谐、高效目标的重要驱动力量。工控类系统通过自动数据采集、数据融合、集中展示以及智慧化应用,实现集中办公、远程巡检和早期故障预警,减少运行人员数量,降低现场巡检次数和劳动强度,实现站场设备的预防性维修,提高设备运行的安全性和应急响应能力;而管理信息类系统则强调将系统用好用足,为数据流建设提供数据标准与模型。相应的传感器通过物联网平台提供干线数据来源,ERP流程优化及系统整合平台集成通过简化、统一、调整等方式来提升基层流程效率,实现基层"管控一体化",达到为基层站队减负减员的目标。工控类系统和管理类信息系统经过高度融合,才能实现管控一体化目标。

具体来说,管控一体化的具体目标可以归纳为4个方面:

(1)通过实施数据集成,确保数据源头唯一,提升现场风险预控能力。

通过实施工控系统实时数据集成,并实现与管理信息系统的数据共享与同步,一方面有效减少存在于不同系统的手工重复录入数据因偏差而导致的风险判断失误;另一方面,通过对全局数据的智能分析,可以更全面、更及时地发掘现场可能存在的风险点,进而采取风险预控措施。

(2)通过实施界面集成,提高业务联动程度,降低工作强度。

通过实施工控系统界面集成,可消除目前基层站队普遍存在的"各系统分立,多个操作终端"的现状,即多个"脑袋"的问题。一方面,通过实施界面整合,局部实施业务联动,可有效减少值班人员核对数据工作量,避免由此导致的管理层和决策层数据误判的困惑,实现"记录、台账和报表"的三统一。另一方面,可从根本上减少现场值班人员同时巡视多个系统人机界面,处理多个系统告警信息,避免工作量大的情况。

(3) 通过简化信息获取手段,强化管控事务执行,提升流程执行效率。

通过实施站队在用管理信息系统集成,并与工控系统融合,消除管理信息系统一个终端,多个"脑袋"的问题。一方面,可将存在于各个专业系统中的待办事项统一显示,集中提醒,加快管理事务的处理速度;另一方面,通过集中展示分散于各个系统的相关专业信息,可减少收集处理相关事项所需信息的时间。

(4) 通过开发运营智能分析,辅助快速现场管理决策。

通过有效利用集成平台的海量现场运营数据,开发适合管控需要的智能分析系统,辅助快速现场管理决策和应对突发事件。

3.1　信息集成促进管控一体化

经过近几年的信息化建设,油气管道行业信息系统已经涵盖包括工控应用、生产经营、综合管理、决策支持等范围在内的大部分业务,但是目前各个业务系统仍然独立支撑,业务流程也尚未实现跨系统的贯穿和畅通,信息无法在系统间进行传递和交互,同时业务流程的管理还存在着大量人工参与、业务数据的流转及处理无法实现有效跟踪和控制等一系列的问题挑战,这些问题的存在影响着企业的发展,尤其是在信息化时代的大背景下,企业管理水平的提高更显步履维艰,建立业务流程和信息系统的集成就显得尤为迫切,以实现跨部门、跨系统、跨业务的业务流程管理自动化。

顾名思义,信息集成是指一个企业内部的信息系统中各子系统和用户信息等采用统一的标准、规范和编码,实现全系统的信息共享,进而实现相关系统软件之间的交互,以便有条不紊地开展工作。油气管道行业近几年在信息化建设方面已初见成效,但是为了促进业务的顺利开展、管理决策的有效实施,同时保证工作效率的提高,仍然有必要从信息的角度审视企业管理是否存在一定的潜在问题,是否具有较高水平的集中管控能力,以推动企业持续提升运营水平。

而管控一体化是指企业通过信息集成,将系统建设和业务管理结合在一起,通过信息集成系统来支撑业务管理,根据业务现状、资源配置和潜在风险来确定合理的推进策略,同时依赖业务管理的相关决策推动系统建设的不断完善,兼顾系统整合和业务急需的关系,实现"整体规划、效益优先"的企业发展目标。

管道企业信息化建设的最终目标是实现管控一体化,在数据层面为应用集成平台提供实时数据源,确保商业智能和运营智能数据源的准确性、及时性和完整性;在应用集成层面,为集成平台提供符合流程集成需求的站队系统应用服务接口,并在界面集成层面与企业集成项目保持一致;在基层站队层面,直接服务于管控层和站队操作层,可有效地降低一线操作人员的工作强度,提升现场管理人员的风险预控能力和基层流程的执行效率,并有效地辅助管理现场决策能力。

油气管道管控一体化包括信息化建设与业务管理两方面,二者关系可以归总为"管理看信息,信息看管理",在信息化建设的不同时段各有侧重。在信息化建设初期,需根据企业的发展战略和管理模式来确定科学的系统的建设方式,同时基于业务需求设定各个系统的功能。信息化建设成熟期,要根据信息系统中发现的问题,审视管理中可改进和提升的地方,再通过管理优化的结果,调整信息系统应用。另外,还应该参照最佳管理实践,避免照本宣科,持续提升业务管理模式与方法,不断改进信息系统的功能,以满足最新的管理模式和业务需求。

3.1.1 "管理看信息"的发现

一般来讲,优秀的管道运营企业业务管理的最终目标是实现管输安全平稳、持续优化运营成本和业务高效运作,管理的不断优化和提升对信息化提出了新的需求,信息化建设需要进一步优化完善,来满足和配合管理发展的需求。从"管理看信息"的角度,能够更加深刻地把握油气管道行业现有业务的管理现状和问题,为研究信息化集成的需求和管控一体化的必要性奠定基础。下面主要以绩效管理为例,简要分析信息化建设应如何更好满足公司发展目标与业务管理。

3.1.1.1 绩效指标管理系统现状

以绩效管理系统为基础,多方面多层次多方式地展现企业数据的决策支持系统,是企业高管、机关各职能处室及二级运营单位的"管理驾驶舱"。绩效的有效管理需要决策支持系统,使每级管理人员都可以跟踪分析绩效指标,及时发现并改进业务经营和管理中存在的问题,成功控制并持续优化各类运营成本。结合业务管理提升,建立全面、完整、清晰、严密的绩效指标体系,确保业绩提升目标的实现。

(1)各管理层绩效指标及关注点。

① 经营决策层、企业高管。一个企业高管和决策层的关注点在于公司整体的业绩水平,如管输量、成本、能耗水平、管输平稳程度及问题点,因此关键的绩

效指标是资本回报率、单位管输成本、管道实际利用率、单位管输量总能耗、输出成品油损耗率、输油气管安全评级、输油气管道完整性评级、非计划停机次数等。

② 专业管理层、总部机关、职能部门。这一管理层包括多个部门和机关,关注点在于发现各业务领域的运营水平、与目标之间的差异、可优化的方向和程度等。以管道管理部门为例,其关键绩效指标为单位管输维护现金成本(站外设施)、管道故障停运时间、站外大修及更新改造按期完成率、管道清障计划完成率、重大安全环保事故件数和损失;而商务处的关键绩效指标则是部门费用预算完成率、物资需求计划审核及时性、内部审计符合率、招投标执行合规率等。

③ 运行控制层、二级单位。这一层主要涉及操作层面,关注角度在监测运行数据和计划之间的差异,及时采取措施,保证计划的完成实现及优化,关键绩效指标为管输单位现金成本、单位周转量综合能耗、管道故障停运时间、设备完好率、仪器仪表完好率、隐患分析计划完成率、重大安全环保事故件数和损失、内控审计符合率等。

(2)管道管理部门的信息需求。

以某管道企业为例,其管道管理部门设多个科室,如管理科主要负责日常的维护和腐蚀业务,保卫科主要进行管道的保卫和保护宣传,工程科需要对管道公司工程计划实施进行统筹管理,抢修科则对应急技术处置和应急抢修工作负责。

通过对管道处日常工作进行跟踪研究发现,管理科的管道日常维护业务较为繁杂、琐碎;保卫科与管道所在地的地方政府的沟通协调任务较为繁重;由于管道管理管线里程长,所以管道工程数量较多,尤其是对工程技术方案、工程招标、工程验收审查工作任务繁重;抢修任务也特别辛苦和艰难。

面对如此高强度的工作量和巨大的工作压力,管理部门专业管理的信息集成需求显得尤为迫切,根据管道业务相关部门的需求发现,目前相关系统中没有提供或者不好搜索的信息主要有以下几个方面:

① 需要各个分公司不同年度的高后果区统计信息。

② 综合查询管道工程信息,包括工程的计划、进度、验收信息等。

③ 管道业务的信息分散在不同的系统,且每个系统的信息数据各有侧重,不能实现正确的对接。比如大部分信息都在管道完整性系统系统中,且涉及业务的专业信息,不包含计划、财务、物资等信息;而ERP系统中的工单又缺乏业务的专业信息,如发生位置、处理过程、总结等。

④ 缺乏总公司及分公司各类工作的年度计划安排信息。相关信息目前分散在各个系统或同一系统的不同模块中，不利于全面查看。

⑤ 因信息安全保密要求，面向管道完整性应用的地理信息系统（管道完整性系统）中，地图管线没有准确定位，实际应用比较麻烦，另外其防腐控制模块下的保护电流密度功能无法按照管线进行统计。

⑥ 目前自然灾害防治只有防汛管理一项，可以增加像"地震、雷电、冰冻"等灾害防治管理功能。

3.1.1.2 业务管理的主要优化方向

将国际最佳的业务管理决策流程，结合目前业务管理现状进行对比，就能全面把握今后业务管理的优化方向和关键点，使今后的业务管理能够紧跟时代潮流，不断完善和提升，形成强大的核心竞争力，实现"安全运行、成本优化、运作高效"的发展目标，在科学发展以及和国际接轨的过程中立于不败之地。

采用诸如前瞻性维护维修策略之类的最佳运行和维护管理理念和方法，保证不同业务管理间实现协同运作，如管输运行管理、维护维修管理与备品备件管理的协同一致而不是孤立和割裂，来保证企业业务的安全运行；优化成本、保证质量和效率的同时最大限度地降低运行总成本，要做到设备、备品备件集中采购，对运行能耗进行精细化管理，同时构建共享服务模式，如财务与IT的共享服务、区域型维护维修中心、区域型备品备件库；持续优化业务运营模式，适度采用总部集中的两级管理模式，将先进的管理理念和方法规范在业务流程中进行推广和应用，特别重视业务人员管理能力和业务技能的提升，实现高效运作。

3.1.2 "信息看管理"的发现

油气管道行业的信息化进程已完成了以IT支撑平台为基础，以ERP系统为核心的数十个应用系统的建设，有效支撑了业务人员日常业务运营及管理需求。信息系统的建设是为了更好地服务于企业的业务开展和决策策略的推动及实施，对照最佳实践来分析国内现有的应用系统，会发现目前油气管道企业的信息集成系统还存在着很大的提升空间。

下面就以油气管道设备、完整性和采购三大管理当中的备品备件管理流程为例，以其业务流程线条作为分析的出发点，从系统功能（该业务需要干什么）、职能设置（谁来干）、业务流程（怎么干）和数据交换（数据的支撑度）四个维度来进行全面深度分析，找出管理和系统中存在的不足，进而提出改进的建议。

3.1.2.1 最佳备品备件管理系统的优点

通过对国际最佳备品备件管理系统的研究发现,其无可比拟的优势就是长久以来支撑企业业务发展的重要原因。最佳备品备件管理系统的功能主要通过先进的分析模型来实现,全面覆盖管理策略、网络规划、仓储管理和库存管理等方面,可以满足健全的备品备件管理功能需求。该系统在企业的各个层级划分清晰,总部机关作为专业管理层,负责多数子功能的规划与审批,二级单位则负责业务运营操作,很大程度上能够满足业务集中管理的要求。在数据交换层面,系统各个功能模块所需的数据都能够自动获取,且真实有效,数据信息可以在各个系统中实现流转共享,保证数据的完整、全面及准确,为管理者提供决策支持。

3.1.2.2 现有系统功能配置的不足与改进

现有的备品备件管理系统缺乏一个整体的策略性管理,对潜在的风险无法进行量化,不利于日常备件设备运营的风险控制,也不能制定明确的备件管理改善目标。另外总部机关缺少全局仓储网络规划与布局管理功能,这不仅会延长备件响应周期,也不利于备件物流成本的降低。备品备件管理系统功能的实现缺少先进的模型及真实数据支持,使得计划安排的库存量设定等缺乏必要的依据。

备品备件管理系统的现状表明,油气管道行业尚未实施最佳的备品备件管理理念和方法,现有的备品备件管理系统存在相当程度上的管理空白,容易导致管理混乱,从而影响管道安全平稳运行,因此今后的信息建设中,应该依据最佳实践,弥补空白的管理及业务能力,持续提升已有的业务能力,从现有的"凭经验"式的管理向"以数据说话"的科学分析能力提升。针对计划、库存定额等管理能力,建立模型进行辅助支撑,使计划、库存定额的确定更加合理。

为最大限度发挥管理系统的功能,还需要对现有功能模块进行改进,固化分析模型,提升计划、定额的准确度,逐步建立备品备件专业管理功能,支持备品备件策略管理、仓储网络设计与优化,在物料管理系统中增加对备件运输计划和配送的管理以及备品备件需求管理等功能。改变物资采购系统中仅支撑股份公司集中采购设备和材料的单一局面,增加对公司备品备件战略采购的支持。

3.1.2.3 现有职能配置的不足与改进

通过与最佳备品备件管理系统职能配置的对比分析,我们发现目前备品备件管理尚未充分承担起专业的管理职责,职能相对比较分散,而相关职责更多地分散在二级单位机关或是站队,如采购合同的审批等。企业缺乏对采购执行的全面监管,多个管理层级并存无疑提高了管理成本,同时加大企业管理策略在落实中出现偏差的几率。现有的管理职能还存在职责错位的现象,如物资出库由三级站队独立执行,公司机关及二级单位机关难以掌控整体库存状况,这会极大地降低备件库存运作效率,同时增大重复储备风险。

在现有的备品备件管理系统中,企业总部未能真正承担起专业化管理的职责,无法对二级单位进行统一指导与管理,不利于将优秀管理方法与经验在全公司推广应用。非总部统一规划的管理模式难以实现管理的规模效应,如集中采购、备件库存调剂等,运营成本也相应偏高,由于总部缺失部门管理职责,企业难以控制管理实际运作情况,无形之中增加了企业运行中潜在的运营风险。

良好的系统首先应该做到职责明确,需要根据备品备件集中管理模式对岗位职责的要求进行相关用户配置,持续优化该业务管理的运营模式,明确总部统一管理,加大专业化管理力度,坚持权责分明的原则,加大总部的管理决策能力和集中管控能力,从源头降低成本,提高效率。

3.1.2.4 现有业务流程管理的不足与改进

对比最佳的业务流程管理系统配置发现,部分油气管道企业在备品备件(库存管理)流程中涉及三个管理层级,流程相对繁琐,且缺乏先进的管理理念和科学管理方法。备品备件管理策略及库存定额动态控制与调整等流程的缺失,极易造成该备未备、不该备多备的情况,增加备件储备不合理及运营的风险。多个管理层并存导致备品备件计划、库存管理与管道维护维修管理互相割裂,造成备品备件的被动反应和盲目储备,加大了供应保障与储备成本过高的风险。

现有的业务流程管理依旧属于传统粗放型的管理,缺乏完善性和科学性,不利于运营成本的分析与优化,还会相应提高备件管理的隐性成本,同时被动响应式的库存管理方法,容易造成备件缺乏而无法满足维护维修需要,对平稳运营带来一定威胁。另外备品备件管理还缺乏与管道运行其他管理的有效衔接与协同,需要基于优化后的业务能力与运营模式进行流程梳理改进,强调业务之间的对接与协同,最终实现动态优化管理。

根据优化的备品备件管理流程进行相关的系统改造,确保管理系统对优化流程的支撑,通过实现应用系统的集成,支持库存、维检修计划等信息在系统间的传递,从而实现对备品备件管理从需求、计划、采购到库存的全面管理。

3.1.2.5 现有数据交互的不足与改进

目前与备品备件管理相关的数据尚未实现跨系统共享,缺乏数据集成支撑和决策支持。物料及供应商等主数据未实现对非ERP系统的统一管理,导致各系统的物料及供应商信息不一致,同一备品备件的需求、采购、库存信息之间的关联难度加大。与备品备件管理相关的数据没有实现集成,无法形成备品备件管理整条业务线完整的数据视图,难以支持相关管理决策。由于业务系统未实现应用集成,各个业务系统单位维护相关信息时手工工作量增大,重复现象显著的同时还会造成数据在各系统的不一致,致使同一数据在不同系统之间出现偏差,例如物料库存在ERP和管道完整性管理系统均单独维护,不仅增加重复录入次数,割裂分散在各个子系统的数据也难以对接。

备品备件业务管理模式缺乏统一、共享的机制,二级公司、站场、管线之间的库存就无法实现共享和调剂,无形中增加了管理成本和库存成本,所以要建立以数据说话的管理模式,通过建立模型来分析计划、定额,实时自动获取相关数据,以实现辅助决策。在具体工作中,可以逐步建立和完善企业主数据管理平台,统一管理非ERP系统主数据,实现应用系统的集成,支持库存、维检修计划等信息在系统间的传递,实现对备品备件管理从需求、计划、采购到库存的全面管理,同时还需要搭建数据仓库系统以实现数据集成,为领导决策提供科学的数据依据。

3.2 管控一体依赖信息化集成

总的来说,油气管道企业的信息化建设还需要从管理角度出发,信息系统要充分满足业务管理决策和高效运作的发展需要,同时根据业务发展需求不断进行完善和改进,尤其是现在信息技术高速发展的背景下,要想保证企业的持续健康发展,必须实现管控一体化,而管控一体的运作模式又离不开信息化的高度集成,只有将工控类系统和管理类信息系统整合在集成平台上,实现全线系统整合,使员工能够准确、快速、全面地掌握生产运行状态和智能便捷的操作,才能加快改进工作模式,实现企业"安全、和谐、高效"的发展目标。

信息集成从全局优化的角度保证业务策略的实施和发展,是业务发展的必要支柱,也是实现业务集中管控的支撑手段。只有系统建设和业务管理相结合,信息集成和管控一体相互协调发展,兼顾系统整合与业务急需的关系,才能实现"整体规划,效益优先"的企业发展目标。

近来,油气管道行业开始探索管控一体的发展模式,也取得了不错的成效,不过仍然存在很多的问题需要处理和改善,比如总部管理缺乏全局统筹性,散落在二级单位部门之间的数据割裂严重,严重影响统筹问题的解决和业绩目标的提升;业务专业性、精细化管理水平不足,管理理念、方式和手段还需进一步改进;业务流程管理意识淡薄,缺乏完整的管理流程,部分业务流程繁琐冗长、实效性弱、成本也较高,管理运作控制不到位,经营风险也会随之增加。要解决此类问题,还要坚持进行信息化建设的完善和优化,实现各系统间的数据共享,实现功能集成、全局管理、业务分析、风险控制和决策支持等模块的高效集成。

(1)信息化集成建设最终为企业整体的业务战略服务,必须坚持走集中统一的发展道路。只有下工夫制定支持主营业务的统一系统规划,才能形成企业网络化经营的总体解决方案;只有坚持按照规划建设集中统一的信息系统平台,才能从根本上杜绝低水平重复、减少信息孤岛;只有把集中统一的信息系统应用好,才能使有价值的知识、经验和理念进行充分共享、快速传播及规模应用,产生倍增效应。从而提升专业化管理水平,降低集团化运营成本,实现全业务价值链的集中管控和资源的一体化优化配置。

(2)信息化集成建设是技术与业务融合的系统工程,必须在项目管理中加强各方面的紧密合作。需要采取科学有效的项目管理方法,从可行性研究、立项、实施、运维、应用等一系列环节入手,加强对项目全生命周期的管理,全面提高信息系统集成建设质量和效率。需要信息部门和业务部门在项目内的紧密合作,共同协商解决项目实施中的重点和难点问题,做到业务需求驱动、部门统筹推进,合力确保信息系统集成成功建设和应用。

(3)信息化集成建设涉及企业多方面的管理变革,必须以强有力的组织领导作保障。信息化集成所引发的运营模式创新、管理方式调整、业务流程优化,需要企业领导统一组织研究、及时决策执行;项目建设所需的人财物资源、所遇到的矛盾和问题,需要企业领导组织落实、协调解决;信息系统建成后,需要企业领导带头使用,带动和促进全员应用,以最大限度地发挥信息化价值。

管控一体化也就是管理控制一体化,从信息专业的角度来看就是信息系统和工控系统的融合,可以说也是信息化和工业化的两化融合,具体到油气管道行业也就是要实现物联网技术的广泛应用和普及,通过物联网信息交换和通信,从而实现高效、节能、安全、环保的"管、控、营"一体化,多数能源行业的实践证明,将物联网技术应用于油气管道设计、建设、运营、维护和管理的全过程,有利于促进管道完整性管理和失效控制,从而提高管道运行的安全性和经济利益。有关物联网的内容将在后面的技术章节进行详细的介绍和说明。

> **• 小结 •**
>
> 　　管控一体化是一种企业管理理念,通过对资源、数据的集中控制达到企业管理最优化,它的实现需要通过信息系统集成,不但将企业数据、应用功能分门别类管理整合,同时达到业务管理和工艺操作的协同一致。

第4章 信息化集成业务价值

信息化集成是实现管控一体化的重要手段,其效果不但方便了信息化人员的开发与维护,更重要的是将会提升企业管理水平。油气管道行业的信息化集成建设通过多年的实践探索,持续推进了各项业务的管理创新,大幅提高了生产经营管理和决策水平,为推进企业科学发展、做强做优提供了有力支撑。信息化集成创造的价值和效益贯穿于信息集成建设的全过程,它的实现有着丰富的理论研究价值和工程应用价值,在信息化建设方法、建设过程、深入应用以及和经济效益等几个方面都有很重要的意义和影响。

信息化集成采用先进的企业架构(PEA)基础理论、企业数据模型(EDM)研究方法和CobiT框架模型作为理论基础,致力于管道行业企业级架构的搭建、全业务数据流程架构的高度集中和具有管道行业特点的全面管控的IT治理模式的探索,对提高管道行业的集中管控技术和能力有着重要的理论价值和实用意义。在工程应用方面,强化信息管理、提升数据质量、提高生产效率、实现安全风险预控,同时降低经营成本,使得企业各种信息系统能实现有效集成,完成从局部优化到整体优化、从传统粗放到现代精细化管理的转变。

4.1 推进集中统一进程

我国油气管道行业信息集成按照总体规划分阶段实施建设过程,集中统一信息系统,扩大了信息系统共享范围,从根本上杜绝重复建设和信息孤岛问题,大幅度降低成本,提高信息化应用的整体水平。

4.1.1 减少信息孤岛

通过建设集中统一的企业级信息系统,形成了覆盖管道企业全部范围内的统一平台,可以避免低水平的重复操作,而公共数据编码平台的搭建和应用,能够进一步促进系统相互之间集成应用的统一、协调和交互。如ERP系统、管道工程项目管理系统分别替代了原有局部应用的信息系统,打破了以往信息孤岛林立的局面。

4.1.2 扩大共享范围

基于集中统一的信息系统,数据打破原先单一部门内部使用的格局,转变为企业统一管理、充分共享,业务协同也由单一部门内部扩大到各部门之间,系统决策支持范围随着扩展到支持企业整体的战略决策,大幅度提高了信息系统集成应用的范围和成效。如健康安全环保系统实现了多项管理功能,从基层站队到各级机关的数千名安全环保管理人员在同一个平台上协同开展健康安全环保系统工作,高效地实现了安全事故的教训共享和典型经验的推广。

4.1.3 降低总体成本

统一的信息集成系统的建设和应用,可以实现信息系统软硬件资源、基础设施、支持服务资源的充分共享,显著降低由建设成本、运行维护成本、安全防护成本、后续升级成本等几个重要部分构成的信息系统总体成本。如ERP系统采用统一平台,按业务领域集中部署,取代了多个生产、采购、库存、销售、设备、项目等相关的原有系统,大幅度降低了建设和运维成本。对数据中心、广域网等基础设施进行统一的规划和建设,不仅能够提供安全、高效、可靠的服务,同时建设费用也会明显低于各单位自行建设和运维的成本。

4.2 规范业务流程管理

信息系统集成的实施过程,实现了对业务流程的梳理、整合以及优化,使业务的开展进入一个统一的规范化的流程,很大程度上可以促进业务规范的优化和管理水平的提升。统一的业务流程有利于对各个业务领域进行统一的蓝图模板的规划,并以此为根据实现以流程为导向的新型经营管理模式。比如对销售业务流程的梳理,可以确定成品油批发业务流程,同时规范零售业务流程,促进了业务处理自动化、标准化和电子化,强化了资金集中管控、规范了业务运作。而管道储运部门的各级管理人员、生产调度控制人员和基层操作人员如果实行一套合理有序的应用系统,执行统一、标准的业务流程,就能保障油气管网的整体协调、高效运行。

如果将管道企业的各类业务资料和生产经营数据进行整理并统一纳入到信息系统集成应用中,就可以在一个比较宏观的层面上清晰明确地把握企业运作情况,摸清企业的家底,更有利于下一步发展决策的制定和实施,提前预测潜在的风险并制定相应的对策,对企业的整体发展规划有重要意义。

系统集成的工作离不开广大业务人员的工作,业务人员通过参与前期调研、需求确认、流程梳理、蓝图设计等项目的集成实施,对企业管理要求、业务流程的认识才会更加全面,既能掌握信息系统集成应用知识,又能学习到系统中蕴含的管理理念,可以持续提升自己的工作能力和业务素质,在企业发展中形成一个高素质高能力的项目团队,必要的时候还可以在信息系统集成建设和应用过程中培训各类业务人员。

4.3 创新管理模式

4.3.1 促进资源优化配置和降本增效

信息集成的过程,其实就是利用各类信息技术管理手段,实现相关企业之间、部门之间的信息共享,实现宏观的整体规划,再据此进行资源的优化配置,在生产过程中充分优化原材料采购与使用调度,在经营过程中集中管理资金使用与产品投放,从根本上降低采购、生产和库存等生产运营成本,实现企业整体效益最大化,提高企业的核心效率。

某油田利用系统对其剩余油情况开展分析,通过对600多口生产井实施挖潜治理,年增油20多万吨。在炼油化工领域通过一体化原料互供和优化排产,当年挖潜增效10亿元。其下属子公司通过优化乙烯原料选择,双烯烃收率超50%,乙烯能耗首次降至36.73千克(标油)/吨,企业持续优化生产方案和产品结构,年增效良好。另外,其销售领域通过优化成品油资源流向,降低运输成本,保障市场供应。财务部门则实现会计一级核算和资金集中管理,大幅提高资金利用率,有效降低财务费用。

4.3.2 创新生产作业和经营管理方式

集中统一的信息系统,有助于推进生产过程的数字化管理,实现了不同业务环节之间的紧密集成、各项管理政策的统一落实,大幅提高了工作成效和集中管控水平。

以某企业为例,通过信息化创建了"电子巡线、电子巡检、远程监控、中心值守"的新生产组织方式,大大降低了一线员工的劳动强度,实现了增产增效不增人。预计年油气输量将由目前的3500万吨增长到4000万吨,劳动生产率增加40%以上。其地区销售通过应用系统,将基层员工从手工量油、手工记账中解脱出来,节省上千名的核算员、计量员,转入到新增业务的发展中,显著提升了工作成效。通过人力资源管理系统,下属子公司全部员工的薪酬由各个子公司自行发放变为企业总部统一发放,为保证执行统一薪酬政策提供了手段。

4.3.3 强化过程管控

信息集成平台投入应用后,通过数据的集中管理、业务流程的固化以及系统操作的可追溯性,可以完全杜绝暗箱操作,大幅度减少违规的可能,有效促进了源头治理。通过对流程的集中、统一与规范化设计,将内控流程固化在系统中,减少了人工干预,有效提升了企业风险防控能力,促进了源头治理,保障了生产过程和经营安全。

4.3.4 辅助分析决策

信息集成平台拥有全面、及时、准确的业务数据基础,可提供强大的业务研究与分析功能,进而有效支持战略决策、业务分析和方案优化。比如勘探与生产企业可利用系统提供的一体化协同研究环境,实现盆地连片分析和地震联合解释,为勘探开发提供科学的决策依据。炼化企业则利用系统中的两级计划优化模型,对原油采购、原油运输、炼厂生产、配料输入、企业间互供、油品配送等环节进行优化排产与效益测算,为原油资源配置、业务发展规划等战略研究提供重要分析测算结果。管道储运企业利用系统的动态管存、当量管径、泵炉效率、传热系数等精确计算功能,科学制定调度优化运行方案。

4.4 建立高效财务管理

集成的最大价值在于降低企业成本,通过信息集成和共享,可以打破企业不同的部门和系统之间相互孤立的现状,不同于传统的粗放型发展模式,数字化、信息化的新发展模式下,大部分一线的手工劳动力被解放,企业生产发展过程中的安全风险预防系统也能持续发展有效的作用,从源头、资源、效率等各个方面控制企业运作的成本。

目前油气管道行业已经在成本管控对象、管控流程、管控架构等环节进行了全面的梳理,并制定形成了系统的规范,通过清晰的组织架构和明确的权责配置,建立起一套较为完善的成本费用管控模式,从而实现对成本费用资源的全过程闭环管理,有效地支撑了财务管理价值的实现。实践证明,最佳的财务管理系统中,会计核算、全面预算管理、资金集中管理、标准化资产管理、财务信息综合分析及财务业务等6个方面的全面集成和完美统一可以有效提高财务集中管理能力。

财务集成需要与时俱进不间断的变革和努力,力争从事务性财务管理向监控管理和决策支持型管理不断演进,逐步提高监管能力、决策支撑能力和交易处理效率,从源头降低成本。要向高绩效的财务组织运作模式转变,一般企业将会经历3个主要阶段,即财务运作阶段、企业绩效管理阶段和价值文化创造阶段。

财务运作阶段,财务系统尚未达到领先水平,其职能的中心仍是交易处理,专注于财务系统的集成。应该通过企业管理软件或者核心财务功能、业务流程重组、共享服务、运营资本优化等方面进行变革和改善。

企业绩效管理阶段,财务运作成本低廉有效、企业业绩管理部分发挥作用,但是以价值为基础的交易处理,未将价值与企业战略挂钩,同时财务人员工作挑战性不大。应该更多地注重价值或业绩管理项目及系统实施,尝试进行电子化财务管理、财务组织能力发展项目和业务模拟。

价值文化创造阶段,财务成为企业业务运作的合作伙伴,财务和业务完全集成,专注于核心流程的绩效管理,商务智能化程度较高。尽管如此,还是要继续进行财务推动行为变革,发展价值链评估项目和电子商务项目,逐步建立商务智能系统。

• 小 结 •

信息化集成将会给生产作业、流程控制、经营管理、决策支持等各个方面带来创新,信息化的作用不仅仅是满足业务需求,在信息化建设的新的阶段,信息化将发挥引领业务的功能。

第5章　信息化集成需求

在前面章节的论述中我们了解到,油气管道行业的信息系统已经涵盖了工控应用、生产经营、综合管理、决策支持等范围内的大部分业务,也取得了一定的成效,在很大程度上促进了管道企业员工能力的提升,满足了员工减负的需求,同时也提升了企业精细化管理的能力。但是随着业务的不断发展和管理的持续优化,油气管道行业信息化集成建设也面临着新的发展需求,要想实现"管输安全平稳、持续优化运营成本、高效的业务运作"的最终管理目标,信息化建设还需要进一步优化完善,依托物联网技术,实现管控一体化,进而满足管理提升和优化的新要求,配合业务的精细化开展。

一般来说,管道行业的核心业务主要包括:油气管道生产运行、管道完整性管理、设备设施维护、管道项目管理和天然气销售,目前的各个管道业务系统仍然比较分散,属于独立支撑的局面,业务流程尚未实现跨系统的贯穿和畅通,信息无法在系统之间实现传递和交互,信息集成程度还有待提高,同时业务流程管理还面临着大量的人工参与、业务数据流转及处理不能有效跟踪和控制的问题及挑战。高效的业务运作以及安全平稳的管输运营对信息集成提出了更高的要求,信息化集成还任重道远。

5.1　管道行业业务现状及问题

为了提高油气管道行业的整体管控能力,保证整体业务运行的高效率,需要集中分散的业务系统,贯通全部业务流程,支持实时决策、随需应变的业务应用。具体来说业务流程要实现全线贯通、避免重复输入、减少手工操作、不断优化业务流程以降低业务操作的复杂度,同时还要促进部门之间的协作,为全员减负,提升业务运营效率;业务活动的开展也要做到全景可视,基于集成平台,实现对业务活动的全面监控和管理,提升业务运营的管理能力;为决策支持系统搭建奠定基础,真正将信息转化为资产,提高信息洞察能力,为领导层制定战略决策提供依据,为建立决策支持能力和提高精准决策能力提供支撑。

近几年来油气管道行业的集中管控能力有了大幅提升,"集约、统一、高效"的理念和做法已深入人心,但是从实现"降低运营风险、优化运营成本"这个核心目标来看,业务信息集成依然存在着不少问题,比如业务专业性、精细化管理水平不足,决策依赖的相关信息数据缺乏,管理理念、方式与手段需进一步改进;业务流程效率有待提升,繁琐冗长、实效性弱、成本高等问题都急需改进,同时还需要注重管理运作中风险的控制。

为保证管道企业持续健康的发展,需要对企业的信息化集成建设进行必要的完善和优化,通过管道信息系统集成项目建设前期的业务流程管控、应用系统管控、业务数据管控等工作来进行管道业务流程、应用系统和业务数据的建模、分析、梳理,最终确保管道集成项目的可行建设和成功建设。

以预防性维护管理业务为例,目前国内现有的管道维护维修系统主要以设备资产管理系统和管道完整性管理系统进行支撑,但存在着一定的业务功能缺失,且系统职能相对较为分散,缺乏必要的总体策略、统筹规划以及预算管理,运营管理成本较大;业务流程没有形成标准规范;数据交互系统功能缺失、数据各自为政、跨系统的统计分析无法实现等,这都说明信息化建设有待在管理优化的基础上进一步完善,建设过程还需要多方面的支持和协作。

5.2 信息数据集成需求分析

近几十年来,科学技术的迅猛发展和信息化的推进,使得人类社会所积累的数据量已经超过了过去5000年的总和,数据的采集、存储、处理和传播数量也与日俱增。企业实现数据共享,可以更加充分地使用已有数据资源,减少资料收集、数据采集等重复劳动和相应费用。但是,在实施数据共享的过程当中,由于不同用户提供的数据可能来自不同的途径,其数据内容、数据格式和数据质量也就千差万别,有时甚至会遇到数据格式不能转换或数据转换格式后信息丢失等棘手的问题,严重阻碍了数据在各部门和各软件系统中的流动与共享。因此,如何对数据进行有效的集成管理已成为增强企业核心竞争力的必然选择。

为了实现管道企业应用系统集成,满足业务集成需求,对管道企业现有业务数据的梳理就显得尤为重要,业务数据是业务发展进程的真实再现,是制定相关管理决策的必要依据,需要进行统一的规划管理。数据是业务活动的客观反应,也是管理决策的必要依据。当前的业务数据存在于不同的信息系统中,而数据集成的规划管理要从完整的数据视角看待信息系统的应用,通过数据的规划,能够理清管道企业各应用系统现有的数据情况,明确数据来源,进而梳理得到管道企业的集成交互数据对象。

在管道企业业务结构的基础上,梳理业务数据并进行分类,建立数据模型,根据现有业务应用系统及管理系统的特点,规划业务数据在各系统间的分布,确定数据提供系统及数据使用系统,清楚把握数据在各系统间的流向轨迹,反映数据在整个生命周期中的变化过程以及系统之间数据接口情况,把握数据集成的需求。

通过对管道企业的数据资产进行整理归类,形成清晰的数据资产统一视图,进而集中数据的处理过程和分布,为数据的良好使用和价值最大化打下基础,指导应用系统集成,实现高质量的集成数据之间的传递和共享。数据集成交互的主要工作分为五部分(图5-1),即数据梳理(包括主数据梳理)、数据主题域划分、数据模型设计、数据分布规划和数据流向梳理,我们分别从这5个部分入手,通过研究其工作内容和流程,来分析数据集成的需求。

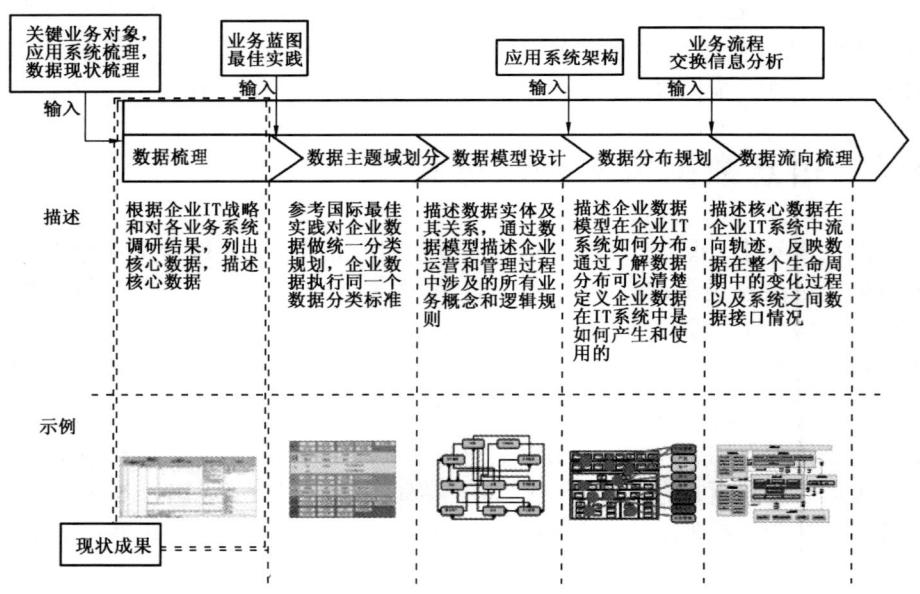

图5-1 数据集成的工作内容

5.2.1 集成数据梳理

数据梳理需要根据管道企业的IT战略和业务系统调研结果,对企业的关键业务应用系统及数据现状、各个系统的核心主数据进行梳理和分析,以便制定合理的解决方案或科学的定义规范,为后期的集成工作奠定重要的基础。

5.2.1.1 数据现状分析

现状分析是研究业务数据的第一步,有助于明确相关集成点上数据交互的内容,清晰表达管道企业数据现状的系统数据项清单。研究发现,数据对象主要存在定义差异、属性差异以及重叠数据3种情况,需要结合国内外油气管道数据集成的成功经验,来不断完善和优化。

(1)数据对象定义存在差异。

目前管道企业的在用业务系统中,数据对象存在好几种类型:仅在单一系统内存在的数据对象,其定义就仅仅局限于该系统内部;而在多个系统中存在的统一数据对象,其定义也就拥有多种情况,如定义基本一致的、名称或描述不一致的、拆分粒度不同的或是某一数据对象隐含在其他数据对象内等(图5-2)。由于每个业务系统需要满足的业务需求以及对业务的理解角度不尽相同,数据对象定义的差异就会导致从集成点交互信息转化为交互数据过程的难度增大。

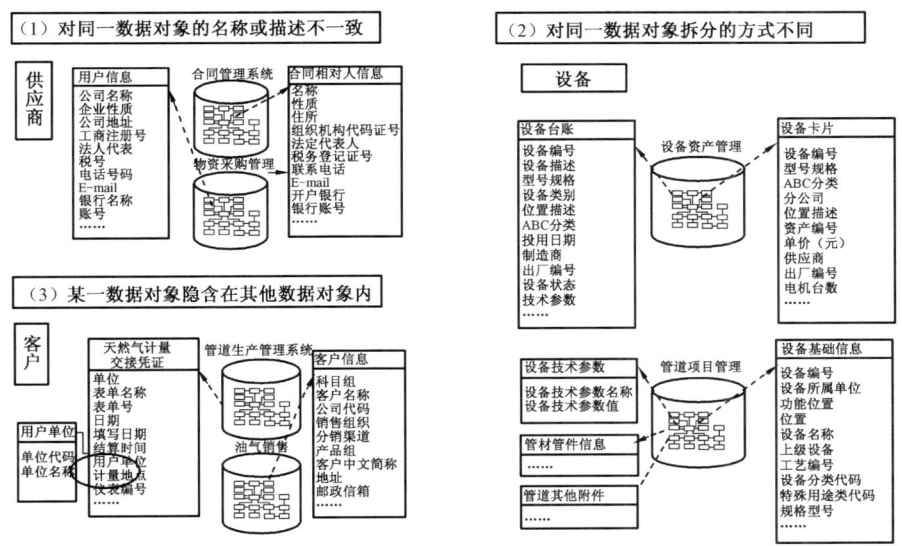

图5-2 数据对象定义差异

(2)数据对象的属性存在差异。

跨系统的数据对象的属性范围有多种不同的情况:同一数据对象属性在不同的系统中定义基本一致、同一数据对象在不同系统维护着不同的数据属性、同一数据属性在不同系统的名称存在差异、数据属性的业务含义存在一定差异等(图5-3)。由于每个业务系统对同一数据对象的关注重点不同,数据对象的属性差异就会增加集成点交互数据内容的确认难度。

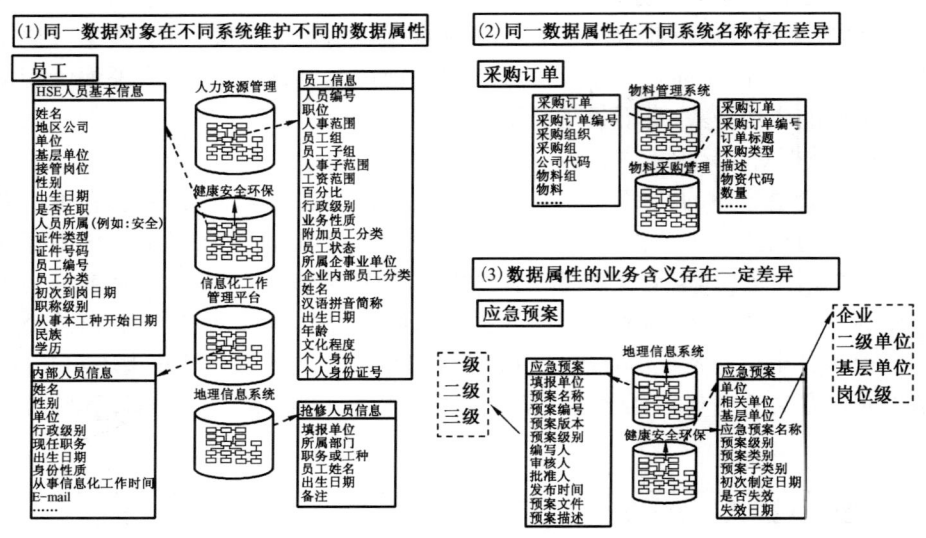

图5-3 数据对象属性差异

（3）系统之间存在重叠数据。

目前在用的系统中存在很大的重叠数据的现象,比如项目主数据所涉及的系统就有规划计划管理系统、科技管理系统、管道工程建设管理系统、健康安全环保系统、纪检监察系统、审计管理系统和信息化工作管理平台,各个系统自行维护项目的公共和特有属性等基本信息,科技管理系统主要是科技研究相关的项目信息,管道工程建设管理系统与管道项目管理系统之间已经实现了自动化接口,健康安全环保系统主要为健康安全环保系统科技建设项目基本信息,设计管理系统主要是与审计相关的项目信息,纪检监察系统主要为针对效能监察重点项目的项目信息,信息化工作管理平台则主要为信息化项目信息。

5.2.1.2 数据问题的解决

针对管道企业业务系统数据的问题,结合国内外先进的数据管控理论以及优秀的应用实践,在数据架构设计的过程中,要根据解决方案来逐步完善优化。

（1）统一跨系统数据对象的定义。

以管道企业的现有数据对象、知识资产及经验参考来设计企业级概念数据模型,统一对数据对象的定义,如图5-4所示。

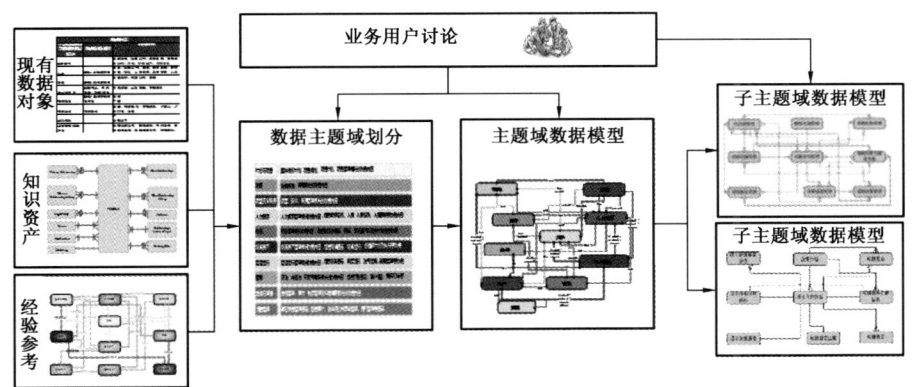

图 5-4 统一跨系统数据对象模型

(2) 统一交互数据对象的属性定义。

以管道企业的现有交互数据对象属性、交互业务信息及其流向和经验参考设计交互数据对象逻辑模型,并统一对交互数据对象属性的定义,如图 5-5 所示。

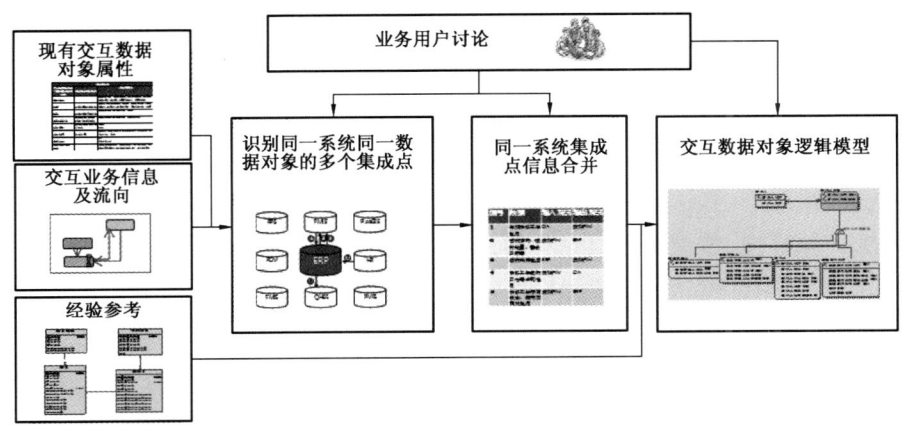

图 5-5 统一交互数据对象逻辑模型

(3) 系统间重叠的数据作为未来补充集成点。

一个企业的公共编码平台统一管理的 ERP 和非 ERP 系统中的相关主数据通过其下属单位的数据编码平台进行管理,其他重叠数据通过集成平台实现,或者公共编码平台统一管理的 ERP 中的主数据及重叠数据通过集成平台实现共享。前者可以使用专业化平台对子公司主数据的申请审核流程、质量及版本进行统一规范管理，不过子公司需要单独搭建数据编码管理平台，同时还需要与股份公司公共编码平台建立接口。后者则是通过集成平台建设完成了所有重叠数据的交互，实施复杂度相对较低，但子公司的主数据仅实现共享，而没有实现集中管理，通过集成平台进行数据转换映射长期维护难度较大，公共数据编码平台的变化也难以反映到集成平台。

5.2.1.3 主数据梳理

数据梳理过程中还应该高度重视主数据，也就是管道企业中最核心的、跨系统最多的共享数据，如客户、供应商、物料、设备、会计科目、银行及金融机构、项目、合同等。由于之前各个业务系统仅面向单一业务线的需求进行建设，使得这些数据在不同的系统上定义都不尽相同，其复杂程度就给企业数据管理带来很大的难度，对业务贯通、管理决策以及信息系统建设都带来了极大的影响，同时也是管道企业信息孤岛形成的主要原因之一。

为了支撑管道企业的全面集成和决策支持应用，管道企业需要建立自己的主数据管理机制，形成统一的主数据标准或数据的"统一语言"，并通过相关的数据管理平台进行管理，下发到管道企业各业务系统建立主数据标准映射关系，以保证数据交互的一致性和准确性。主数据管理是管道企业数据管控内容的重要组成部分之一，其技术解决方案应靠管道企业的数据管理支撑平台进行解决。

一般情况下，管道企业会建立公共数据编码平台MDM，对ERP中的主数据进行统一和管理，覆盖了管道企业的人、财、物、业务伙伴和项目几个大类，主要数据项有：组织机构、员工、会计科目、物料、设备、客户、供应商、项目（图5-6）。不过目前来看更多的情况是，主数据仅在管道企业的ERP中使用，其他系统仍未统一，管道企业在数据集成的分析过程中，需要进一步对管道企业使用这些主数据的需求进行明确，建立映射关系，进行数据标准统一，并促使相关系统与主数据建立映射关系保持一致。

（1）组织结构主数据。

能够使用到组织结构信息的系统是：人力资源系统、ERP系统、管道完整性系统、在线培训系统、内控管理系统、审计管理系统、健康安全环保系统、机关资金预算系统、网上报销系统、资金计划系统、公司信息门户、电子公文系统、电子邮件系统、即时通信系统和纪检监察系统。

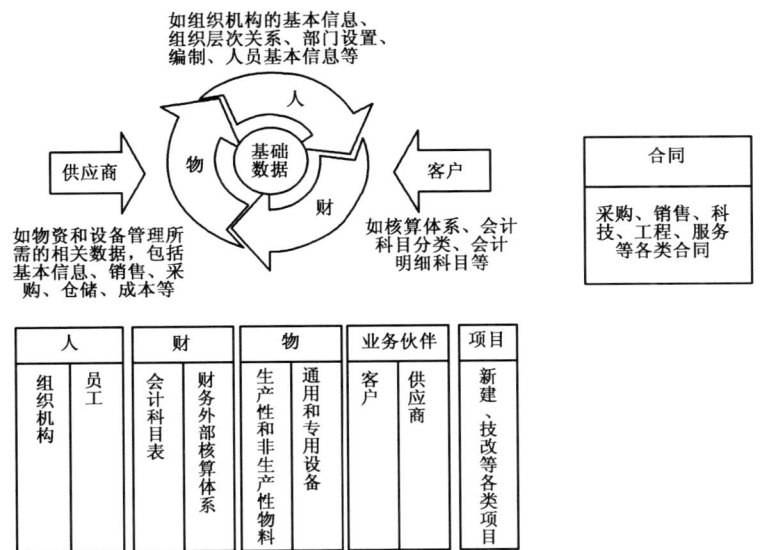

图 5-6 主数据分项定义模型

人力资源系统需要根据企业战略决定和人力资源计划对一个企业内部的组织结构进行调整;管道完整性系统的应急管理模块需要记录应急组织机构信息;油气管道企业主要利用在线培训系统对所有机关和所属单位员工进行远程培训,所以在线培训系统中需要与最新的组织结构进行同步,以了解员工的岗位变化确保培训工作的准确安排;内部控制处管理的对象就是现有组织结构下的各部门的业务流程管理,因此内控管理系统的组织结构必须与主数据保持一致;健康安全环保系统的遵从性管理模块需要记录组织机构信息;机关各业务部门在机关资金预算系统中进行预算报告及审核;上报资金计划时,企业总部要求按照组织结构中的各单位在资金计划系统进行上报;审计管理针对组织结构中各单位的项目执行情况等产生各类审计报告,因此审计管理系统需要使用组织结构主数据;网上报销系统中员工的报销需要根据组织结构确定审批流程;协同办公类的系统,如企业信息门户、电子公文系统、电子邮件系统和即时通信系统,是为了支持整个企业部门及单位间的办公高效和协作运作,因此这些系统都需要使用组织机构主数据。

(2)员工主数据。

使用员工信息的系统主要是:人力资源系统、ERP 系统、管道生产管理系统、管道完整性系统、科技管理系统、矿区服务系统、在线培训系统、审计管理系统、信息化工作管理平台、纪检监察系统、健康安全环保系统、员工疗养系统。

人力资源系统需要根据员工的入职、离职、调岗、升职等人事活动调整人员信息；ERP 在财务报销、发薪、采购、销售、设备维修等各个方面均使用到人员信息；管道生产管理系统中记录了与管道生产相关各级各部门各单位的人员信息；管道完整性系统中记录了管道完整性管理的相关各级各部门各单位的人员信息；科技系统中对科技项目的人力资源计划进行了管理，便于项目人力的安排、项目经理查重和项目主要人员查重等；矿区服务系统中记录了再就业人员、医疗服务人员、幼儿园人员等人员信息；在线培训系统的使用对象就是企业所有员工，此信息必须与主数据同步；审计管理系统中需记录被审计项目的相关项目成员信息，以及审计管理相关部门和岗位的人员信息；信息化工作管理平台需要对信息工作相关人员进行考核管理；纪检监察系统需要对纪检监察的相关人员进行管理；健康安全环保系统的遵从性管理模块需要记录健康安全环保系统人员信息；员工疗养系统需要根据员工工龄、岗位等信息制定员工的疗养金额。

（3）会计科目。

为了统一会计相关账目科目而将会计科目作为主数据管理，使用的系统主要是 ERP 和网上报销系统，主要用于财务记账。

（4）客户主数据。

使用客户信息的系统是：管道生产管理系统、ERP 系统、合同管理系统。在销售订单生成和财务开票、收款环节，ERP 都需要使用客户信息；油气运销过程中需要在管道生产管理系统中生成对应客户的计量交接凭证；合同管理系统需要在销售合同签订前录入合同相对人信息，也就是客户信息。

（5）供应商主数据。

使用供应商信息的系统是 ERP、物资采购管理、合同管理系统和市场管理信息系统。在采购订单生成和财务付款环节，ERP 都需要使用供应商信息；对于需要集采的物资，管道企业需要通过物资采购管理系统选择对应的供应商进行采购；合同管理系统需要在采购合同签订前录入合同相对人信息，也就是供应商信息；对于未纳入集采的采购行为，企管法规处要求在市场管理信息系统提交供应商信息进行资质审核，通过后才可以执行后续采购工作。

（6）物料主数据。

使用物料信息的系统有：ERP 系统、管道完整性系统、管道工程建设管理系统、物资采购管理系统、健康安全环保系统、科研项目后评价与共享系统。在今后，ERP 系统应该对所有物料进行统一的管理，包括采购、入库、出库等工作；管道完整性系统要记录管道完整性管理相关的物料信息和应急物资信息；管道工程建设管理系统则记录新建工程相关的物料信息（如钢管、防腐、弯头等）；在采购环节,物资采购管理系统需要记录各供应商提供的物料和公司所需采购的物料的基本信息;健康安全环保系统需要记录危险品和化学品物料的基本信息;科研项目后评价与共享系统需要记录科研项目相关的物料的基本信息。

(7)设备主数据。

使用设备信息的系统有:ERP系统、SCADA系统、泄漏与故障检测系统、管道完整性系统、管道工程建设管理系统、健康安全环保系统、科技管理系统、科研项目后评价与共享系统。

ERP系统将对管线设备、站内设备、应急设备等各类设备进行设备全生命周期管理,因此必须使用设备主数据;SCADA系统需要记录工控相关设备和管线设备的基本信息;泄露与故障检测系统需要记录工业监测设备和管线设备的基本信息;管道完整性系统需要记录管线基本信息和管道工程相关设备(如阴极保护设备等)的基本信息;管道工程建设管理系统需要记录新建工程相关设备的基本信息;健康安全环保系统中需要记录涉及生命安全、危险性较大的特种设备和消防设备的基本信息;科技管理系统需要向集团上报科技项目相关的设备资源计划;科研项目后评价与共享系统需要记录科技项目相关设备的基本信息。

(8)项目主数据。

使用项目基本信息的系统有:ERP系统、管道完整性系统、管道工程建设管理系统、科技管理系统、审计管理系统、健康安全环保系统、信息化工作管理平台、科研项目后评价与共享系统、规划计划管理系统。

ERP系统中需包含所有项目的信息;管道完整性系统主要记录的是管道工程相关项目的基本信息;管道工程建设管理系统主要记录的是新建项目的基本信息;科技管理系统需要向企业上报科技项目的立项情况;审计管理系统需要对重点工程项目进行各项审计工作;健康安全环保系统需要包含健康安全环保系统科技项目、隐患治理项目的基本信息;信息化工作管理平台需要向集团上报信息化项目的立项情况;科研项目后评价与共享系统主要记录的是科研项目的基本信息;规划计划管理系统包含对各类项目的规划和计划信息。

(9)合同主数据。

合同覆盖了管道业务运营的多个方面,如采购、销售、新建项目、大修项目、科技项目、信息化项目、服务类合同等,在各个与合同执行相关的系统中都应该使用统一的合同基本信息,这些系统有合同管理系统、ERP系统、管道完整性系统、管道工程建设管理系统、科研项目后评价与共享系统、信息化工作管理平台。

企管法规处需要在所有合同签订前在合同管理系统中进行审批;ERP系统中需要记录销售合同、采购合同和工程建设项目合同;管道维护工程在管道完整性系统中管理和实施,与管道工程相关的项目合同和采购合同需要同步到管道完整性系统;新建工程在管道工程建设管理系统中管理和实施,与新建工程相关的项目合同和采购合同需要同步到管道工程建设管理系统;科研项目在科研项目后评价与共享系统中管理和实施,科研项目合同需要同步到科研项目后评价与共享系统;企业总部要求通过信息化工作管理平台上报信息化项目情况和合同情况。

5.2.2 集成数据划分

作为管道业务数据集成的第二个重要的工作阶段,数据主题域的划分要根据管道企业数据梳理所得的结果,同时参考管道企业的IT业务蓝图及国际的最佳实践,通过执行同一个数据分类标准,对管道企业的系统数据做统一的分类规划。

数据主题域的设计是以管道企业的业务架构为基础,结合业务用户的输入情况,采用"自上至下TOP-DOWN"的方法,参考最佳实践,对管道企业IT系统中的业务数据进行分类,形成数据主题域和子主题域数据模型,从而确保数据主题域设计的完整性及合理性。

主题域分析实践表明,一般的管道企业会拥有15个主题域,主要是规划计划、项目、管道生产运行、销售、设备资产、管道完整性、物料、健康安全环保、人力资源、财务、科技管理、合规与监察、党政工团、矿区服务以及其他。各主题域并非孤立,而是存在相互联系的,例如进行规划计划时,细化到所针对的项目时就形成项目规划。根据主题域细化的数据对象,又可以划分不同的子主题域。

(1)规划计划:管道企业整体发展规划及年度计划的相关数据内容。

(2)项目:项目管理相关数据内容,包括项目基本信息、项目计划、过程管理及费用等。

(3)管道生产运行:管道生产运行相关数据内容,包括运行监控、调度运行、能耗管理等数据。

(4)销售:产品(原油、成品油、天然气)销售的相关数据内容,包括产品信息、客户信息、销售订单等。

(5)设备资产:设备资产管理相关数据内容,包括设备信息、设备运行、维检修计划及执行等。

(6)管道完整性:管道完整性管理相关数据内容,包括管道保护、防腐控制、管道检测与评价等。

（7）物料：物料采购、库存相关的数据内容。

（8）健康安全环保：健康、安全、环保管理相关的数据内容，包括职业健康检查、环境检测、安全运行记录等。

（9）人力资源：人力资源管理相关的数据内容。

（10）财务：财务管理的相关数据内容，包括财务的账务信息、预算、资产管理等。

（11）科技管理：科技管理的相关数据内容，包括课题管理、科研成果等。

（12）合规与监察：合同管理、审计、法律管理及纪检监察的数据内容。

（13）党政工团：党团建设相关数据内容、包括党团活动信息等。

（14）矿区服务：矿区服务相关信息，包括医疗、托幼、再就业等。

（15）其他：其他信息，包括辅助办公等。

明确了主题域的内容和功能界定，就可以了解主题域之间的集成点和集成需求，更具业务发展的实际需求，构建出管道企业的主题域关系模型（图 5-7）和子主题域关系模型（图 5-8）。

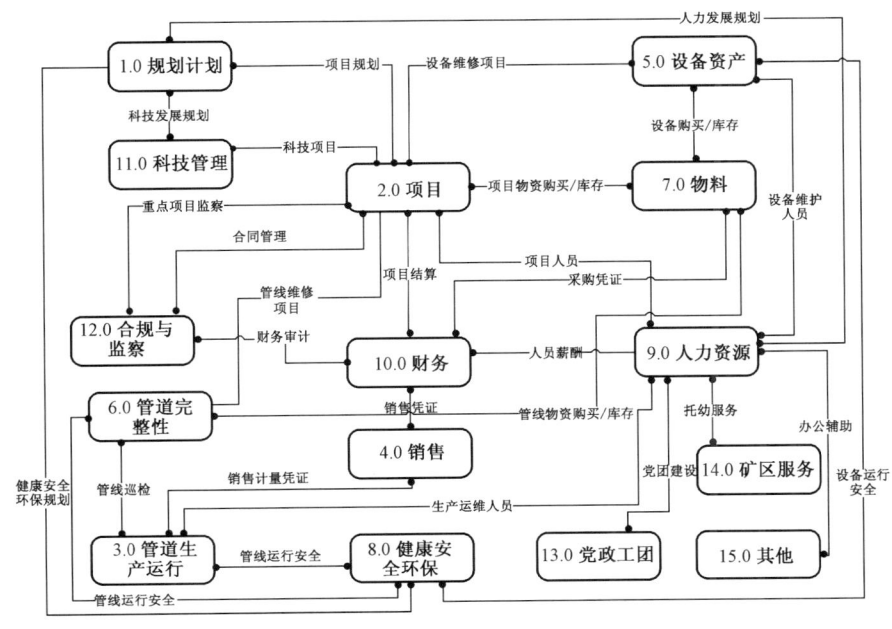

图 5-7　主题域划分模型

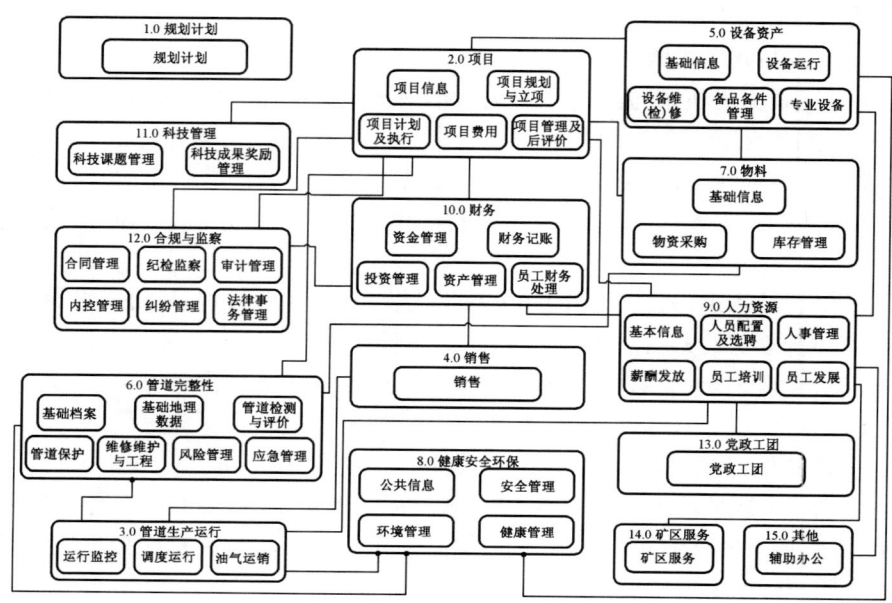

图 5-8　子主题域划分模型

5.2.3　集成数据模型

数据模型设计是根据数据主题域的划分结果,描述各个主题域中的数据实体及其相互之间的关系。与此同时,通过数据模型也可以描述出企业在运营和管理过程中涉及的所有业务概念、逻辑规则和钩稽关系。管道企业数据模型的设计工作主要包括管道概念数据模型和管道交互数据对象逻辑模型。一套完整科学的数据模型能够帮助企业理清当前的业务结构并对之进行标准化定义,为管道企业的全面集成奠定坚实的基础,为实现管控一体化提供科学依据。

5.2.4　集成数据分布

数据分布规划是对管道企业的数据模型在企业 IT 系统的分布情况进行描述。从管道企业业务逻辑的角度对系统数据进行组织、分类及定义,数据分布在此工作基础上,对业务数据在管道企业 IT 系统中的建立(Create)、读取(Read)、更新(Update)及删除(Delete)状态进行归纳总结,也就是对管道企业各 IT 系统内的数据分布情况进行描述。通过了解数据分布来清楚定义管道企业数据在 IT 系统中的产生和使用。

数据分布涵盖两个内容,一是描述管道企业各应用系统存在哪些数据,通过描述各应用系统涵盖的数据对象及其相互之间的关系,摸清管道企业现有应用系统数据家底。二是描述各类数据在应用系统中的产生和使用情况,通过确定数据对象在各应用系统的CRUD状态,明确核心数据由哪个系统产生,哪些数据仅为读取使用等。

数据分布以数据模型为基础,结合管道企业的应用系统蓝图规划及系统数据分析,通过梳理管道企业各应用系统的数据,得到各应用系统涵括的数据对象及关系;进而结合数据流规划,梳理得到数据对象在管道企业各系统的CRUD状态,具体的规划方法如图5-9所示。

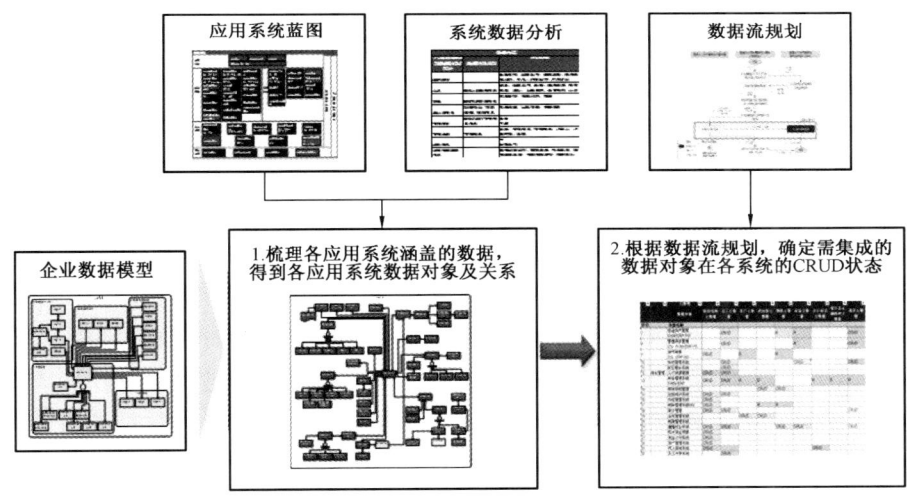

图5-9 数据分布规划方法

数据分布梳理是数据模型工作的深化,它从数据在业务系统应用情况的角度对管道企业的数据分布状态进行梳理,进而理清业务数据与各个数据主题域的映射关系,并对各业务数据对象在现有业务系统的CRUD状态进行归纳总结。因此,通过数据分布的梳理工作,理清管道企业的"数据家底",可以为未来管道企业业务系统的深化应用及决策支持建设提供有力的数据支撑。

针对业务系统的深化应用,利用现有应用系统数据分布能够加速对业务系统的理解,同时确定需要优化的部分所涉及的数据来源:快速理解深化应用目标系统以及相关系统涵盖的业务数据;优化功能所增加的数据内容,可根据CRUD状态来判断哪些数据应该在该系统创建,哪些数据应该从其他系统获取。

针对决策支持系统的各类分析需求（关键绩效指标），现有应用系统数据分布能够对数据来源分析提供支持，包括数据是否有系统数据支持；所需数据在哪个系统存在；根据数据 CRUD 可明确数据源头。

5.2.5　集成数据流向

在明确了管道企业数据分布后，需要根据业务流程集成需求，明确管道企业业务流程中各个数据交换步骤的输入输出系统端和数据内容。数据流向指的是核心数据在管道企业应用系统中的流向轨迹，指导技术架构实现管道企业面向流程集成中各步骤的数据交换。简单地说，可以将与数据使用相关的应用系统分为数据提供者和数据使用者。数据提供者指数据的产生系统或者是向外输出数据的系统，它负责参照数据标准对数据的解释，包括数据存储信息、数据质量、数据接口等。数据使用者指数据的使用系统，它们只是从数据提供者那里取得数据，用于业务应用或其他用途，不需要对数据做出解释，不负责数据的质量、标准等方面内容，但需要明确数据标准与使用系统的数据映射关系。

5.2.6　数据集成意义

管道企业要想在竞争激烈的社会中变得愈发强大，则必须转变为数据驱动型企业，坚定地将企业数据视为可用来支持战略和运营决策的宝贵资产。数据驱动型的企业，通常可以更为高效地运营、更好地管理风险、改善客户服务、更快做出明智的决策并保持较低成本，同时最大限度地发挥现有技术的价值，要实现这些目标，需要借助一个全面、统一、开放且经济的数据集成平台。

5.2.6.1　新数据集成方法有助于降低成本

当今 IT 成本预算已经成为一个企业需要考虑的关键因素。手动解码或单点解决方案等单独的集成方法，乍一看好像经济实惠，但是事实证明了这样的方法会更加费时费力。而更改单个应用程序或系统将导致跨越多个集成点的连锁反应，以致创建的结果不可靠，从而不得不进行额外的交叉检查和手动清洗。

相比之下，数据集成平台可大幅减少部署、维护和管理所需的时间和资源。易用的、基于角色的工具以及可复用的开发资产库可以提高工作效率并降低部署时间，规范化的方法可消除差异，使结果更准确，而管理的高可扩展性和简便还可以使维护与升级更为简化。数据集成平台的实现可以促使企业 IT 机构大大缩减成本，进而从简单的"保持业务持续运转"转变为"不断开发出新项目"。

通过数据集成平台方便的使用和管理、预建的连接性、可复用的逻辑和规则、高可扩展性和性能的无缝升级,实现了平台的成本节省,最终获得了资源和预算,以推出有需求的单个关键的应用程序,则该企业将面临如下几个基本问题:如何将需要的数据从旧系统迁移到新系统,并确保按照业务要求只迁移有用的、准确的和有效的数据?在发生迁移失败之前,如何测试是否已正确配置系统,如何测试系统是否在正常工作?如何确保应用程序不随时间的推移而膨胀,以致需要购买更多主存储、更多数据库许可证和更强大处理器,来保持系统有效运行?

这个时候,数据集成平台将是该企业解决问题的妙方。首先,需要对从遗留应用程序迁移到新应用程序的重要数据做出准确定义,借助数据集成平台,识别旧数据和新数据结构并快速建立至新系统的映射,这些映射可以持续使用,有利于数据快速移进或移出系统。其次,就是测试和配置应用程序环节,借助数据集成平台,选择最相关的业务数据,以快速复制和刷新需求的特定生产数据,与创建一个完整系统或数据库备份相比,此方法大大减少了需要的时间、精力和磁盘空间。最后,在完全建立和运行应用程序之后,将非活动数据从新应用程序迁移至安全存档,从而在存储、数据库许可证和性能方面保持任务关键应用程序的稳定状态。借助数据集成平台,就可以简便地标识和移动非活动数据,使之以联机或脱机方式长期保留,企业也可以随时访问已存档的数据。

5.2.6.2 新数据集成方法有助于高效运营

如今企业逐渐将数据管理视为关键的业务问题,通过多个工具和技能的集成把供应商的复杂度降至最低对于工作效率的提高显得尤为关键。不少管道企业的集成项目采用不同的工具和方法,并且没有充分利用在过去项目中的经验教训,往往只能以成本高、复杂、冗余和不可靠的结局收场。数据集成平台通过提高工作效率,帮助IT机构更为高效地运营,平台使IT系统不必在每个项目上做重复工作,而是在所有项目中共享方法、技术和资产,例如逻辑和元数据。

如果在平台上对数据集成实践进行标准化,然后创建集成能力中心(Integration Competency Center,简称ICC)或卓越中心,就可以最大限度地节省集成应用程序和数据接口的开发时间以及维护成本。

数据集成还涉及许多不同角色,从数据管理员、业务分析师到数据架构师及IT开发人员,各司其职各尽所能。IT部门和业务部门需要协同工作,保证用高效实惠的方式应对不断变化的业务需求。统一的数据集成平台让IT部门和业务部门可以更加有效地协作,平台提供界面和使用感受一致的工具集,使工具集中的各个部分能够在多个项目中无缝配合使用。这些工具专门定制服务于不同的功能，因此各岗位人员都能专注于他们各自的专长领域，并能迅速地提高自身技能。参与数据集成的各人员只需花费较少时间了解平台，从而可以将更多时间投入本职工作中。

5.2.6.3　新数据集成方法有助于提升技术价值

在当前经济环境下，每项技术投资都面临着严格的审核。IT机构需要充分利用现有技术，借助数据集成平台，继续使用遗留的系统和应用程序，规避"淘汰和更换"所带来的浪费和风险。

此外，数据集成平台还可以让IT团队在项目间重复使用资产，从而减少TCO以及培训人员和开发技能集的支出。在多个项目中采用相同的流程和方法使企业可以从小项目入手（例如单个数据仓库项目），然后根据需要轻松地扩大范围。一般来说IT只需采用当前项目必需的特定数据集成工具。如果出现新项目，就可以利用平台的公用引擎、用户界面和元数据以及准备就绪、训练有素的用户，经济高效地快速接纳新项目。

5.3　应用系统集成需求分析

企业应用系统是其运作数据能够真实反应和呈现的平台，也是实施重要决策、制订发展计划的必要依据，是联系业务和管理的纽带，对企业的发展有至关重要的作用。一套科学的应用系统，不仅可以全面展示企业各个相关部门的业务运营，还能实现高效率运作，降低运营总成本，同时为管理层实施战略目标提供切实准确的数据，不断完善优化发展策略，指导业务持续良好地发展。

明确把握油气管道行业信息集成建设中的应用系统现状，有利于理清系统"家底"，进而规划形成系统建设改善蓝图，既能为系统集成确定范围，也可以给企业的IT建设提供参考。只有明确系统功能边界，识别已有系统接口，才可以为业务流程集成打下基础，这也是管道企业数据流架构分析与规划中所涵盖的很重要的一部分工作。

以某管道公司的应用系统为例，通过对其在用系统的全面性、功能边界以及集成点的调研分析发现，IT规划共有47个系统，实践调研共59个系统，与IT规划有出入的系统共21个，实际在用系统共39个（图5-10）。在用系统中29个功能边界清晰，10个系统在4个关键功能点可能存在着功能重复的状况（图5-11）。

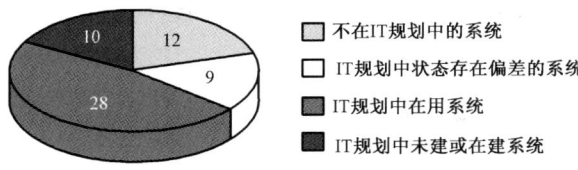

图 5-10 某企业实用系统分析

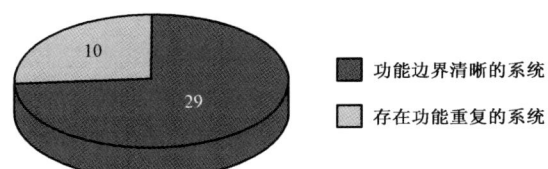

图 5-11 某企业在用系统功能边界分析

目前仅拥有 5 个系统之间的接口,分别是管道生产管理系统与 ERP 的接口、管道工程建设管理系统与 ERP 的接口、财务管理系统和 AMIS 之间的接口、财务管理系统和 ERP-FICO 的接口、股权管理系统和财务管理系统的接口,这5 个接口的主要交互内容分别是计量凭证、设备投产信息、资产信息、财务凭证以及与股权收益变更相关的财务科目数据。

对现有系统的分析需要做到全面细致,不仅需要根据 IT 规划系统种类对新建系统进行分类,同时还要调查使用状态存在偏差的系统的原因,以便调整管道企业 IT 规划中的使用状态。该单位使用状态存在偏差的系统主要有网上报销系统和 AMIS 两个,在财务流程中存在较多集成点;市场管理系统的供应商信息和信息化工作平台的项目信息都是集成的关键点;低等重要系统有 4 个,这类系统是一些信息上报和发布系统,集成点较少;已停用或被取代的系统中有 3 个重要系统,管道完整性应用被管道完整性系统取代;应急管理被管道完整性系统和健康安全环保系统取代;巡检管理被管道完整性系统和设备资产管理系统取代。存在偏差的在用系统会严重影响企业业务的开展和管理的实施,该集成却没有集成的会浪费很多人力物力,而没有集成必要的则需要暂时搁置,一些被取代的重要系统也应该实时得到纠正,以保证企业的稳定发展。

要将管道企业应用系统的规划付诸实施,还需要明确不同系统的功能界定,以指导具体的实施工作。通过对系统功能的整理分析,可以发现集成的关键点、集成点的轻重缓急以及不同的职能权责分配,从而制定出资源优化配置方案,为企业发展奠定坚实的基础。

以某企业为例(图5-12),我们发现该企业的某些系统在供应商管理、设备管理和项目管理这三大关键业务功能上存在尚需明确功能的情况,这些系统包含了ERP、管道生产管理系统、面向管道完整性应用的地理信息系统、管道项目管理系统等核心系统。

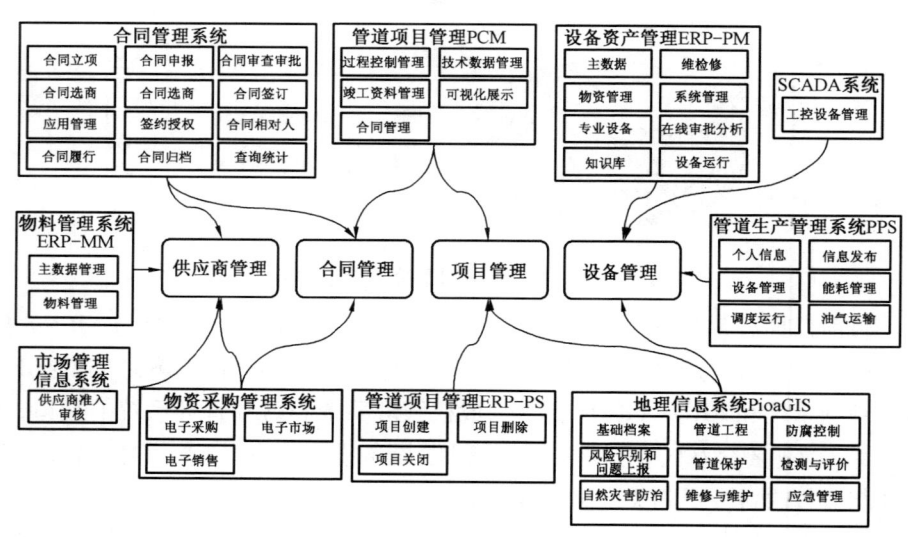

图5-12 某企业应用系统功能边界关系

由此可见,应用系统也存在着重复录入、缺乏统一、功能偏差等各方面的问题,需要通过信息集成来打通各个环节和系统之间相互割裂及分离的现状,形成一个全景可观的科学全面的系统是信息集成的迫切需求。

5.4 业务流程集成需求分析

目前管道行业大部分的业务系统流程中存在跨系统的信息交互,部分通过集成接口来进行信息交互,如管道生产管理系统与ERP系统之间的油气销售信息,但仍有很大一部分系统通过人工和手工的方式来进行交互,比如人力资源管理系统到 ERP 系统中的薪酬信息。还有一个值得注意的问题是,由于多系统流程中存在同一信息分别在不同系统中重复手工录入创建的情况,而且都缺少校验关系,易出现错误,进而影响信息流转的准确性。另外,目前业务流程的系统支持率不是很乐观,仅为60%,综合业务流程的现状,可以总结出流程中目前存在的问题主要是三个方面:系统间的手工信息交互降低了工作效率、数据重复录入降低了信息流转的准确性、未来系统对流程的支撑还需要进一步提升。

5.4.1 系统间手工信息交互

多系统流程涉及的各个系统之间的信息交互多数由手工工作完成,既增加了流程处理的时间,也增加了信息出错的概率,因此需要进一步梳理信息和数据流,通过建立集成平台,实现系统之间的自动交互。数据流的梳理工作要确定系统间的集成点,明确需要交互的信息数据及其加工处理,确定数据流向。同时也要考虑未来集成的影响要素,包括集成的投入产出比是否经济合理(如交互信息数量和频率、建立集成的成本等)、是否存在手动的数据加工、这些加工能否通过系统来完成。

以某企业的报销数据信息(图5-13)为例,信息从网上报销系统到财务系统的过程中存在着手工信息交互,财务部门在收到网上报销系统的报销凭证号和原始单据后,需要随时按单据将信息手工录入到财务系统,每月手工录入400~1000张报销凭证不等,不仅增加了工作量,还会使出错率提高。

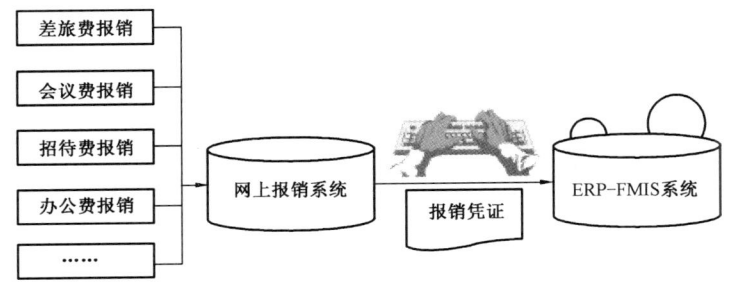

图 5-13 某企业报销信息手工交互现状

为了改变现状,需要建立集成平台打通网上报销系统与 ERP 系统(图5-14),梳理网上报销系统与 ERP 间数据流,实现系统之间信息的自动交互。

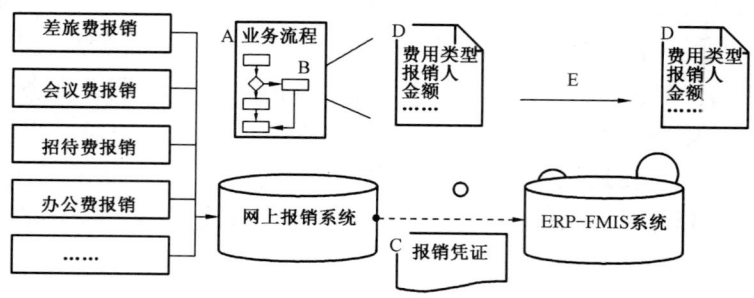

图 5-14　某企业报销信息流程集成建议

我们再来看一下该企业从人力资源管理系统到财务管理系统之间的手工工资信息交互情况,目前月度工资信息需要通过手工方式在人力资源管理系统和财务管理系统之间传递,业务流转效率较低,通过集成平台将审批通过的月度工资信息传递到财务管理系统,以提高业务流转效率,同时保证数据的准确性。

5.4.2　数据重复录入

现在多数系统间都会有同样的数据出现,在业务流程中就需要业务人员在不同的系统间重复录入和更新同样的信息,增加业务人员工作量的同时,也提高了数据不准确的概率。将一个系统作为信息的源系统,其他需要该信息的系统通过集成平台对源系统的数据进行访问或同步,消除系统间的重复录入。

以应急管理信息为例,业务人员需要在每次业务流程结束后,分别在管道完整性系统和健康安全环保系统中进行相关信息的录入,一方面存在重复工作量的问题,另一方面也存在双方记录不同步的隐患。以业务人员直接相关的管道完整性系统为信息创建的源系统,通过集成平台,健康安全环保系统从管道完整性系统中获取应急管理相关信息。另外安全许可信息在 ERP 系统和健康安全环保系统中也存在数据重复录入,以 ERP 系统为信息创建的源系统,健康安全环保系统通过集成平台,从 ERP 系统中获取信息。

5.4.3　集成需求的范围

结合业务流程现状与系统蓝图、流程分析和业务需求,就能明白应用系统对流程的支持情况、大量手工信息交互和数据重复录入的现象以及对 IT 规划和业务需求进行补充,进而得出流程集成的范围。

以某管道企业的业务流程集成需求情况(图5-15)为例,综合考虑系统蓝图、业务流程中的集成需求以及最佳实践等,通过进一步从信息交互效率和信息准确性两个角度分析,发现在该企业的269个多系统流程中,有160个流程已经建立了系统间集成接口;72个流程存在系统间的手工交互,影响信息交互效率;24个流程中存在同一信息在不同系统中重复录入,增加工作量,降低信息准确性;13个流程中不存在系统集成需求,根据这些客观存在的情况就组成了在蓝图设计阶段的集成需求范围,共计256个流程。

	储运设施建设	油气销售	油气运输	生产服务	矿区服务	人力资源管理	财务管理	资本运营	物资管理	资产管理	科技管理	信息管理	合同与纠纷管理	行政管理	公司治理	管理结构	发展规划	经营计划	运营监控	公司报告	法律事务	健康安全环保	质量节能	风险管理
已建接口	√	√	√					√	√													√		
手工交互	√	√	√		√	√		√					√					√				√	√	
重复录入									√	√	√							√				√		

图5-15 业务流程集成需求情况汇总

5.4.4 管道企业共享数据

为了提升管道企业整体运营水平,早日完成"由粗放型管理向精细化管理转变、由传统型管理向信息化管理转变",全面消除信息孤岛,减少重复录入和手工操作,优化业务流程,促进不同部门之间的协作,进而提升业务运作效率和整体的管理能力,就需要确定共享数据标准,保证业务流程交互过程中数据的高效和准确,为实现"管控信息一体化,确保安全高效和谐"的总体目标提供有力支撑。

共享数据则是用来管理整个企业的数据或者需要与其他系统进行分享和交互的数据,包括企业KPI指标和跨系统交换数据。企业KPI指标是衡量企业战略落实和业务执行情况的关键绩效指标,通常都需要用到多个系统的基础信息汇总计算而来,如平均固定资产回报率、管输单位现金成本等。跨系统交换数据主要是指业务开展过程中在多个系统之间进行传递的数据,如管输计量信息、能耗信息、设备维检修状况、管道事故情况等。

目前管道行业根据简单、唯一、稳定和可扩展的原则,已经对部分数据编码和交互制定了相关准则,形成了数据编码规范。在应用字母、符号或数字上力求简单明了,以提高阅读、填写、抄录的效率,减少错误几率;编码过程中要充分考虑未来数据的发展和数据量的增加,提高可扩展性,保证编码的使用和更改能够更加方便快捷,同时要认识到编码可能存在的变化性,尽量保持其稳定性;由于每个数据项只有唯一的编码,因此需要保持一种分类方法(如以年限为标准),并在系统的组成部分中保持一致。

确定的数据标准需要在全企业范围内进行推广和使用(图5-16),也能落地实行。之后的业务系统可以参照数据标准进行转化形成标准化的交互数据或者通过标准化改造来实现数据的共享和交互。

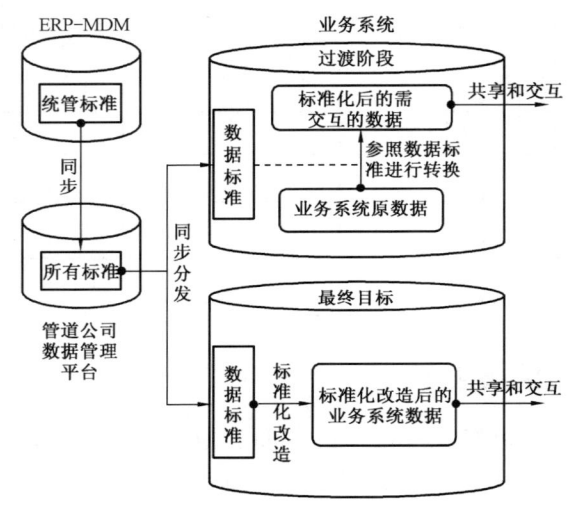

图5-16 数据标准的推广和应用

在管道行业的业务流程集成过程中,共享数据标准的落实执行需要一套完整的科学管理流程,通过收集整理数据标准的更新需求,对之做出合理的制定、更新和修改,通过专家的参与审核形成数据标准规范,然后面向企业正式颁布使用,并根据使用心得和反馈意见做出相应的调整,保证具体工作细致到位。

以某企业的合同主数据标准管理流程为例,企业要对合同执行情况进行统一管理,首先要有相关部门牵头,对各系统合同数据存在异议的情况进行收集和反馈,分析与合同相关的具体需求以及现有的系统中合同数据情况,建立新的数据标准,然后根据合同在多个系统中的实际使用情况,对合同数据标准的业务属性和技术属性进行重新定义,将调整后的合同数据标准编制成报告并提交审核部门,召集相关专家进行审阅,确定合同主数据并建立报告。企业正式发文颁布合同数据标准内容和各部门使用细则,IT部门还需要组织员工学习理解合同数据标准内容和使用细则,建立各系统与合同主数据的映射关系,实现合同信息跨系统的交互传递,其他各业务部门对之进行使用和信息反馈,根据反馈信息及时对之做出调整。

· 小 结 ·

信息化集成不但能够给企业创造价值,而且面对当今企业竞争日益激烈,使得企业对精细化信息化的要求越来越高,迫切需要信息化集成以实现各业务之间的协同。

第6章　信息化集成项目管理

前面讲到信息化集成的迫切性及其价值,信息化的集成是一项系统工程,牵扯到企业生产经营的各个方面,在本章中我们将对信息化集成项目管理进行简单介绍。运营一体化管理(图6-1)是管道企业共识的管理模式,所以管道应用集成项目管理应符合管道业务运营一体化管理特点来实施,主要涉及综合管理和核心业务两大部分,综合管理包括战略规划和管理支持两部分,核心业务则主要包括油气管道生产运行、管道完整性管理、设备设施维护、管道项目管理和天然气销售等。

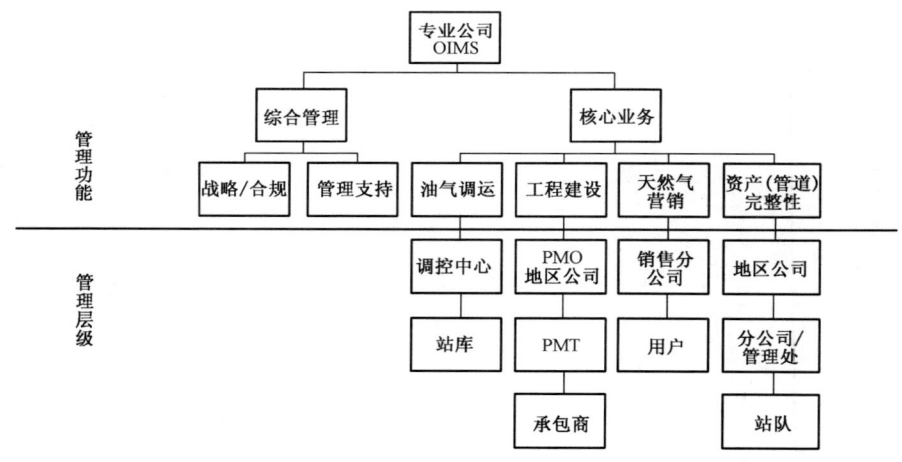

图6-1　一体化运营管理体系示意图

信息系统集成项目的发展方向就是项目管理的标准化趋势,例如将 ISO 9000 或 CMM 软件能力成熟度模型等标准化过程引入到管道信息系统集成项目管理中,通过这些标准化的流程可以使管道集成应用项目的实施过程更加有序化、可控化、规范化、标准化。另外标准化本身也是一个节约成本、创造效益的过程。

油气管道系统集成的整个项目生命周期管理按建设阶段划分,可分为可行性研究、系统分析、系统设计、项目实施、测试验收、运行维护等6个阶段;按管理过程划分,可分为初始、执行和完成这 3 个阶段。对管道应用集成项目的管理,应根据建设目标,以"实时、够用、好用"为指导思想,按整体到局部、自上而下的方法进行规划和设计。

6.1 应用系统集成生命周期管理

6.1.1 可行性研究阶段

识别需求,对项目产品进行描述,确定分阶段实施的进度,从业务、技术、经济效益等方面进行可行性研究分析,形成可行性报告。

6.1.2 系统分析阶段

对现行系统进行详细调查,分析业务流程、数据与数据流程、功能与数据之间的关系,指出现行系统存在的问题和不足之处,确立新系统的基本目标和逻辑功能要求,最后提出分析处理方式和新系统的逻辑模型。这个阶段也称为逻辑设计阶段。主要解决系统"做什么"的问题,是整个系统建设的关键阶段。

6.1.3 系统设计阶段

此阶段解决系统"怎么做"的问题,根据系统说明书所规定的功能要求,结合实际情况,具体设计能够实现逻辑模型的技术方案,即新系统的物理模型,所以也被称为物理设计阶段,其技术文档为"系统设计说明书"。

6.1.4 项目实施阶段

按设计方案付诸系统实现的具体工作,包括开发与调试程序、采购硬件、硬件设备与软件平台的安装调试、用户培训、数据文件转换、系统调试与转换等。这个阶段的工作量很大,需要用户方许多部门的参与或配合,为了使系统顺利转换,必须精心安排,合理组织,统筹调度和协调。

6.1.5 测试验收阶段

要重视文档的建设,需要写出测试分析报告,包括"功能测试分析报告"和"系统测试分析报告",验收报告也应包括各阶段验收报告。

6.1.6 运行维护阶段

系统投入运行后,需要进行经常性维护和评价,记录系统运行的情况,根据一定的程序对系统进行必要的修改,评价系统的工作质量和经济效益。

6.2 系统集成项目过程管理

6.2.1 初始阶段

项目初始阶段是项目管理的第一阶段,一般包括启动和计划两个过程,其目的是确定项目实施范围以及建立衡量项目成功的准则。具体工作包括:指定项目经理,生成项目定义书,对工作的内容和验收的方法标准进行详细的定义,对项目的关键规格形成统一的标准,制定由集成商和客户方双方同意的项目管理计划,确认项目可用的人员及其他资源,同时进行项目前期的初步成本估算。

初始阶段包括与启动项目相关的各项工作,该阶段的成败关系着整个项目过程中风险的大小,如果失败就会给项目带来很大的风险,具体表现为:所有参与方无法形成一个共同的基础去评估工作的优先次序;由于没有一致的方式去衡量或报告项目的进展,就无法评估当前项目正在进行的工作进度;没有统一标准的业务目标和科学有效的可行性分析,就无法预测可能出现的各种变化;没有对实现的目标或结果达成高度一致,项目可能会因为某些不明确而产生的无法预料的额外责任导致失败。

6.2.2 执行阶段

执行阶段包括执行和控制两个过程,在此阶段中,项目团队需要检查项目定义中要求的产品或服务,并与客户达成最终一致的预算,保证在进度内提供项目交付物。一般来说,项目大部分的工作和支出通常都在执行阶段完成,包括协调人力物力等各种资源、核实项目范围、确保项目质量、发布相关信息、采购必需资源,保证按项目计划开展实施工作;对照项目计划对项目进度、绩效进行监督和测评,并在必要的时候对错误进行纠正,并对这些变更进行合理的分析和监控;按计划提交并验收阶段性产品和项目最终交付成果,最终做出准确的成本估算。

在执行阶段,项目经理必须和利益相关方保持持续及时的沟通,根据实际情况对项目未来的进程制定明智合理的决策和方案。这一阶段的工作尤为重要,需要贯彻执行在初始阶段已达成一致的工作计划,而它与初始阶段的工作分开来做,就可以使行动和讨论分开,避免项目团队和各利益相关方在项目内容方面产生误会,确保时间和金钱直接投入到实现结果的行动中,确保在所有资源释放之前交付物已接收,如果没有验收,或者需要一些补救措施,就可以保留一些必备的资源以完成工作。

6.2.3 完成阶段

完成阶段又称为收尾阶段,到了这个阶段,所有的工作已经完成,需要有步骤地进行项目的交接,确保客户所有的期望都能得到满足,同时还要保证本项目的顺利完成能对未来业务发展带来积极影响。需要清算所有合同,将项目资产以及项目都正式交接归还给客户,项目中所有的资源转移到其他项目组或原单位,最后对项目进行总结提炼,记录项目的运作经验,将项目实施过程中的有关文档进行整理和存档。

6.3 系统集成项目实施方法

6.3.1 实施方法

油气管道应用集成系统项目涉及的信息系统繁多、功能各异,加之实施的组织范围较大,在实施过程中就肯定会遇到各种问题,为保证项目良好的实施效果,需要采取一套切实可行的有效的项目实施方法,在遵循"总体规划、统一设计、分阶段实施"的整体原则下,制定详尽的计划并严格执行,设定项目实施的里程碑,确保项目实施的可控性,对阶段性工作进行及时评估,总结经验、发现问题并进行及时合理的调整,为下一阶段的工作做好准备。

总体规划是指在总体方案的指导下,制定统一的实施原则和实施策略,统一方法及管理,确保方案的整体性和一致性,以保证项目涉及的所有企业和部门最终都能达到相同的系统目标。

统一设计是指在实施过程中进行统一管理,充分体现业务的集中管控,确保实施进度和实施质量,保证实施过程中的进度和内容的高度统一,同时确保系统效益最大化。

分阶段实施是指按照项目实施的集中设计方案,分专业公司、分项目、分单位、分阶段上线,以降低风险和减轻上线工作资源压力。

油气管道应用集成项目需要使用成熟的软件模式和定制开发模式,由于需要集成的系统有各自支持的业务逻辑和功能架构,集成需求也有所不同,所以需要在集中设计阶段以业务为中心,清楚地了解业务集成需求,根据数据展示及需求分析来设计方案。在方案确定前广泛征集各方意见,同时在项目建设过程中,加强与相关系统建设各方的沟通,以应对系统功能的改变和新系统建成导致的集成需求和方案变化。

6.3.2 实施前提条件

6.3.2.1 建立完善的项目管理组织及核心实施团队

项目的实施需要建立一个高效的项目管理组织,对项目的实施计划进行细化,合理安排项目实施阶段的内部与外部资源。为了保证项目实施目标的圆满实现,降低实施和维护成本,必须建立内部的核心队伍,最好由业务专家和技术专家共同组成。

6.3.2.2 管理层的持续支持

由于信息化项目实施的特殊性及诸多不确定因素,为保障项目实施的顺利开展,需要相关单位及领导的大力支持,充分调动各方面的资源进行合理配置,对项目给予必要的支持。

6.3.2.3 基本信息条件具备

油气管道应用集成系统建立在管道企业 ERP 系统及各专业信息系统的基础上,因此,各信息系统的成功上线运行及充分应用是油气管道应用集成系统能够顺利实施的前提。

6.3.2.4 业务人员充分参与

借鉴其他信息化项目的成功经验,在本系统实施过程中,应保证相关基层业务人员充分参与项目建设,同时对与项目相关的业务人员开展系统培训及考核工作,并保证在计划时间内完成数据整理工作。

6.3.2.5 信息技术基础设施完善

相应的网络环境也应该进行构建和完善,包括企业内部局域网标准化、广域网(城域网)要符合系统要求、接入符合要求的 INTERNET、拥有电子邮件服务。

小结

　　信息化集成项目和一般信息系统建设项目有很大的相通性,其重点在于能否让业务人员参与到项目中来,使不同专业的业务人员以及信息人员有效沟通。在下一章中我们将继续对信息化集成项目的建设继续讲解。

第 7 章　信息化集成规划与实施

在上一章中我们介绍了信息化集成项目的一般方法,在本章中我们将进一步讨论油气管道企业的信息化集成之路。结合油气管道现状以及集成需求,根据信息化集成的管理组织架构,在目前安全生产环境异常严峻、新管道建设和更新改造任务繁重的形势下,油气管道信息化集成管控模式的实现需要兼顾效率与质量,应该循序渐进地分 3 个阶段逐步推进。

(1)试点推行阶段。以集成技术标准或规范的推行为切入点,实现标准、流程、作业文件三统一的格局,建立适度集中的管控模式,推进成本费用的集中控制,一方面可以提升各级管理和操作人员的业务能力,另一方面还可以将老管线的冗余人员向新线转移,超越国内同类地区企业的成本控制和运营管控水平,达到国内管控模式的领先水平。

(2)深入对标阶段。分期分专业和国际先进的流程管理理念、方法和工具进行对标分析,统筹安排,用数据"说话",结合企业发展的实际情况,持续优化业务流程使其达到"集约、统一、高效"的水平,实现与国际先进管道公司的管理水平接轨。

(3)完善提升阶段。提升资产运行维护能力,支撑管道安全高效的运行,逐步实现管输全过程管理,支持油气运输、存储和销售等环节。通过全方位绩效管理,监控并提升公司管理和运营效率,实施全员培训管理,提高人员素质和员工满意度。通过全面风险管理,控制各类风险,保障合规,共同促进企业管控能力达到国际先进水平。

为完成 3 个阶段的目标,综合考虑实施成本以及轻重缓急等因素,围绕安全、高效、和谐的发展原则,稳步推进信息化集成的建设步伐,确保管道行业科学健康地发展,以期与国际接轨,力争早日迈进国际优秀管道运营之列。

7.1　信息化集成规划

结合分析现有的油气管道行业现状,经过合理统筹和平衡而形成的总体规划,在管道企业整体发展规划中占据很重要的位置,是管道企业发展运行的核心指导,规划的编制工作可以根据内容的不同划分为"现状分析、技术展望、项目规划"3个阶段,如图7-1所示。

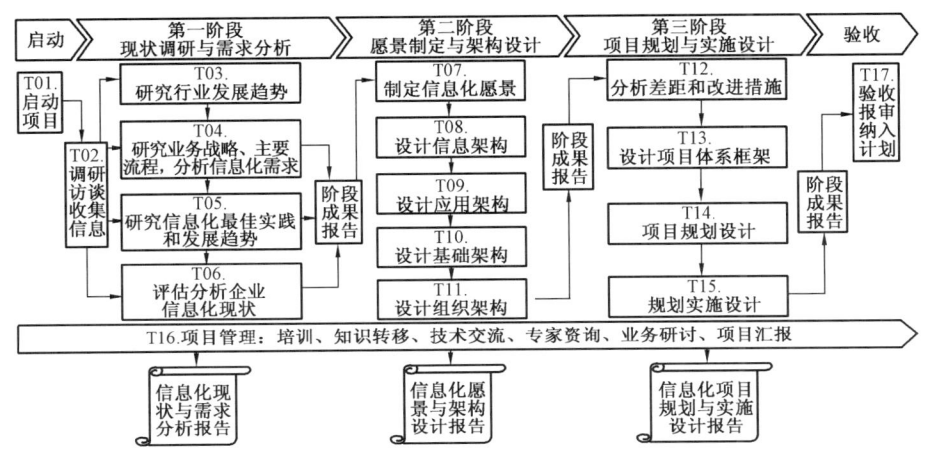

图7-1 信息技术集成总体规划

总体规划制定后要逐年分解到年度计划来实施,在规划执行过程中,主要做好项目可行性研究、年度预算编制与下达、规划调整等工作。

7.1.1 项目可行性研究

信息管理部门按照总体规划中各个项目之间的逻辑关系和优先级次序,有序地开展项目可行性研究。可行性研究报告是在信息技术集成的总体规划指导下,按照其确定的项目目标、范围、主要功能、投资概算等内容,从项目可行性和进一步做好项目实施与运行维护工作的角度,进行现状与需求分析,提出技术方案并设计系统概要,从而制定出详细的项目实施方案,明确运行维护组织与定员、进行投资估算和效益分析、预测项目风险并提出规避措施等,使项目管理部门和实施团队对项目有更加深入、细致、准确的把握和理解。可行性研究报告,对内是项目正式立项、加强项目管理、做好系统详细设计和实施工作的基础,对外则是项目招标的主要依据。

7.1.2 年度计划下达与实施

总体规划的落地实施需要逐年分解、有序实施,以年度计划的方式有序推进项目建设。信息管理部门根据信息技术集成总体规划、已实施项目的进展以及新上项目的可行性研究报告,编制年度信息化工作计划及经费预算,经信息化工作领导小组审批后,分别报送规划计划部门和财务部门。规划计划部门将信息技术项目年度投资计划列入公司年度投资计划并及时下达;财务部门将信息技术项目费用预算汇总进入公司年度预算并及时下达;信息管理部门负责年度计划任务的组织实施。计划下达后,各成员企业依据总体规划,结合本企业工作实际,制定切实可行的工作计划,确保全年工作任务顺利完成。

7.1.3 规划调整与滚动

信息技术总体规划是一个滚动规划,与业务滚动发展规划同步,采取"规划五年,每年微调,三年滚动"的规划策略。

信息管理部门每年需要对总体规划的执行情况及其对业务的支持度进行评估,并根据实际的需求进行及时必要的调整。首先由各业务主管部门结合信息化现状和业务需求,提出本专业的信息技术项目建设框架草案,信息管理部门和各业务主管部门组织专家研讨实现逐一对接,经过统筹平衡,形成整体信息技术总体规划和项目安排的框架意见,再经反复沟通协调,形成滚动规划报告。调整后的总体规划经由规划计划部门确认后,上报信息化工作领导小组审批,由信息管理部门组织实施。

7.2 信息化集成实施

管道企业应用集成项目建设的实施包括建设内容、实施路线、管理办法以及实施保障等,一般要先明确项目实施任务以及相互之间的依赖关系,分清任务的轻重缓急以及集成点的优先级别,以此制定出集成的实施路线,再辅以科学合理的管理办法和完备的实施保障,实现信息化集成建设的实施。

7.2.1 集成实施路线

根据管道企业全面集成与数据管理体系的依赖关系,以及集成点的实施优先级,管道企业信息集成项目的建设可分为3个阶段进行,如图7-2所示。

7.2.1.1 试点阶段

全面集成方案将通过试点先行的方式,初步完成集成平台的搭建及业务系统的改造和开发,在试点的基础上,实施优先级最高的集成点,不断完善集成平台,初步实现需求最为紧迫的业务流程的贯通。数据管理体系在这个阶段也将

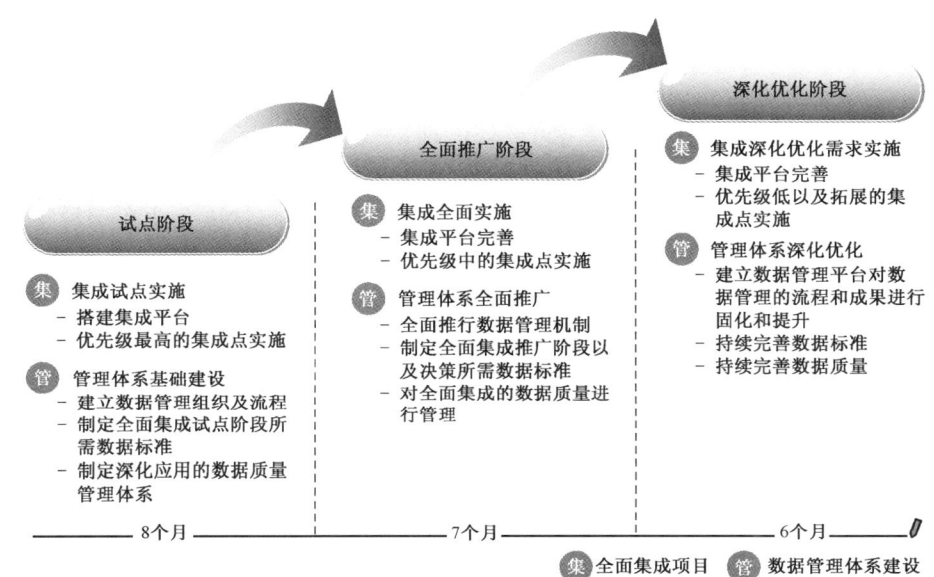

图 7-2　信息集成项目建设实施阶段

完成体系基础的建设,引入较少的关键业务部门在管道企业成立数据管理组织,建立数据管理流程,制定试点阶段所需的数据标准,为各业务系统深化应用制定数据质量管理方案。

7.2.1.2　全面推广阶段

试点先行阶段能暴露出不少集成平台的问题和缺陷,这个阶段就需要对这些问题进行完善和优化,同时对中等优先级别的集成点开展实施工作,数据管理体系将在管道企业进行全面推广,吸引更多的业务部门的参与,增加数据管理的范围,制定全面集成推广阶段所需的数据标准,并开始对全面集成的数据质量提出要求和管理办法。

7.2.1.3　深化优化阶段

在全面推广阶段的成果基础上,信息集成方案继续完成优先级别较低的集成点的实施,并根据业务部门在使用过程中提出的拓展需求进行集成应用的优化和深化。数据管理体系将总结体系建设的经验和成果,建设数据管理支撑平台,将流程和成果固化,提升管理效率,并伴随信息系统的建设,不断完善和提升数据标准及数据质量管理水平。

7.2.2 集成建设内容

为了保障管道企业方案实施的成果能够与项目规划目标保持一致,管道企业在信息系统集成建设时需要制定合理的管道信息系统集成实施方案(图7-3),对项目实施涉及的主要工作任务和工作内容进行描述,对实施方案的组织结构和成员职责给出明确的定位,并提前评估预测管道企业在项目集成过程中可能遇到的风险和挑战,做出合理的规避应对措施。

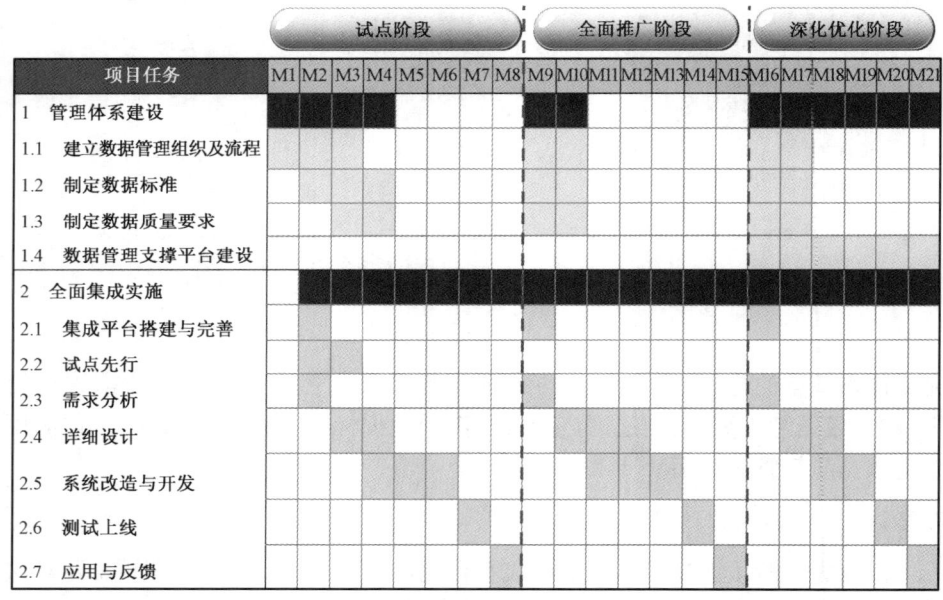

图7-3 信息集成方案总体实施方案

根据管道企业的信息化集成实施路线规划可知,实施方案分全面集成和数据管理体系两个方面进行。数据管理体系的建立将为包括全面集成在内的各IT建设提供基础的数据保障,对企业数据的规范化管理和使用有重要意义。经过信息化工作领导小组的认同和参与,组建由信息管理部门、各业务部门和二级单位共同组成数据管理组织,制定出数据管理的各项流程是数据管理工作最关键的第一步。然后根据数据管理方案,向管道企业信息化委员会申请建立数据管理组织,通过召开协调会议,明确组织职责,确定各业务部门和二级单位在数据管理组织中担任的角色和联系人。明确数据管理组织及其职责后,需要规划数据管理近期和远期的工作目标和工作内容,重点支撑全面集成所需的数据标准和数据质量需求,伴随全面集成的各个阶段,根据数据管理体系的运作情况,不断完善和提升数据管理组织体系和运作流程。

7.2.2.1 数据标准管理

数据标准的建立是管道企业数据集成和决策应用的基础,根据管道企业数据需求,制定主数据、交换数据、指标和公共代码制定数据业务标准和技术标准,并制定标准的具体内容。全面集成和决策都是数据标准的主要支撑对象。

根据全面集成和决策的需求,规划企业数据标准的实施阶段和实施内容,对于管道企业已经管理的数据参照标准重新定义,未纳入管理的数据则由信息管理部门牵头协调各业务部门进行建立。各个阶段所需数据标准的业务属性和技术属性也应该制定统一的标准,定义数据标准的分类、分层、内容和编码,标准需要下发到各个相关业务系统,辅助业务系统实施商建立标准映射关系,推进业务系统的数据标准使用,进而形成企业数据标准,负责部门包括信息管理部门、各数据标准的相关业务部门和各系统开发维护人员。

7.2.2.2 数据质量管理

数据质量管理对管道企业信息化系统的应用、推广和深化有推动和督促的作用,通过数据质量需求分析、评估方法制定、数据监控、改进措施、考核落实五大环节形成环环紧扣的数据质量管理闭环,使数据质量得到衡量、评估和不断完善。

根据管道企业信息化实施规划,分析数据质量管理各阶段的工作内容发现,应用深化、全面集成和决策支持将是三大重点。各个阶段侧重于数据质量管理方面的研究,分析当前数据质量问题和需求,与业务部门协商建立相关的质量要求和考核指标,然后根据考核指标在业务系统、集成平台或决策平台上设置数据质量监控点,采集数据质量监控数据,定期形成质量分析报告和问题报告并进行考核,督促质量问题的改进。最后的输出成果包括数据质量要求及考核指标、数据质量指标监控点、数据质量报告。

7.2.2.3 数据管理支撑平台建设

在管道企业的数据标准和数据质量管理有一定成果和经验后,通过建立数据管理支撑平台对管道企业的管理流程进行固化,提高管理效率和精细度,使管理输出成果能够更好地应用于管道企业的管理和信息化建设。

深入了解分析数据管理的需求和未来发展,明确数据管理支撑平台的需求并支持平台日常的维护和运营,对平台各部分功能和相关系统的改造进行详细设计,开发平台功能和相关系统的接口,完成平台单元、集成和用户验收的测试,进行平台上线、培训和推广,收集平台使用的反馈意见并及时进行完善,搭建出科学的数据管理支撑平台。

7.2.2.4　全面集成实施

管道企业的全面集成实施是为了实现管道企业业务流程的全面集成,大致可分3个阶段:搭建集成平台、实现各业务系统与集成平台的连接以及业务流程的全面畅通。每个阶段都要完成包括平台搭建及完善、需求调研、详细设计、系统改造和开发、测试上线、应用与反馈等方面的工作。

平台搭建及完善是对应用集成服务器进行系统安装、配置等,为应用集成奠定基础;试点先行指选取一两个集成点在集成平台上进行快速实施,为其他集成点的实施提供依据;需求调研要梳理应用集成新增或是调整的业务需求和技术需求,包括集成需求、性能需求、界面需求等;详细设计则根据需求调研结果,对每个接口的设计进行细化和完善,主要内容包括功能设计和技术设计;系统改造和开发主要针对原有系统的改造和系统间接口程序的开发;测试上线包括对接口程序、改造的系统功能等进行测试,对系统进行切换并上线;应用与反馈需要根据用户反馈结果对系统集成问题进行修复,对系统功能和性能进行优化。输出成果包括集成平台、系统接口、调整后的业务流程、系统改造。

7.2.3　实施管理办法

科学有效的管理方法往往能事半功倍,管道企业在信息系统应用集成项目实施过程中,由于涉及的业务范围广、参与方较多,良好的管理方法更是信息集成顺利实施的必要条件之一,只有按照科学的管理方式才能保证项目实施质量达到建设初期的要求,管道企业应用集成项目实施管理主要涉及以下几个方面。

7.2.3.1　项目管理内容

(1)进度管理。对项目执行过程中的时间表、进展程度、关键路径和内部依赖关系的监控。

(2)问题管理。采用相关的管理工具对项目的问题进行记录,划分优先级别及跟踪处理状态。

(3)变更控制管理。划分工作任务、方案及变更需求的优先级别、控制项目变更朝良性方向发展。

(4)资源管理。对人力物力等资源进行有效的使用和管理。

(5)供应商管理。和供应商的合同谈判及签订,并严格依照合同的约定对供应商的执行过程进行监控。

(6)风险管理。预先对整个项目执行的过程中可能出现的风险进行识别和分析,从而减轻风险造成的影响。

(7)发布管理。规划 IT 项目上线(如系统上线)的流程和依赖关系,从而最小化人力资源的影响。

(8)意外事件管理。对意外情况分配适当的预算和冗余时间,制定当主要计划执行出现意外或失败时可以使用的备用计划。

(9)质量管理。制定好的方法以很好地理解和管理用户的期望值。

(10)沟通管理。建立适当的沟通渠道,并建立和客户的各个部门、职员、客户、合作伙伴之间的关键项目信息和有效沟通机制。

7.2.3.2 范围管理与变更控制

管道企业信息系统集成项目实施执行过程中,范围管理与变更控制是成功的基础,要制定清晰的范围管理与变更控制流程,使任何有关项目实施范围的调整和深度的变更都必须遵循必要的核准程序,如经过项目经理、总监和指导委员会的三层批准,才可进行下一步的实施。在项目启动初期要深刻理解项目并确认实施范围的重点难点以及深度,这样在制订计划时就可以有所侧重地进行资源分配,各小组也可以依据工作计划设置的关键控制点来制作详细的工作计划。合理的工作计划须分解到具体的功能模块小组,再进一步分解到责任人负责落实,按周、日等一定的周期来设置进度,并及时提交日报、周报等汇报工作成果。另外也可以每周举办管理例会来保证所有关键控制点的进度要求,并对其进行跟踪、监控、完善等,所有小组应每周召开项目管理例会,并及时向项目经理汇报项目进度,便于项目经理及时掌握工作进展的情况,在第一时间内发现、协调并解决问题。指导委员会应根据关键控制点举办委员会,项目经理就项目进度进行汇报,委员会做出必要的决策。

7.2.3.3 问题管理

项目实施工作在问题管理上可分为两类,即问题处理和修改请求处理。前者主要指实施过程中的问题处理方式,而后者则针对已完成的经过确认的系统方案的实施工作(如配置、开发、测试等)后,对原设计方案提出修改请求时,为避免大量返工所必须执行的一种管理手段。问题处理与修改请求处理依性质、严重性、牵涉面的广度等不同,需要通过不同层次的审批流程才能获得最终的决定。实施期间常碰到的问题,都要依据以下的追踪、解决、确认、会签的管理机制来处理。

在执行过程中，当有问题被提出来时，要做出及时的反馈和追踪。对于共性的问题要统一处理，个性的问题则由小组自行解决。问题提出并记录后，应按处理流程为之找寻匹配的解决方案。方案解决过程要邀请合适的决策人员参与讨论，对在讨论中所做的每一项决议都应形成会议纪要，分发给与会的人员确认，对于无法立刻获得结论的问题，要采用适当的处理方法或渠道，例如向上呈报等，并设定最终解决的期限，指派专人负责问题的持续追踪或制定相关安排，以在解决期限前取得所需的答案。

7.2.3.4 人力资源管理

项目的实施不仅需要实施团队的参与，同时也需要企业投入相应的人力来配合，双方联合不仅可以使实施团队能够清晰地了解当前的业务现状及发展策略，同时也可以使知识在执行的过程中完成高效率高质量的转移。在人力资源管理上，项目经理应保证在合适的时间有合适的人员到岗承担合适的角色。

7.2.3.5 实施文档管理

管道信息系统集成项目实施过程中将产生许多文档资料，包括项目交付件、工作文档、会议纪要、问题记录等，这些文档不仅记录了系统实施过程中的重要成果，同时也是知识转移的重要基础，必须进行规范的、完整的、系统的、安全的管理。项目启动后，文档资料也越来越多，而文档的制作者更是来自不同的背景与专业，因此必须制定相关的标准模板、制度与办法来管理项目文档资料的编写、储存、备份与提交。

文档的制作以微软的应用软件作为工具，MS Power Point 适用于汇报资料、业务流程图等，MS Word 主要用于会议纪要，MS Excel 或 MS Project 则进行工作进度表等，每一交付文件需要按照预先制作好的模板进行编写，项目成员应严格遵守模板的使用，避免自行创造而失去规范。属通用性的非交付文件也应制作模板供全体项目成员使用。所有交付文档和工作文档资料将使用文件服务器来进行存储、备份的管理，并遵照统一的文档命名及管理规则。管理小组将为每位成员配置所需的使用权限，让每位成员都能有效地管理制作文档。项目实施结束后，应把文件服务器中储存的文档资料以交付文件的形式移交给公司。

7.2.3.6 知识管理

项目实施过程中将会产生包括业务、流程、数据、技术、架构等多方面的庞大的高价值知识,如何有效记录、保存、传递、分享及管理好这些知识也是实施过程中非常重要的一项工作,除团队全程直接参与整体实施过程外,受托方在实施的过程中,为保证在短期内将各种知识和技能成功传授给不同层面的参与者,可采用课堂培训、讲座或讨论会、一带一传授等培训方式。

管道信息系统集成项目实施作为管道企业未来发展及提高核心竞争力的信息化基础,更是为创造更大的股东价值奠定牢固的基础。因此,为了确保项目成功实施与未来平稳运行,管道企业在项目实施阶段就应该全面参与到具体工作中来。长远来看,伴随项目的推进,在管道企业内部建立一支技能卓越、经验丰富的业务集成及数据集成实施队伍就变得至关重要。为此管道企业与集成商,应制定一套系统的、完整的培训及知识转移计划,为管道企业开展卓有成效的培训与知识转移,以帮助管道企业最终可以掌握对项目进行完善及修订的能力和知识。

7.2.3.7　绩效考核

为保证管道信息系统集成项目的成功实施,人力资源管理至关重要。所以需要在项目实施之前就建立绩效管理体系和流程,并在项目过程中进行管理,按照绩效表现对项目成员实施奖惩,并从绩效管理角度出发,指导项目成员的行为。

7.2.3.8　质量管理

质量管理包括一整套保证成功收集、理解并实现利益相关者期望的管理技巧,要求在充分理解管道企业需求与期望的基础上,选用合适的人员为客户交付最佳方案。质量管理是确保项目组能够正确理解并满足管道企业的需求与期望,同时合理处理潜在风险的基础。其最主要的目标是使项目组成员能够为企业提供高质量的服务,满足管道企业的初始和最终需求,并通过集成项目来实现管道企业和项目组之间的经验交流和知识共享。在项目开始之初,要先确认管道企业的期望值,避免由于双方对项目工作范围的理解不一致而无法实现项目预期成果,受托方应投入有项目经验和行业经验的专家及顾问,同时定期与管道企业沟通项目阶段成果,及时地发现存在的质量问题。

质量管理还应该采取相应的系列措施,保证一个项目在其生命周期内的业务工作能顺利开展,合理运行。

(1)期望管理。

为避免对项目有错误的期望,项目实施团队要与管道企业领导及终端用户进行沟通,让项目组对项目目标有清楚的了解,并以此作为验收成果的依据。

（2）质量检查。

实施工作计划里安排几个主要的控制点，例如需求分析、客户化工作、用户测试及上线前的最后检查等，项目管理者应采取有关的手段或方法对工作进行质量检查，例如专题报告会、用户签字确认、阶段性汇报材料等。如有必要也可安排向项目指导委员会进行汇报并接受审查；项目管理者也应安排不定期的工作检查，例如在设计阶段结束、集成测试后、上线前的检查等，以便及早发现和解决问题。

（3）质量保证体系。

遵循自身的质量保证体系，提供所需的质量保证服务。严谨的质量保证体系是委托方质量管理监理，它是项目组高质量服务的重要保证。

委托方质量管理监理是独立于项目的专家对项目定期进行的内部审核。它是项目相关领域的非项目内部人员的专家，从而可以对项目执行情况进行准确的、客观的评估，及时发现项目实施过程中的风险，并对项目中存在的问题提出整改意见，定期追踪完成情况。内部审核结果与项目经理及项目小组绩效挂钩。

7.2.4 集成实施保证

信息化集成是一个纷繁复杂的过程，要始终坚持"总部统一组织、各单位广泛参与"的原则，同时还需制定能够支持业务发展的可落地实施的信息技术总体规划，逐步建立集中统一的信息系统平台，从源头上解决低水平的重复问题，杜绝新的信息孤岛的产生，这样才能实现信息化由分散建设向集中建设的阶段性跨越。信息化集成是管道企业保持先进信息化水平的关键所在，也是同行业竞争的最大优势。只有吸取典型的经验教训，不断借鉴先进的成功案例，同时结合科学的辅助管理机制，才能保证信息化集成建设的顺利开展和实施。

7.2.4.1 管道应用集成的风险管理

管道企业在进行信息系统集成项目建设的过程中，项目风险的产生是不可避免的，而管道应用集成的风险管理旨在减少风险发生的可能性及其影响。任何项目都有其潜在的风险，这些风险也会不同程度地影响着项目的完成，应对项目风险的正确方法不是一味地无视或回避，而是建立一套科学的项目风险管理方法，及时发现、分析并规避各种项目风险。管道信息系统大集成是管道企业所有信息化建设中难度和风险最大的项目，除自身业务的复杂度外，还面临系统分别建于不同的时期，存在多种异构系统的应用和数据接口，没有规范的接入标准,还有一些承包商因为自身的变革无法提供当初的源代码和必要的维护等,协调和管理的工作量也相当大。目前的国际石油企业很少拥有完整的成功的信息化集成系统,原因是多方面的,除业务的复杂度外,面向服务应用架构的SOA,即流程集成的技术手段还没有形成标准和规范,有待进一步完善和改进,就如同用户要一台车,需要配备奔驰的发动机、宝马的操纵系统、沃尔沃的安全系统、卡特的底盘一样,如何有机、稳定高效地整合在一起,风险和难度是非常大的。因此,在进行管道信息系统集成项目建设时,必须进行缜密的风险管理,并采取有效的规避和应对措施。

(1)风险管理方法。

风险规避方法始于管道企业信息系统集成项目实施的计划阶段,风险管理不仅要强调项目成员的全员参与,而且还应该特别注重管理流程。整个风险管理流程包括风险计划、风险识别、风险分析、风险规避和风险跟踪等几个步骤,风险的全程管理和控制均由项目经理负责。

风险计划是指制定项目风险管理的目标、计划及管理程序;风险识别主要是明确风险的内容,掌握识别风险的方法,以便及时发现识别潜在的风险;风险分析主要针对风险发生的可能性、风险间的相互关系,以及它们对整个项目(如成本、进度、质量和运行等方面)的影响进行量化;规避风险指风险应对和避免的方法措施,包括举行定期的项目状况沟通会、及时采取规避风险的行动、制定规避风险的方法(包括避开、控制、接受、转移、调查等);汇报风险指形成风险清单及风险状况表、定期跟踪并汇报风险状况。

对管道企业信息系统集成项目的风险管理,应着重根据风险管理流程的4个步骤进行周密的部署,制定详尽的风险控制流程(图7-4),通过业务流程驱动,牵动项目组全员参与,对流程流转过程中形成的控制表单,采取"消项制",对其从产生到消除的全过程进行管理,从而保证项目的平稳、高效运转。

(2)风险控制措施。

分析管道信息系统集成项目在建设和运营过程中潜在的主要风险因素,包括投融资风险、建设风险、运行维护风险、应用风险等的来源、影响范围和影响程度,以便针对不同的因素制定相应的规避和防范对策。根据信息系统的特点,可着重对建设风险进行分析,如建设条件中的标准化条件、机房条件等可能存在的风险。

7.2.4.2 采用高效的项目实施方法

(1)推行规范的项目管理方法。

管道企业在信息技术项目实施中采取规范的项目管理方法和项目经理负

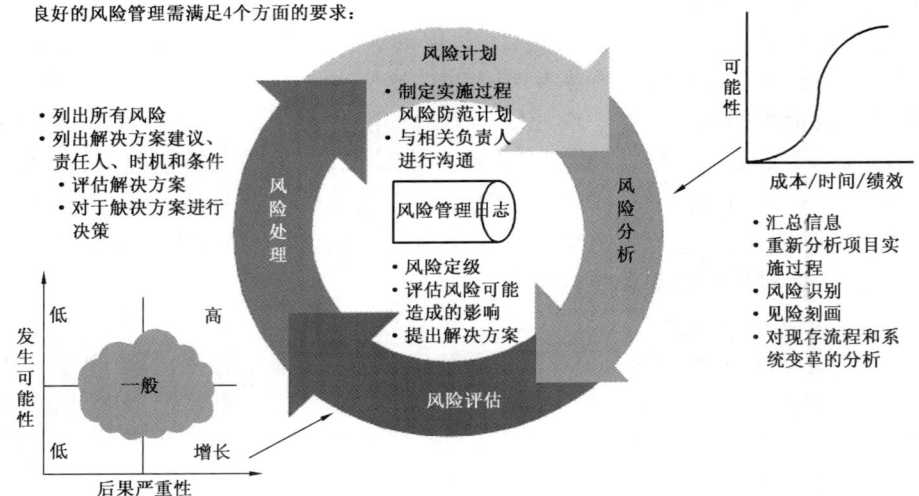

图7-4 信息系统集成项目风险管理方法

责制,按阶段设定项目里程碑,严格控制项目范围,紧抓进度、成本、质量和风险4个关键点,保证提高项目实施的质量。同时,企业总部与各成员单位、内部队伍与外部队伍、信息部门和业务部门在项目内紧密合作,采取集中组织的模式,既明确分工、各司其职,又通力合作、密切配合,共同高效推进项目实施。

在具体实施过程中,需要细化项目准备、项目启动、现状调研、方案设计、系统配置与测试、数据准备与用户培训、系统上线和项目验收等8个主要阶段,加强项目全生命周期管理。

① 项目准备。通常由信息管理部门牵头,组织内部支持队伍和项目建设单位的核心管理和技术成员,完成项目启动前的准备工作。对项目涉及的相关部门和单位进行深入的研究分析,列出关键的业务和相关人员的名单,选择切实可行的试点单位,筹建联合项目组,然后组织前期的培训和技术交流,分解细化项目任务并落实到部门和人,形成整体项目进度计划。最后统一思想达成共识,编制项目章程,起草报告经领导批示后,正式启动项目。

本阶段的重要工作是建立三级项目管理体系。第一级是信息技术项目指导委员会,由企业的主要或主管领导和相关部门负责人组成,负责统一领导信息技术项目建设工作,审批项目实施计划,协调解决项目实施的重大问题。第二级是项目经理部,由信息部门、相关业务部门负责人组成,负责信息技术项目的实施管理,组织编制项目实施计划和技术方案,组织项目实施,向指导委员会报告情况等。第三级是项目组,由内部信息技术人员、业务人员和外部实施队伍共同组成,具体承担业务、技术、质量、综合管理等实施工作。

② 项目启动。项目启动是项目管理的第一个里程碑,标志着项目实施的正式开始,通常以会议的形式进行,也可通过发文启动。通过会议方式进行项目启动,需要明确会议目标,做好会议准备,并认真组织相关资料,落实会议的各个环节。

项目启动会的形式和规模,因项目大小和影响程度而不同。影响大的项目,可以采用视频会议的方式,召集相关人员参加,总部设有主会场,各相关职能部门、专业分公司的主管领导参加会议;试点单位设有分会场,相关单位的主要领导、相关部门负责人及项目主要成员参加会议;其他单位以视频会议方式参加会议。对于地域覆盖单一的项目,则采取普通现场会议方式,邀请相关部门和人员出席会议。无论启动会的规模如何,都需要明确宣布项目组织结构以及项目经理的任命,发布项目章程,提出项目实施的具体要求。

③ 现状调研。主要包括现状调查和需求分析两项主要任务,具体的工作内容包括:编制详细的调研计划,以及调研所需要的资料模板,同时进行调研的相关培训,组织现场调研,形成调研报告,组织审查本阶段成果等。

④ 方案设计。在该阶段,项目经理部组织人员结合最佳实践,由系统总体架构设计逐步深入,进而完成系统逻辑设计和硬件方案设计,最终形成详细的方案设计报告,经专家评审后实施。详细的工作内容包括:分析行业最佳实践,结合企业现状、存在的差距和集成需求,描述系统功能及与之适应的流程,进行未来的流程设计并形成流程图,最终形成总体设计方案。

⑤ 系统配置与测试。主要包括软硬件系统集成、客户开发和系统测试这三方面任务。项目经理部根据项目本身的性质和特点,有效把握客户化程度,并对之做出合理的工作安排,制定本阶段详细的工作计划,组织安排客户化工作,做好硬件设备到货验收、单机测试、系统集成、现场培训及联调测试等一系列配置测试,最后统一组织系统集成验收。

⑥ 数据准备与用户培训。数据准备涉及两个方面,一是历史数据的整理入库,二是现时数据的上线运行。数据准备阶段需要完成的工作主要有:制定数据资源管理及迁移计划、编制相关标准规范、收集整理并进行数据质量控制、完善历史数据迁移计划并组织数据迁移。

企业的发展需要坚持"培训用户,持证上岗"的原则,重视最终用户的上岗培训。用户在考核通过后,持证上岗。系统培训的主要对象是关键用户和最终用户。用户培训首先要制定科学的培训计划,建立良好的培训环境,对关键用户的培训,需注重培训师的选择,尽可能地由既懂业务、又懂技术、表达能力强的项目核心人员承担;而对最终用户的培训,则由建设单位的关键用户承担。

⑦ 系统上线。系统上线是具有重大里程碑意义的节点,前期通常要经历一个阶段的试运行。主要工作包括:组织制定系统上线工作计划和运行维护计划,召开上线动员会和上线仪式,上线前需要进行全面的检查,总结系统上线阶段的工作内容。其中,上线的前期准备工作要做好,比如确定上线时间、明确人员分工、制定回退机制、进行上线检查和上线动员等。而系统上线则需要填写上线检查清单、确定系统环境准备就绪、召开系统上线会议或下达上线指令、启用系统。

⑧ 项目验收。项目验收的主要目的是衡量项目是否成功,检验标准是项目投资没有预算、项目范围符合设计要求、系统按计划进度上线并得到持续应用。项目验收应该随着项目阶段的开展而逐步进行,主要包括阶段验收、上线验收和竣工验收。

a. 阶段验收。验收内容包括本阶段计划完成情况、阶段成果和下一阶段工作设想。由项目经理部组织,通常以会议的方式由信息管理部门、业务主管部门、项目建设单位及相关专家进行验收,需要形成书面的阶段验收意见。

b. 上线验收。验收内容包括合同执行情况、系统功能及应用情况、项目文档、运行维护建议等。信息管理部门组织业务主管部门、项目建设单位、相关专家进行上线验收,形成书面的上线验收意见。

c. 竣工验收。竣工验收是信息技术项目由建设阶段转向全面应用及运行维护阶段的起点。竣工验收的条件是完成阶段验收、上线验收、验收文档汇编和竣工决算审计。竣工验收文档包括项目竣工验收资料和竣工验收报告。项目竣工验收资料包括从可行性研究、试点到推广应用全过程中形成的文字材料、图纸、图表和声像资料,以及各阶段验收报告、用户意见、竣工决算审计报告等。项目竣工验收报告内容包括项目概况、上线运行总结、文档资料管理、竣工决算情况、项目总评语等。

此外,在项目实施过程中,需要及时整理相关文档,程序源代码由内部支持队伍指定专人保管并存档,对项目实施过程中形成的自主知识产权成果履行登记申报程序,实施有效保护并存档。

(2)采取集中统一的技术架构。

油气管道企业的发展对信息化集成提出了迫切的需要,在业务发展方面,企业业务越来越呈现出总部集中管控、各成员企业执行运营的模式。在技术应用方面,硬件和网络技术有了长足发展,大型服务器、集群技术的发展促使越来越多的应用向集中化的方向发展,服务器性能也有了明显提升,为信息系统的集中应用提供了可能,同时,网络连接技术及数据传输技术的发展促使宽带应用越来越广泛。在应用成效方面,实现数据集中管理,更加有利于数据挖掘与数据分析,满足业务管理精细化、集中化的发展需要;充分利用硬件资源,简化运行维护,不仅大幅减少在用服务器和备份服务器数量,还能相应减少配套的机房空调、UPS等,直接节省了大量的能耗、场地建设及人员成本,同时也易于实现系统的高可用性和高安全性,提高共享服务水平。所以在信息系统建设过程中,能够集中部署的地方需要尽量采用集中的技术架构。

信息技术网络可以采取相对集中与适度分布相结合的网络架构,由多个区域网络中心连接各成员企业,形成统一管理、分级维护、带宽共享、安全可靠、高效传输的双链路信息网络体系,相比以往各成员企业单独接入总部的方式,网络租费也会大幅降低。

(3)严格规范招标过程管理。

管道信息技术项目招标一般采用邀请招标方式,经过前期准备、发标、开标、评标、定标、后评估和签订合同等阶段完成整个招标过程。

① 招标准备。为保证招标的顺利进行,前期的准备工作一定要谨慎周密,尽可能做好全方位的信息准备工作。与供应商开展技术交流,确认完善的产品方案、受邀供应商的短名单及招标文件编制等,提交并启动包含招标产品、供应商短名单和合同范本等在内的招标申请报告。

a. 确定拟邀请供应商名单。依据项目对供应商的要求,在标书准备阶段确定潜在的供应商名单。潜在供应商应首选国内外相关领域较为知名的公司,其次参考中立、权威的第三方评估机构(包括行业刊物、行业协会)的评价,再次考虑国内设有办公机构、可确保用户享有优质的后期服务和技术支持的公司,最后考虑曾和企业有过合作且产品服务质量和信誉良好的公司。

b. 前期技术交流。技术交流是全面了解供应商及其产品的技术、商务情况的重要手段,也是保证项目质量的重要环节。前期的技术交流视需要进行多次,也采取供应商提供项目建议书的方式进行。

c. 编写招标文件。招标文件包括技术标书和商务标书,标书需要承载的信息量很多,需要详细说明投标人须知、招标项目性质、产品需求数量、技术规格、投标价格要求及其计算方式、评标标准和方法;交货、竣工或提供服务的时间,投标人提供的有关资格和资信证明文件,投标保证金的数额或其他形式的担保,投标文件的编制要求,提供投标文件的方式、地点和截止日期,开标、评标的日程安排,合同格式,主要合同条款和需要载明的其他事项等。

② 发标。招标文件及有关资料由招标领导小组发放给潜在投标单位。投标人在收到招标文件后,经过认真的核对,在没有问题的情况下以书面形式通知招标领导小组予以确认。

③ 评标。该阶段组织成立评标委员会和监督组。评标委员会包括技术组、商务组,总人数为单数。技术组人数为7~15人,负责对投标文件的技术部分进行评价打分;商务组人数为5~11人,负责对投标文件的商务部分进行评价打分。监督组由监察审计部门2~3人组成,负责监督开标、评标全过程,检查评标结果的准确性和合规性。技术和商务分别评标,评标专家签署承诺函,独立打分并签字确认,管理部门对评标专家打分情况进行评估,监察人员全过程参与监督,并提交招评标过程监督报告。

在评标过程中,评委对标书的技术和商务部分分别评审打分,投标人的综合得分由技术分和商务分加权后汇总得出。技术组评委通过审查投标人提交方案的完整性、先进性,来综合评审产品、服务等内容,剔除与项目要求有实质性偏离的标书,对合格的标书进行技术打分。商务组评委审查投标人的资质、各类证明文件、标书的完整性,重点审核商务条款、投标价格是否有漏项,对合格的标书进行商务打分。

技术分和商务分的权重根据招标的内容、产品和服务的标准化程度在评标前确定,分为6:4,5:5和4:6三类。如果是硬件产品招标,投标人一般都可以提供同一规格、同一档次产品,产品及服务的差异不是很明显,这类招标将技术分和商务分的权重确定为4:6。如果是软件产品、管理咨询服务或系统集成服务类的招标,通常产品的复杂程度比较高,实现的技术差异也比较大,需要投标人提供详细的解决方案,这类招标将技术分和商务分的权重确定为6:4或5:5。

④ 定标。信息管理部门对评标报告进行审查,报信息化工作主管领导审核批准后,由项目招标领导小组根据审批过的评标报告,确定中标人,并向中标人发出中标通知书,同时公示中标结果,通知所有未中标的投标人。

⑤ 招标后评估。项目招标完毕,信息管理部门会同审计部门对本次招标情况进行全面分析、总结、评估,形成后评估报告,为今后类似项目招标提供经验。重点评估招标过程是否合理,有无违规操作,对评标过程中的技术、商务问题进行分析及澄清,评估是否满足项目需求;评估各投标厂商报价及得分情况,分析招标结果的优良率。

⑥ 合同签订。评标结束后,向中标供应商发放中标通知书,按照公司合同管理办法的有关规定,开展合同签署工作。在合同付款方面,采取"一次招标、

按项目进度和乙方业绩分期付款"的付款策略,如产品和服务达不到合同要求,则需要重新招标选商,这有利于在项目执行中掌握主动权。合同付款按首批、二期和尾款分期支付,以维护企业利益,控制项目进度和质量。

(4)采用"先试点、后推广"的实施策略。

在信息技术项目实施过程中,会遇到很多不可预知的干扰因素,加之业务本身的复杂性,就决定了项目实施过程会遇到较高的风险。同时,不同企业对信息化的认识程度也不尽相同,对信息化价值的认识存在一个动态、持续、逐步深入的过程。为确保项目的成功实施,在建设中采取"先试点、后推广"的实施策略,通过试点制定出标准模板,然后再在同类企业进行推广,这样既能保证项目的质量,又有效降低系统实施风险。

① 试点单位选择。由于要通过试点制定标准模板,那试点单位的选择就显得尤为重要,需十分慎重地考虑和选择。试点单位的挑选需要符合标准,满足以下条件:领导对信息化工作高度重视、业务在同类企业中具有代表性、单位的信息化基础好。对于具备条件的单位,根据其书面项目试点建设申请,结合相关部门的意见以及项目的规模和特点,从中推荐选择一家或几家作为试点单位。

② 试点与推广的衔接。在试点阶段,要以试点单位为主,同时考虑整体需求,做好详细的需求调研和业务蓝图设计,形成尽可能完善的、兼顾所有单位需求的实施模板。在此期间,推广单位应该提前介入,参与研讨和设计工作,同时做好推广人员配备及其他准备工作。在推广过程中,进一步完善实施模板,按模板统一组织实施,尽可能减少个性化,确保整个系统的集成统一。

(5)选用先进的成熟软件,与国内外优势企业合作。

成熟软件是一种"商业语言",国内外普遍应用的成熟软件,都是经过多年探索和实践,固化许多先进的管理理念、方法和流程,在应用中不断丰富和完善而形成的。近几年来,我国的油气管道行业也不断借鉴国内外先进企业的通行做法,在信息化建设中注重选择成熟软件,不搞从头开发,有套件的不选择个件。根据成熟软件来优化业务流程,努力减少客户化,有效避免了例外事项和重大技术难题的产生,减小了实施难度,降低了实施及维护成本,在较短时间内大幅度提升了系统的技术水平和应用成效。

同时,在信息化建设过程中,管道企业应多与国内外知名公司合作,充分吸收先进理念和最佳行业实践,借鉴国际大石油公司的成功经验和方法,少走弯路,提升信息化建设整体水平,有效地缩短与国际领先石油公司在信息化方面的差距。

(6)完善信息系统运行维护体系。

运行维护体系一般是由信息技术专家中心、信息技术支持中心、各成员企业现场运行维护队伍组成的三级运行维护体系。一级体系由内外部业务与信息技术专家组成,负责解决信息系统复杂故障,指导系统升级、功能完善、方案设计;二级体系由承担信息系统建设的内部支持队伍组成,负责系统的整体运行维护工作,为系统应用和三级运行维护提供共享技术支持;三级体系由各成员企业信息系统应用服务队伍组成,负责提供现场技术支持,处理用户日常应用问题,运行维护体系的不断完善,保障了信息系统高效平稳运行和持续深化应用。

在日常运行维护工作中,各级运行维护队伍坚持"变事后处理为主动预防"的理念,树立主动服务意识,利用统一的信息服务帮助热线,加强系统日常监控,提供远程和现场技术支持,采取各项措施致力于提高信息系统的安全性和稳定性:7×24小时热线支持与问题跟踪处理;系统性能监控与分析调优;设备巡检及系统数据备份;应急演练与宕机后恢复处理;新技术研究与系统升级方案编写;新增资产扩展实施;新增需求与机构调整实施;用户和运行维护队伍培训;现场技术支持;系统安全保障等。

针对可能发生的非正常停机、机房停电、自然灾害等突发事件,制订应急预案,并利用节假日定期开展应急演练,增强对异常情况的反应能力,最大限度地保障系统安全稳定运行,满足业务连续性的需要。

7.2.4.3　建立有效的考核激励机制

在全面建设集中统一信息系统平台的过程中,要高度重视以考核激励为核心的IT治理,并基于对信息化全生命周期价值的认识和理解,积极开展针对成员企业及其主要领导和内部支持队伍的相关考核与激励工作。实施科学有效的评比考核机制,可以保证考核的公平公正,促进信息系统集成建设和应用,最大限度地调动企业整体的积极性,同时为激励各成员企业和信息技术队伍提供制度依据。

将信息系统集成建设的应用情况纳入各单位主要领导人员任期内的业绩考核指标体系,是业绩考核的重要组成部分。对成员企业信息化集成工作的年度考核工作主要包括:信息化集成管理、系统集成建设和应用、专业应用系统支撑建设和应用、基础应用系统建设和应用、基础设施和信息安全等。考核结果将作为年度信息化集成先进单位的评比依据,对考核结果的深入分析也可促进信息化集成工作考核管理平台的搭建,通过从信息系统中提取实时数据,考核集成系统应用可自动形成周、月、季、年考核结果,能够有效促进信息系统集成深入应用,以实现考核工作信息化。对信息化集成建设内部支持队伍的年度考核工作主要包括:信息化集成管理、工作任务完成情况、信息系统集成应用情况、项目组织管理、服务满意度等,同时,组织信息技术服务满意度调查,考核结果作为年度优秀信息技术支持团队的评比依据。

除了考核制度,油气管道企业还应该重视并建立实施信息化工作激励机制的建设,采取一系列有效的措施,充分调动各方面信息化工作的积极性。

(1)表彰先进。评选表彰年度信息化工作先进单位和个人,在信息化集成建设内部支持队伍中评选表彰优秀项目团队、优秀项目经理和项目骨干;(2)专项奖励。每年对取得重大成效的信息化集成建设成果进行专项奖励,专项奖励在集成应用系统建设和应用中有突出贡献的信息技术人员和业务骨干;(3)科技进步奖。把集成信息工程作为一个单独序列,参加科技进步奖评选;(4)聘任高级技术专家。把集成信息工程列为管道企业公司级高级技术专家的专业序列之一,信息集成技术骨干被评聘为高级技术专家,按照企业统一标准、按月给予专家津贴;(5)职称评审。在高级工程师、教授级高级工程师职称评审中,把集成信息工程作为一个独立专业,在管道企业总部统一评审。

• 小结 •

信息化集成须坚持总体规划、统一标准、分步实施的原则,在企业中实现全面信息系统集成不是一蹴而就的,需要建立保障信息化集成有效进行的长效机制。

技术篇

　　管道行业的管控一体化,目的就是要实现管道业务自动化、信息化的智能运营。为此必然需要构建一个科学完整的技术架构来做支撑,就好比坚实稳固的建筑框架之于一座高楼大厦一般重要。将面向服务的 SOA 应用架构理念贯穿于管道行业业务系统信息化集成的整个研究和设计过程,通过建立科学完备的技术规范和数据标准,从业务需求、业务功能架构、数据架构、技术架构、基础设施以及信息安全架构等方面构建出科学的企业级架构 PEA。

　　本篇从技术角度来阐述信息化集成建设的核心内容——企业级架构 PEA,通过梳理业务流程以及共享数据的需求、明确业务数据的分布和流向、采用适合的 IT 技术、保证基本的设施和信息安全等方面,来搭建高效的 IT 治理架构。按照集成实施的难易程度,由界面集成、数据集成、应用集成到流程集成技术,循序渐进地逐层实现,形成完整的跨系统集成平台,实现资源的最优配置。在数据层面为应用集成平台提供实时数据源,确保商业智能和运营智能数据源的准确性、及时性和完整性;在应用集成层面,为集成平台提供符合流程集成需求的站队系统应用服务接口;在企业管理层面,直接服务于管控层和操作层,可有效地降低一线操作人员的工作强度,提升管理人员的风险预控能力和基层流程的执行效率,并有效地辅助管理现场决策能力,宏观上为管控一体化的实现奠定坚实的技术基础。

第8章　管道企业级架构 PEA

国外的集成技术在近30年里主要经历了点对点连接(Point – to – Point)、消息代理结构、过程代理结构及面向服务的应用架构 SOA(Service – Oriented Architecture)等4个发展阶段，但是整体来看，集成技术依然缺乏国际通行的统一标准以及系统工程的理论，难以指导业务流程的设计，技术实施的形式化描述和理论验证机制体系也没有形成，集成技术还存在很多缺陷。

国内许多管道企业由于不满足于系统之间数据的不统一以及数据重复录入所增加的工作量，已经进行了一些系统之间的集成。例如，ERP 系统中的销售模块，需要油气销售量的数据，而在计量交接时这项数据首先会被录入到管道生产管理系统中，所以建立了一个从管道生产管理系统到 ERP 系统的数据接口，ERP 数据定期读取管道生产管理系统中的数据，从而减少数据的重复录入，并使系统间数据一致。但是目前管道企业类似的需要共享的数据非常多，对每个需要数据共享的系统建立点对点的连接不但工作量非常大，而且没有统一的标准和方法，由不同的项目团队完成，使得维护量变得巨大，最终使信息孤岛之间增加了一条条孤立的航线，大幅度增加了企业信息化复杂度。综合来看，这种集成技术存在着很大的不足，在思想方法上未从全局角度来实现企业功能架构的优化；在技术上还不能完全支持已有的开发标准，也无法用中间件来整合各类旧有系统；在工程上，应用集成需要对企业的功能架构、业务流程、信息流转模型进行综合，陈旧的软件工程模型已经无法满足集成需要。

SOA 的思想不仅仅是要在原有系统之间建立连接，而且要建立一个新的架构，将所有信息系统作为一个整体来看待。打一个比方，最初计算机的集成电路都是依照其不同的功能来设计，开发一种新的功能往往需要开发新的集成电路模块，甚至要设计新的计算机，而 CPU 的出现解决了这个问题，CPU 可以实现最基层的逻辑计算(比如加法、乘法、赋值)，通过这些最基本的逻辑运算来完成原来各个集成电路的功能，这就将原来需要硬件电路实现的功能，变成了使用软件代码实现的功能，大大节约了成本和时间。SOA 的思想和 CPU 的技术类似，其核心内容就是将原来各系统的功能分解成为一个个业务组件，并对其进行标准化的管理，今后实现的新功能则尽可能重复利用这些组件进行新的组合，而非重新从零开始开发。目前，面向服务结构(SOA)的出现，企业可以自由重复地使用自身功能集中的服务以及其他企业提供的功能集中的服务，并将之组合成满足自身需要的新应用程序，不过从目前来看，SOA 仍处于理念深化和应用的初级阶段。

管道企业信息集成建设中所有的项目都要考虑各方面的技术问题，包括如何设计和实现信息系统集成总体技术架构、业务界面集成、业务数据集成、业务应用集成和业务流程集成等技术，这些集成技术涉及单点登录、消息中间件（MOM）、数据仓库（ETL）、SOA、EAI/ESB 和 IT 企业架构规划等技术，并同步实现管道业务界面集成、数据集成、应用集成和流程集成的建设和使用。

集成技术的实现是一个比较复杂的过程，它包括与 SOA，EAI 和 ESB 等技术同步实现的界面集成、数据集成、应用集成和流程集成技术，进而搭建有利于业务发展的信息集成平台。

信息集成的总体目标就是支持能够进行实时决策且可以随需做出灵活变动的业务应用系统，它的实现也需要依靠必需的关键技术：数据集成技术、应用集成技术和面向服务的应用架构搭建技术。数据集成基于消息中间件技术（MOM）和数据仓库技术（ETL），对管道行业信息系统的数据集成研究技术。应用集成基于 EAI 和 ESB 等集成技术，设计管道行业信息系统的应用集成。而应用架构搭建技术，则根据当前国际主流的 IT 企业架构 SOA 研究方法论，构建管道行业的企业级技术架构 PEA，简单地说，它就是一个顶层设计，从全局的角度去审视一个企业的发展到底是怎么回事，让 IT 战略和业务策略进行高度匹配，就好比我们建筑高楼大厦一样，在没有结构设计的情况下肯定无法进行建筑实施。

在我国，集成技术在体系结构、应用集成、流程集成和数据集成等多个方面基本上和国外是同步的，但是在体系架构的基础理论上稍微有点差距。面向服务的应用架构 SOA 出现以后，给传统的信息化产业注入新鲜血液，引发了一场新的信息革命。它可以把每项业务打包成不同的服务，根据需求进行分布式的部署、组合和使用，打破了原有应用系统相互孤立的现状，轻松实现各个系统之间的联系和信息共享。从信息化规划、项目建设、运维维护到信息安全整个过程作为一个整体来看待，而不像原来那样把每个系统的建设和运维作为一个单独的项目。它以服务为基础，联系所有的应用系统，实现了面向服务的企业级应用架构 PEA（Pipeline Enterprise Architechture）的建立，如图 8-1 所示。

业务需求及架构：应用集成需求的产生是与企业业务和管理需求研究密不可分的。随着企业的发展及信息化建设的不断深化，对应用系统集成的需求也

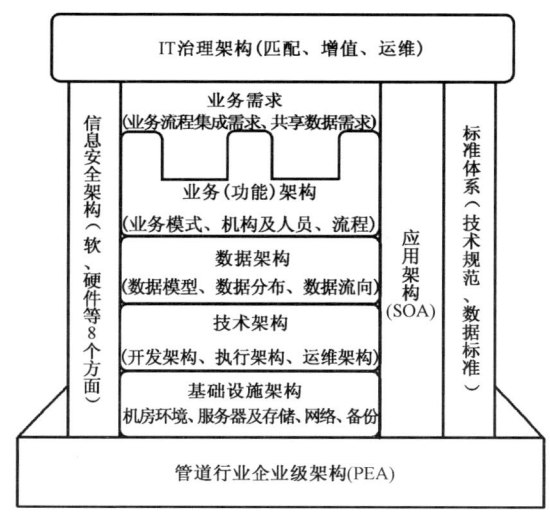

图 8-1 管道行业企业级架构 PEA

越来越迫切。通过对业务流程和系统数据需求的梳理,来明确构建业务架构需要实现的功能,包括业务模式、机构及人员以及流程等。

数据架构:主要分析在业务架构中存在的业务数据的运转情况,包括数据的分布、流向以及模型建立,以此来把握业务进展。

技术、基础设施及信息安全架构:集成平台的实现需要落实到具体的技术架构才能得以实现。技术架构包括集成平台实现所依存的开发、执行和运维架构及其配套的基础设施,如服务器、存储、网络、备份以及信息安全等。

SOA 应用架构:业务需求的实现需要通过相应的具体平台功能实现。SOA 应用架构指的是对集成平台功能的要求,即支持业务系统间实时接口、跨系统业务流程、批量接口和服务管理需求的功能组件,包括企业服务总线、业务流程管理、批量传输架构和企业服务库 4 个部分。

标准体系:为保证各个系统和架构之间信息共享的畅通以及业务的顺利开展,就需要建立一个行业的标准体系,包括技术规范和数据标准,保证信息的零误差。

业务流程需求以及共享数据需求已经在前面的管理篇做了叙述,业务集成技术所涉及的界面、数据、应用和流程这四大集成板块会在本篇进行详细的介绍,下面我们对业务功能、数据架构设计技术及基础设施、信息安全、标准体系以及 SOA 应用架构进行简单的概述。

8.1 业务功能架构

通常,我们建立一个信息系统首先需要的是做业务需求,对于管道企业级架构实现也不例外,所不同的是,对于一个单一系统的实现,我们只需对其所涉及的业务进行需求分析,而对于企业级架构的实现,我们需要将企业作为一个整体来思考,所以这里的业务架构既是整个企业的业务架构,通常的企业业务架构可以分为 3 个层面:决策、管理、操作。在决策层面会定义公司的战略目标和总体方针,比如管道企业通常将安全作为企业的首要目标,同时质量、健康、环保也是企业的重要方针。决策层面还包含企业需要遵循的政策和法规,例如管道企业必须要遵循的是《石油天然气管道保护法》,大部分管道企业为了达到质量安全健康要遵守 ISO 9000,ISO 14000 和 ISO 18000 等相关标准,对于上市企业还要遵守萨班斯法案,这些决策层面的内容对信息化建设的规划有着重要影响,不但相关法律法规的内容决定着相关业务规则,同时其规定了企业各项工作的重要程度等级,也就明确了在信息化规划阶段对系统功能实现的先后顺序及各个系统的投资规模,从而也决定了各个系统或者功能模块的运维服务等级以及信息安全等级。管理层面则将企业的最终目标及合规性要求分解到各个不同部门分别管理,目前信息孤岛的出现就是由于各个业务部门之前的各自为战而造成的。这样的例子有很多。

设备管理涉及的系统存在着很大的重复录入的问题,导致同样的工作在不同系统之间会重复进行,大大降低了工作效率,还浪费了很多的人力物力。项目管理中,ERP 以费用为核心,管道完整性系统和管道工程建设管理系统分别面向管线大修及更新改造项目和管线新建项目的管理进行功能设计,因此不存在功能边界重复问题,但是管道完整性系统与 ERP 系统的项目数据尚未共享和集成。供应商管理方面,物资采购平台与市场信息管理系统虽然分别面向集采和自采,但供应商会有交叉,导致供应商的信用和风险不能进行统一管理。所以,业务模块的分类应该以专业为准,因为一个企业的部门是在不断变化的,而像管道运营这种传统行业,其专业划分则是很少变化。当前信息部门在企业中更多的是充当服务者的角色,以满足各个业务部门的需求为宗旨,但是须知各个业务部门的需求是在不停变化之中,而且各部门之间的需求往往是重复的甚至冲突的,所以在这种信息化建设管理模式下就难以达到企业信息资源的充分运用。基于 SOA 的企业级架构的建立,在引进先进技术的同时,需要在信息化管理上有所突破,原来分属于各个业务部门的系统,被分解为不同的模块,由不同的业务部门与信息部门统一管理,从而达到信息资源统一调度充分利用的目的。对于操作层面,则涉及更为具体的工作内容,所有的战略层面及管理层面的内容都需要在操作层面落地,所以这个层面要求系统的功能更为高效快捷,一方面这个层面的业务和现场的设备关系最大,涉及各个工业控制系统以及传感器,属于物联网的范畴,所以对于操作层面来说,业务结构设计将关系到物联网能否被合理地纳入管道企业架构之中,从而其资源被合理运用,例如当前的SCADA系统需要压力传感器和温度传感器提供数据,而用来监测油气泄漏情况的泄漏监测系统同样需要这两种传感器的数据,但是由于两个系统通常属于两个不同部门,所以一些管道企业在同一地点放置两个功能相同的传感器,用来满足对不同系统的需求,这显然是一种对资源的浪费;同时,由于大量数据都是来自于操作层面,所以是否能够减少充分数据录入也是检验业务架构的一个重要标准。

我们对某管道企业的业务需求进行分析,并结合企业现有信息系统,构建出油气储运管道价值链维度的业务架构(图8-2),涉及四大核心业务的百余项业务功能。

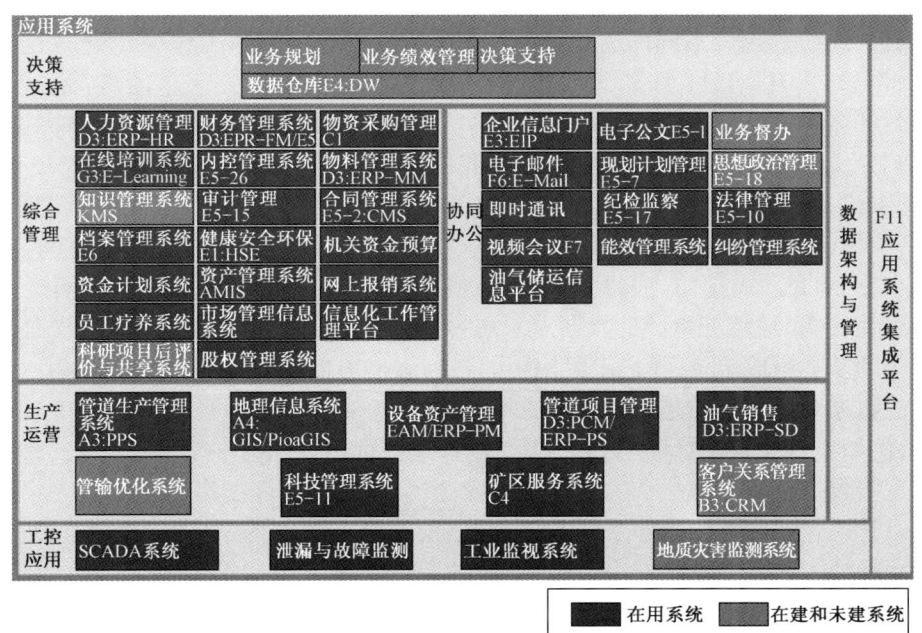

图8-2 应用系统业务架构

8.2 数据架构设计

在业务功能架构的基础上,我们开始设计数据架构,正如我们在第 2 章中提到的,在整个管道完整性的过程中数据采集起到了基础性作用,在整个企业的业务领域,数据都占据着这种重要作用,在某种意义上来说,数据即业务,各种数据之间的分类也都是参考了业务架构中的分类,所不同是各个数据模块之间有很多公共的部分,由此我们需要确定相关信息系统或者功能模块之间的数据流向,例如在数据分类中财务类数据和人力资源类数据都包含员工信息的数据内容,我们知道此类数据的流向应该是从人力资源流向财务。

8.2.1 数据静态架构建立

我们的数据藏在堆积成山的资料中,也存在日夜不停运转的嗡嗡作响的服务器和存储设备之中,我们对这些随时用到的数据有多种分类方式,例如主数据和一般数据、结构化数据和非结构化数据、操作型数据和资料型数据等,在企业级架构中我们将从业务的层面对数据进行划分。什么是业务,我们是很清晰的,而什么是数据,不同的人也许会有不同的答案,生活和工作中到处存在数据,例如,"2013 年 11 月 12 日"是一个时间数据,"管道数据采集项目"是一个项目的名称,"信息中心"是一个部门名称,"30 万元人民币"是一个价格标识,"李伟"是一个人名,这些都是数据,而我们如果说管道数据采集项目于 2013 年 11 月 12 日启动,由信息中心李伟负责,那么这些数据就产生了意义,在数据库里,我们不用文本存储,而是设计一个表格来表示这组数据:项目启动时间、项目名称、项目所属部门、项目负责人,我们把这其中的每一项叫做属性,而这一组属性我们叫做数据对象,数据对象可以清楚地表示一个业务活动,是数据架构中的基本组成单位,我们平时使用的各种表格可以说就是一个数据对象。上述的数据对象表示的是一个项目的基本信息,而对于一个项目来说还有其他信息,例如项目计划、项目进度、项目验收等,这些都可以作为一个数据对象,我们把这些数据对象称为一个主题域,当然根据实际情况还可以建立子主题域。我们以管道企业现有的业务系统数据为基础,结合业务架构,将所有管道企业业务活动纳入了各个主题域中,管道企业的数据主题域包括管道生产运行、管道完整性管理、设备管理、物资管理等。这样我们就建立了一个数据主题域、子主题域、数据对象、数据属性的一个数据静态架构。由于各个数据主题域、子主题域之间都存在共享的数据对象,而数据对象之间也存在共享的数据属性,或是数据属性之间有着逻辑关联,例如同样是管道设计压力数据在管道运行、管道建设、管道完整性等各个主题域之中都存在,而且运行压力不能大于设计压力,再比如前面提到的项目启动日期不能提前于合同签署日期,所以就出现了交互数据对象,我们以现有信息系统和业务规则为基础识别出系统间的交互数据对象进而确定交互数据对象的范围,然后利用管道企业现有系统数据对象属性,对交互数据对象属性进行分析,确定交互数据对象在系统间需传递的数据属性,从而在数据对象中找出交互数据对象(图8-3),我们为了进一步确定这些交互数据之间的流向,将建立数据流架构。

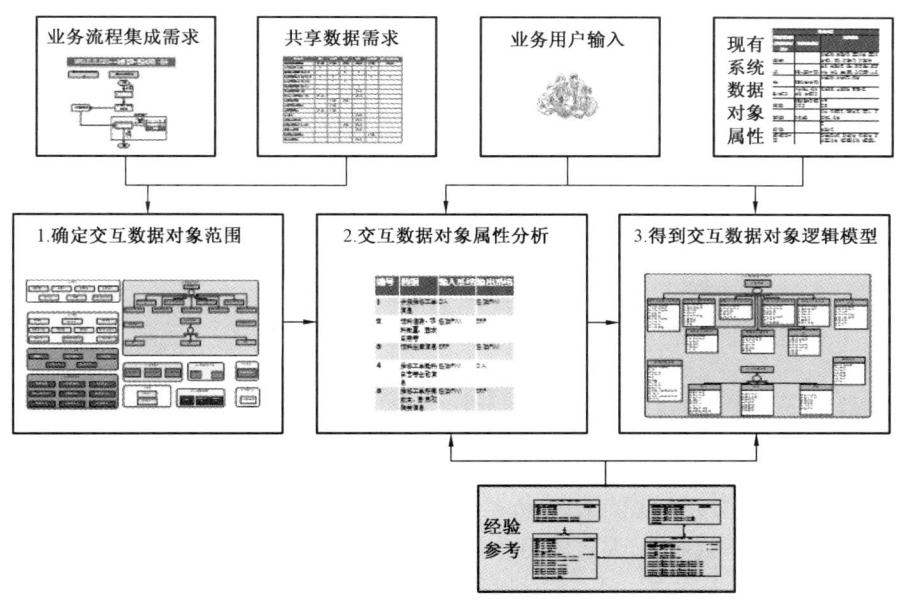

图8-3 交互数据对象逻辑模型设计方法

8.2.2 数据流架构

数据流向能够清晰描绘核心数据在应用系统中的流向轨迹,反映出数据在整个生命周期的变化过程以及系统之间数据接口的情况,数据流向涉及的应用系统可以分为数据提供者和数据使用者两类。

8.2.2.1 管道业务数据流架构分析

建设管道企业业务流程集成平台时,集成系统会涉及多个系统及子系统间的信息流动,最终形成完整的数据流架构(图 8-4),包括内部系统之间、内部系统和外部系统之间、集成应用子系统之间、决策支持系统和内外部系统之间,最后的画面展示都通过管道企业统一门户表现出来。

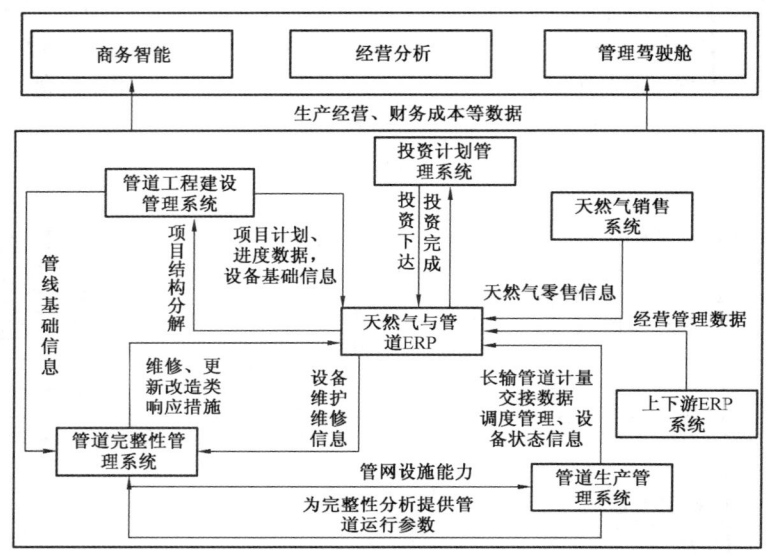

图 8-4 整体的数据流架构分析

8.2.2.2 内外部系统交互信息流分析

内、外系统交互信息流的分析是管道企业进行管道信息系统集成、数据集成非常重要的一个环节,通过管道企业应用系统对数据流向影响分析和业务流程对数据流向影响分析,可以得到管道企业内外部系统交互信息流的集成需求。根据集成需求的梳理结果,可以识别出业务流程涉及的系统及需要交互的数据内容,展现管道企业各个系统间集成接口,其中涉及 ERP 为核心的工控应用、生产运营、综合管理、协同办公和决策支持领域在内的在用系统和规划中的系统。

8.3 技术及基础设施架构

油气管道企业信息系统集成的总体技术架构在管道企业的大集成应用项目中,占有非常重要的地位,是整个信息系统集成的技术基础,同时也是管道业务界面集成、业务数据集成、业务应用集成和业务流程集成的基础框架。

集成技术架构的搭建需要建立在集成总体功能的架构设计基础上,系统功能结构图是对技术架构总体设计的图形显示,基于功能的层次结构将各个部分组合成系统就是技术架构需要完成的任务。一般来说,信息系统集成的总体功能包括系统集成、决策支持、用户体验以及 ERP 提升这四大功能。系统集成功能主要包括业务流程管理、实时监控管理、企业服务管理、企业服务总线、主数据管理和业务数据管理等;决策支持功能主要包括数据仓库、报表统计、经营分析、数据抽取、数据挖掘、管理驾驶舱等子功能;用户访问功能主要包括单点登录、灵活访问、灵活展现、内容管理、界面集成、搜索引擎、用户交互体验、安全管理等;ERP 提升主要包括 ERP 系统已实施的采购管理、项目管理、销售管理、设备管理、财务管理的完善和优化,新增 ERP 系统仓储管理、投资管理、数据归档、非结构化数据管理、权限管理、外围系统版本升级、性能优化及其他功能。

根据不同的系统功能设计,管道企业的信息系统集成体系架构从技术层面上需要实现对基础设施、应用系统、流程集成、数据集成、门户集成和管控平台等 6 个方面的支撑,结合之前介绍的各方面集成技术现状及其意义,搭建技术架构和基础设施架构成为企业架构的基础工作。

8.3.1 集成技术架构设计

基础的集成技术架构(图 8 - 5)主要分为开发架构、执行架构和运维架构三大块,开发架构是基于开发和测试化理论的平台,执行架构主要是部署日常应用和生产环境的平台,运维架构主要是基于日常维护。这三者之间具有非常严密的相互勾稽关系,通过开发架构搭建执行和运维架构,运维架构反向管理开发和执行架构,进而支撑整个应用架构。

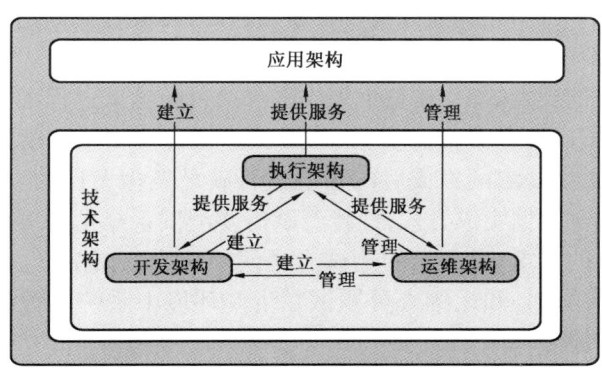

图 8 - 5 集成技术架构关系

8.3.1.1　开发架构

在管道行业集成平台实施过程中,开发架构(图 8-6)主要是对开发及测试环境技术的相关要求及管理方法,由开发测试环境、组织及人员、开发管理、测试管理和工具组成。

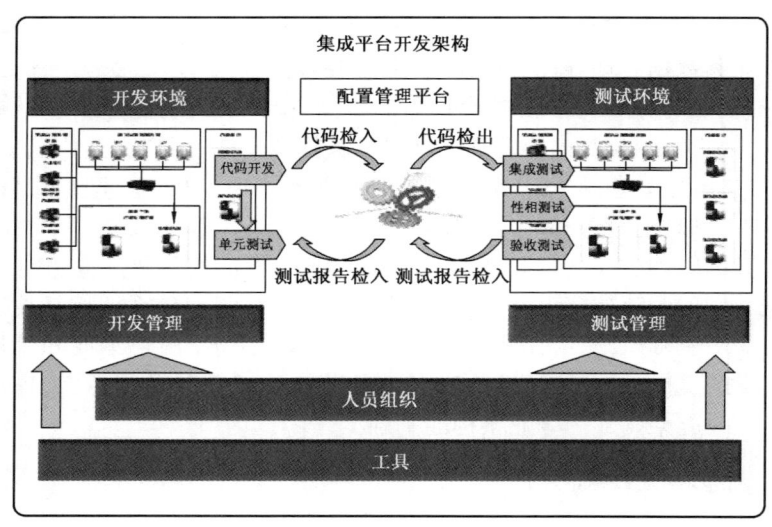

图 8-6　集成平台开发架构

开发测试流程(图 8-7)的分析与研究可以分为计划、分析、设计、开发、测试、部署等 6 个步骤,具有很重要的意义,使得集成平台能够面向各业务系统提供全面、健康、高效的通用接口方式;具备快速部署相关扩展应用的能力;实现数据高效、准确的发送,达到业务流程贯通的目的;完成各业务系统的改造和接口实现,以满足新的业务流程集成需求。

为保证良好的开发效果,在整个集成平台项目的测试过程中会涉及多个测试环节:单元测试由程序员负责数据和方式的测试,检测每个模块是否符合设计要求;集成测试主要测试集成后的系统是否满足架构设计的要求,由专门的测试人员设计测试数据集成方式;性能测试需要测试系统是否可以承受预定的压力和满足业务的需求,由专门的测试人员使用压力测试工具进行测试;用户验收测试由用户的业务和运维人员测试在生产环境中系统是否满足业务的需求和稳定运行的能力。

技术篇

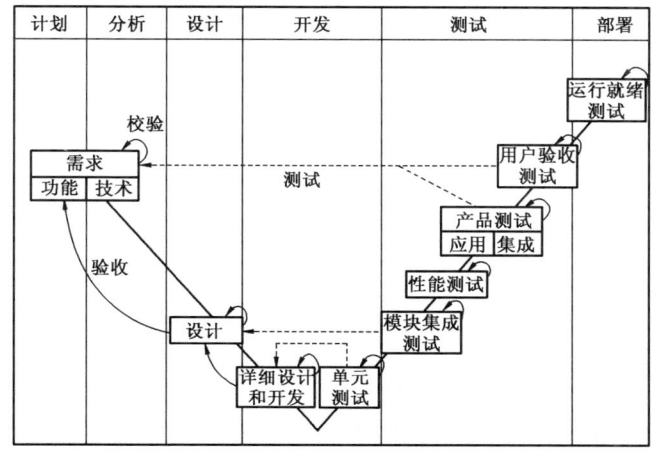

图 8-7　开发测试模型

8.3.1.2　执行架构

执行架构(图 8-8)主要用于规范集成平台最终生产环境的部署和建设，包括逻辑部署架构、应遵守的技术标准等方面的内容，分为展示层、服务层和业务应用层三层。

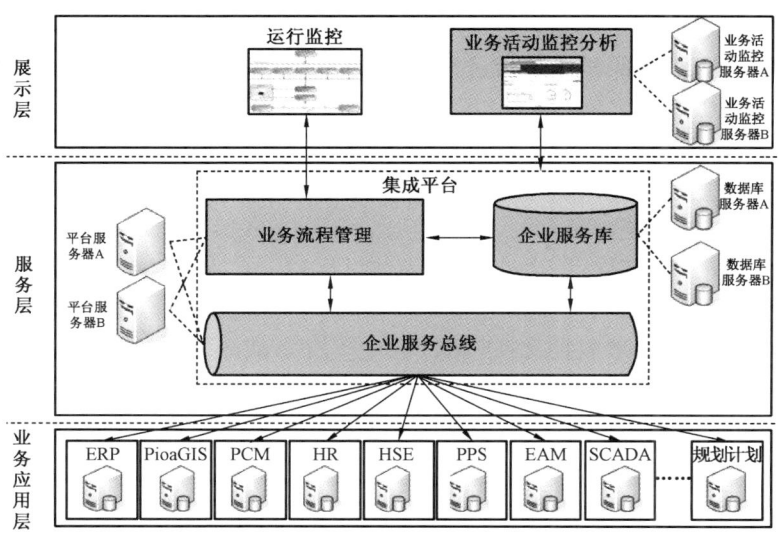

图 8-8　技术执行架构模型

整个逻辑架构分为了 4 个层次:源应用层、集成平台层、业务协同层和展示层。

展示层属于技术架构中较为活跃的分层,由业务活动监控服务器及其组件构成,主要是对集成运行以及业务活动进行监控和分析,及时发现存在的问题并提出解决方案,杜绝可能存在的风险以及不必要的损失。

服务层也就是集成平台,主要涉及业务流程管理、企业数据库和企业服务总线的建立,是技术架构中很重要的分层,由数据库服务器组成,主要负责梳理管道企业业务活动流程以及集成的各方面数据,建立模型映射关系,通过建立企业服务总线,实现系统的方便快捷的高度集成,为企业级架构奠定坚实的基础。

业务应用层是技术架构中最核心的分层,由应用服务器及其组件构成,主要用于处理业务逻辑,是对应用系统集成范围的确定,以明确数据源;对集成中各应用系统的应用情况给予更高的要求,以便提供更多满足业务需求的基础数据。其中 ERP 系统作为集成应用系统的核心系统,其功能完善、性能提升等进一步的深化应用成为保障集成应用系统数据集成和流程集成的前提。

8.3.1.3 运维架构

运维架构也称操作架构(图 8-9),是为了保证生产环境下的应用系统正常运转,由相关工具、控制方法、程序、支持性服务等组成。重点在系统运维结构和工作范围,涵盖了系统运行过程中需要使用到的 6 项服务:运维安全管理、系统监控管理、系统维护管理、备份恢复管理、故障切换管理和性能容量估算。

8.3.2 基础设施架构设计

基础设施是系统集成强有力的支撑,主要包括机房环境、服务器、存储、网络以及备份等五大块内容。

机房环境涉及存储区、生产区、开发测试区以及广域网络,集成平台通过服务器集群来共享子系统。而在网络规划中,仅跨区域的数据交互需要传送到数据中心核心交换机,来减轻交换机的负荷,开发测试区要设置防火墙和访问控制策略,提高安全性,采用双路核心交换,提供较高的可用性,数据中心内采用双路千兆以太网连接,生产区双路接入层交换机以减少单点故障。

8.3.2.1 服务器设备

管道企业的应用系统均包括数据库服务器和应用服务器,数据仓库系统需存放大量的业务交易数据和业务分析数据并需进行大量的计算,因此对数据库

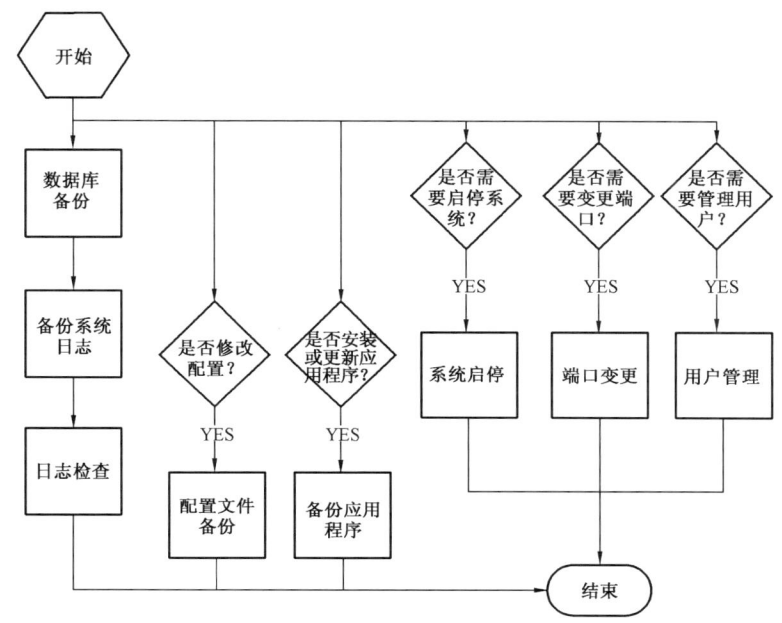

图 8-9 集成平台日常维护流程图

服务器安全性、稳定性性能要求很高,可采用并行数据库技术和多台服务器(或多个服务器分区)。

门户、流程管理、服务总线、数据总线、数据仓库等系统需要进行大量的用户访问和数据交换,均使用较强并发处理能力的应用服务器来处理相应请求,为避免单点故障,每套系统的应用服务器配置不低于两个。

管道企业的报表、ETL(数据提取、转换和加载)和系统集成服务器系统软件均采用 UNIX 操作系统,门户和展现服务器系统均采用 WINDOWS 操作系统,硬件平台采用性能可靠、高效、稳定的服务器系列。

8.3.2.2 存储备份设备

由于管道企业需要存储的数据量较大、数据访问频繁,存储和备份系统必须提供足够的性能和容量,存储系统不仅需要足够的容量来满足一段时间内数据存储的需要,还要提供高速的数据总线及缓存机制,满足系统较高数据存储及访问性能的需要。

因此可以采用存储区域网络(SAN)来保存企业的实际业务信息,存储区域的网络和传统的计算机网络不同,它由不同的存储界面构成,是天然气与管道

ERP应用系统服务器后端的网络支持系统。存储网络建立了一种新的服务器与存储设备间的连接方法,并使数据存储在可靠性和高效性方面有了极大的提高。所有服务器采用双光纤通道容错技术连接至双路光纤交换机上,再连接至企业级磁盘阵列和磁带库上,实现数据集中存储和备份。由于天然气与管道ERP系统是基于数据库的应用系统,因此分别采用数据库的定期全备、增量等不同方式进行数据库的备份工作,同时在系统定期维护过程中进行所有系统的离线备份。

8.4 信息安全架构

信息作为一种资源,它的普遍性、共享性、增值性、可处理性和多效用性等特性使其对于人类有了特别重要的意义。信息安全性主要是指信息的完整性、可用性、保密性和可靠性,它对于任何国家、政府、部门、行业都是必须十分重视的问题。管道行业的信息安全主要是指对信息集成的网络软硬件及其系统中数据的保护,杜绝偶然或恶意的破坏、更改、泄露,保证应用系统连续、可靠、正常地运行。

由于传输信息的方式多种多样,导致信息在存储、处理和交换过程中,都存在泄密或被截收、窃听、窜改和伪造的可能性,随着科技的发展,单一的保密措施已很难保证信息的安全,必须综合应用各种保密措施,达到秘密信息安全的目的,因此需要搭建信息安全架构。

8.4.1 用户访问安全

8.4.1.1 身份认证方式及关键技术

为保证信息安全,需要对登录操作系统和数据库系统的用户进行身份标识和鉴别,为保证其身份标识不被冒用,口令要有复杂度并定期更换,不同的用户分配不同的用户名,确保用户名的唯一性,可以采用两种及以上的组合鉴别技术对管理用户进行身份鉴别。另外还可以采取结束会话、限制非法登录次数和自动退出等措施来启用登录失败处理功能,进行服务器远程管理的时候,也需要采取必要的措施,防止鉴别信息在网络传输过程中被窃听。

身份认证的关键技术主要包括单点登录和强认证技术。单点登录实现了被集成应用系统之间的身份认证互信机制,用户经过统一身份认证之后,即可访问该用户拥有访问权限的全部应用系统。强认证则在符合相关标准的公共密钥体系基础设施(PKI)的支撑下,基于严谨的加密算法与密钥管理机制,实现高安全性的 USBKey 数字证书认证方式。

以某管道企业为例,该企业的 ERP 系统采用"信息系统用户身份管理与统一认证平台",实现用户身份安全认证,提高用户身份管理效率,保证系统访问的安全性,应用集成系统也需使用该平台进行用户身份管理和统一认证。

8.4.1.2 系统功能架构

该功能主要为了实现管道企业与各应用系统账号的对应,方便掌握人员所拥有的各应用系统的信息,在人员状态发生诸如离职、职位变更、调动等变化时,能够及时对其账号做出相应的操作,如增加、冻结、修改等,如图 8-10 所示。

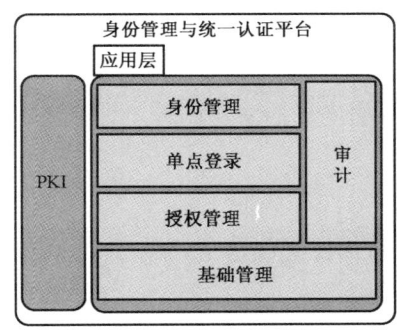
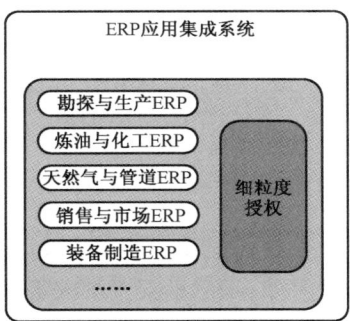

图 8-10 用户安全系统功能架构

8.4.1.3 账号密码管理

管道企业的应用集成系统以及身份管理与统一认证平台的所有用户都应拥有个人专用的唯一账号和 USBKey,以便操作能够追溯到具体责任人,个人不得外泄用户名和密码,也不能转借他人使用。在和身份管理与统一认证平台集成过程中,还应遵循密码管理规范和安全策略:用户口令的长度不应低于 6 位,且口令的前 3 位不能相同;应用集成系统要求用户每隔 90 天至少修改一次口令,要求特权用户每隔 30 天至少修改一次口令;应用集成系统设定为用户新密码必须与前 5 次密码不相同;应用集成系统设定为不允许用户在非紧急情况下登录系统。

8.4.1.4 用户权限管理

管道企业在建设应用集成项目时,要实行科学的用户权限管理原则:用户权限分配应具备用户访问控制功能,依据安全策略控制用户对文件、数据库表等客体的访问;控制的覆盖范围应包括与资源访问相关的主体、客体及它们之间的操作;应由授权主体配置访问控制策略,并严格限制默认账户的访问权限;应根据各自承担的任务所需,授予不同账户最小权限,并在它们之间形成相互制约的关系;应具有对重要信息资源设置敏感标记的功能;应依据安全策略严格控制用户对有敏感标记重要信息资源的操作。

8.4.1.5 安全审计

为确保系统安全,管道企业建设应用系统集成项目的身份管理与统一认证应开启系统安全审计日志和系统日志,通过统一身份认证,实现电子签名、安全巡检和审计追踪等功能,确保用户账号操作的可稽核性、身份与账号信息的完整性,以便能够及时发现对用户账号属性的修改。

同时,管道企业还应把系统安全审计日志和系统日志作为监控系统运行及用户活动情况的基础,信息安全负责人每月监控系统的安全审计日志和系统日志,检查是否有可能影响系统安全运行的非正常的业务操作。

8.4.2 网络安全

管道企业建设管道信息系统集成项目时,必须考虑网络安全,网络安全是第一重安全保障,是信息安全的关键和基础。

8.4.2.1 访问控制

管道企业的应用集成系统应使用企业内部网络,将网络安全防护纳入管道企业的网络安全域,分隔内部网络和外部网络,在内网将专网分开,保证专网专用。

在网络边界部署访问控制设备,启用访问控制功能,根据会话状态信息为数据流提供明确的允许或拒绝访问的能力,控制粒度为端口级;对进出网络的信息内容进行过滤,实现对应用层 HTTP、FTP、TELNET、SMTP 和 POP3 等协议命令级的控制;限制网络最大流量数及网络连接数,重要网段应采取技术手段防止地址欺骗;根据用户和系统之间的允许访问规则,决定允许或拒绝用户对受控系统进行资源访问,控制粒度为单个用户;限制 VPN 用户的访问权限。

8.4.2.2 安全审计

对网络系统中的网络设备运行状况、网络流量、用户行为等进行日志记录。审计记录应包括:事件的日期和时间、用户、事件类型、事件是否成功及其他与审计相关的信息。根据记录数据进行分析并生成审计报表;对审计记录要实施必要的保护,避免受到未预期的删除、修改或覆盖等。

8.4.2.3 入侵防范

在网络边界处要监视的攻击行为有端口扫描、强力攻击、木马后门攻击、拒绝服务攻击、缓冲区溢出攻击、IP碎片攻击和网络蠕虫攻击等;当检测到攻击行为时,记录攻击源IP、攻击类型、攻击目的、攻击时间,在发生严重入侵事件时应提供报警。

8.4.2.4 恶意代码防范

在网络边界对恶意代码进行检测和清除,维护恶意代码库升级,检测系统的更新。

8.4.2.5 网络设备防护

对登录网络设备的用户和管理员分别进行身份鉴别和限制,主要网络设备应对同一用户选择两种或两种以上组合的鉴别技术来进行身份鉴别,口令要有一定的复杂度并定期进行更换。可采取结束会话、限制非法登录次数和当网络登录连接超时自动退出等措施处理登录失败,对网络设备进行远程管理时,应采取必要措施防止鉴别信息在网络传输过程中被窃听。

8.4.3 主机安全

主机安全包括与管道企业应用集成系统相关的服务器、存储备份及操作系统安全。对于服务器操作系统的保护,主要采用取消Guest账号、取消不必要的服务(如FTP和Telnet等明文协议)、安装防火墙和杀毒软件、采用入侵检测系统和防火墙的联动、使用安全扫描及时发现安全漏洞、定时查看有无异常的程序运行等方法。硬件应用要考虑必要的冗余,包括存储设备、网路连接、服务器等。诸如该如何满足场安全管理等方面的移动电子设备本身安全,需要在移动应用实施中予以考虑。

8.4.4 软件产品安全

管道企业在产品选型、开发过程中应考虑应用系统的安全性,尽可能选择大型供应商的成熟产品,从根本上减少应用系统的安全性问题。在项目实施时,各产品必须进行严格的安全测试,并将安全性作为产品选型的重要指标,软件应用需要考虑产品的安全性设计,测试其非正常中断时的恢复机制;应用系统和开发测试系统应相互独立,保证应用系统的安全运行;同时还需要定期更新安全性补丁。

8.4.5 数据安全

对于数据安全问题,在建设管道信息系统集成项目时,主要从3个方面进行考虑:采用严格的用户管理机制和数据操作日志,防止机密数据泄露或人为恶意破坏;安装防火墙和杀毒软件、采用入侵检测系统和防火墙的联动、使用安全扫描及时发现安全漏洞、定时查看有无异常的程序运行等;进行有效的数据备份防止数据丢失,包括对操作系统、应用软件和数据库定期的停机备份、在线的联机备份、日志备份、升级备份等。

8.4.6 防御安全

8.4.6.1 硬件隔离

物理隔离是一种最佳的安全防御手段,可满足管道企业应用集成系统信息的安全需求,大大增强了管道应用集成系统的安全性。

8.4.6.2 防火墙

防火墙是重要的网络安全措施,一般来说,专用内部网与公用互联网的隔离主要使用的都是防火墙技术。防火墙可以是软件或硬件设备的组合,它对两个网络之间的通信进行控制,通过强制实施统一的安全策略,防止对重要信息资源的非法存取和访问,并记录进出网络的信息和活动,对网络攻击进行监测和告警,达到保护管道应用集成系统安全的目的。同时还能够检测到对重要服务器进行入侵的行为,记录入侵的源IP、攻击的类型、攻击的目的、攻击的时间,并在发生严重入侵事件时提供报警。

操作系统应遵循最小安装的原则,仅安装需要的组件和应用程序,并通过设置升级服务器等方式来及时更新系统补丁,保证能够对重要程序的完整性进行检测,并且在完整性受到破坏后具有恢复的措施。

8.4.6.3 病毒防御

为了在管道企业整个局域网内杜绝病毒的感染、传播和发作,应该在整个网络内可能感染和传播病毒的地方采取相应的防病毒手段。同时,为了有效、快捷地实施和管理整个网络的防病毒体系,管道企业应能实现远程安装、智能升级、远程报警、集中管理、分布查杀等多种功能。

8.4.7 灾备安全

对于管道企业的管道应用信息集成系统,根据安全保护等级要求,应考虑同城灾备系统的设计。

从其对系统的保护程度来分,容灾系统分为数据容灾和应用容灾,数据容灾是抗御灾难的保障,建立同城或异地的数据系统是本地关键应用数据的一个实时复制。而应用容灾则是容灾系统建设的目标,在数据容灾的基础上,在同城或异地建立一套完整的与本地生产系统相当的备份应用系统,在发生灾难的情况下,远程系统迅速接管业务运行。

管道企业的管道应用集成系统,对数据丢失量和恢复时间的要求会比较高,当发生灾难时,恢复时间要求也较高,均使用应用级容灾技术。对与用户使用影响很高的门户、流程管理、商务智能、数据仓库、服务总线、数据总线系统,推荐使用远程镜像容灾方式,通过主中心和灾备中心高端磁盘阵列的软件实现数据复制,在实施中最大限度地保障数据的零丢失。对于与用户有一定影响的权限管理,由于不支持中端磁盘阵列级数据复制,需使用数据库和文件系统复制的容灾软件进行容灾实施。对于数据量非常大的数据管理平台,使用虚拟带库设备和文件系统复制的软件进行容灾实施。

为保证应用系统的高可用性,不仅需要对数据提供本地和异地备份与恢复功能,还应采取双机热备、服务器集群等方式保证主要服务器、数据库系统和应用系统具有一定的冗余性,当其中某个服务器、系统软件和应用软件发生故障时,能及时切换到备用服务器上。

8.4.8 信息安全相关措施

8.4.8.1 安全保护措施

根据相关的法律法规以及管道行业的独特属性,ERP 系统安全保护确定为第三级,即信息系统受到破坏后,会对社会秩序和公共利益造成严重损害,或者对国家安全造成损害。

在一定的安全策略下,第三级安全保护能力应该保证防护系统免受来自外部有组织的团体或拥有较为丰富资源的威胁源发起的恶意攻击,免受较为严重的自然灾难以及其他具有相当危害程度的威胁所造成的主要资源损害,能够发现安全漏洞和安全事件,在系统遭到损害后,有能力快速恢复绝大部分功能。

管道应用集成系统的安全不仅局限于软件技术方面的设置和控制,还包括物理、系统访问、网络、主机和数据库和应用层面及用户权限的控制,以及行之有效的管理制度。

管道企业所有机房需要达到一定的物理安全标准,包括供电、防火、防潮、防渗漏、防雷击、防静电等。需要对机房划分区域进行管理,区域和区域之间设置物理隔离装置,重要区域应配置电子门禁系统,控制、鉴别和记录进入的人员,以防止未经授权的访问,对移动存储设备要进行登记和有效管理。系统访问、网络、主句、数据库和应用等方面的控制,可以参考上面的信息安全规定。

8.4.8.2 系统保密措施

以某管道企业为例,根据《中华人民共和国保守国家秘密法》以及该企业的密保管理规定,管道集成应用系统涉及的所有信息和技术均属于该企业的商业秘密,涉及的保密规定主要有如下内容:

(1)管道应用集成系统运行于企业广域网(以下简称内网),与办公专网及应用系统(以下简称专网)分开管理,内网应与互联网逻辑隔离,专网应与互联网物理隔离。

(2)专网中不得采集、处理、传输、存储超出其密级的信息。超出其密级的信息应在物理隔离的专用涉密计算机(以下简称专机)上处理。

(3)专网不得直接或间接与互联网、专网以外的设备连接。专网、专机与其他网络、计算机进行数据交换应采取技术防护措施。

(4)未经企业总部及所属单位保密管理机构批准,不得擅自卸载或更换涉密信息系统的安全技术程序和管理程序软件。

(5)专网服务器、终端机及连接的配套设备的配备、使用、维护、处置等,应符合保密管理要求。

8.5 标准体系建设

在建设管道企业信息系统集成项目的过程中,必须遵循相关的标准与规范,才能顺利地完成信息系统的集成建设,具体的实施和应用过程中也才能有据可依,数据交互和传输才能真正做到零误差的共享集成。基于管道行业的应用实践,在信息系统集成项目建设中,应该建立相关的集成平台技术规范和数据管理标准规范(图8-11)。

8.5.1 集成平台技术规范

集成平台技术规范制定了管道企业在开发 SOA 集成平台时所应参考的技术规范标准,对集成平台开发过程中的各个步骤的工作内容及开发技术进行了

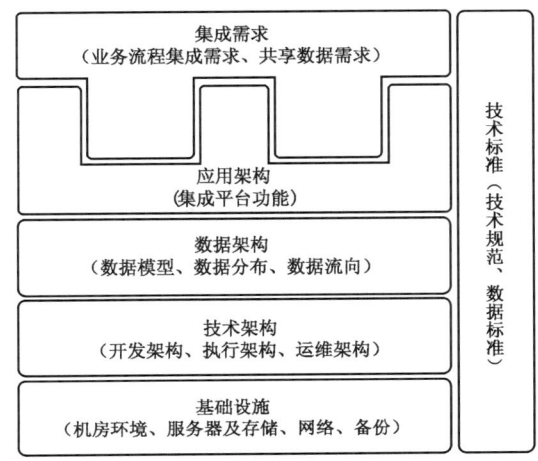

图 8-11 集成平台技术标准

规范和定义,实现开发步骤之间的无缝衔接,减少开发过程中无用功的产生。

集成平台技术规范即信息系统技术标准或集成平台 Web 服务开发规范,一般的服务集成步骤可大致分为服务规划、服务设计、服务定义、服务实现、测试、调试、服务注册及发现、服务性能、高可用性、保护、服务监控等过程,在管道企业集成平台建设过程的每个阶段都应遵循相关的规范和关键事项。

8.5.1.1 服务设计

(1)服务域规划。

在对服务进行具体定义之前,需对服务进行统一的分类规划。从大的方向上来看,管道企业的服务主要分为两种,一种是业务域的服务(表 8-1),主要提供业务能力,另一类是数据域的服务(表 8-2、表 8-3),主要提供数据服务能力,对于其他的诸如基础服务等服务域,可在实施过程中再具体细分。

表 8-1 业务领域服务划分规范

序号	取值	说明	序号	取值	说明
1	PL	代表规划计划业务领域	8	HSE	代表质量安全环保领域
2	PS	代表项目领域	9	HR	代表人力资源领域
3	PPS	代表管道生产领域	10	FM	代表财务管理领域
4	SD	代表销售管理领域	11	STM	代表科技管理领域
5	EAM	代表设备资产管理领域	12	LS	代表合规与监察领域
6	PI	代表管道完整性管理领域	13	OT	代表其他领域
7	MM	代表物资管理领域			

表8-2 共享数据域数据服务划分规范

序号	取值	说明
1	SD_CON	代表合同履行信息服务
2	SD_ACC	代表事故信息服务

表8-3 主数据域数据服务划分规范

序号	取值	说明	序号	取值	说明
1	MDM_ORG	代表组织结构主数据服务	6	MDM_MAT	代表物料主数据服务
2	MDM_EMP	代表员工主数据服务	7	MDM_DEV	代表设备主数据服务
3	MDM_ACNT	代表会计科目主数据服务	8	MDM_PRO	代表项目主数据服务
4	MDM_CLI	代表客户主数据服务	9	MDM_CON	代表合同主数据服务
5	MDM_SUP	代表供应商主数据服务			

（2）服务设计原则。

服务是SOA架构的基本组成，其定义必须遵循一定的原则，才能收到较好的预期效果，管道企业在对服务进行设计时应该遵循一致性原则、简化开发原则、服务设计可重用原则、命名服务最大化易用性原则、服务适应多模式调用性原则、服务无状态性原则、服务细节封装性原则等。一致性开发原则在全部参与者中必须实现，以此减少众多参与者的集成、开发、维护等方面的工作；简化开发原则要求SOA架构下的流程和服务应采用有效可靠的中间件来完成消息的转换与交互；服务可重用性原则要求设计出来的服务能够应用到一般的普遍业务上，并且可以重复使用；命名服务最大化易用性原则要求采用专业的、业务概念性的、有意义的标示，帮助开发人员快速有效地进行开发；服务适应多模式调用性原则要求能接受HTTP上的SOAP同步调用、JAVA本地调用等多种调用模式；服务的无状态性原则是指该服务能够独立地部署任何结构而不依赖于其提供者；服务细节封装性原则要求对底层的粒度性的服务和对象等进行包装组装，对外只提供功能服务。

（3）服务定义规范。

一般使用WSDL（Web Service Description Language）开放标准语言，而不使用专用格式对服务进行规定。定义好一个统一的接口规范作为新开发服务的接口标准，或者服务开发运行平台提供新接口到已有各种接口的转换，标准语言就是为了统一接口规范而设计的语言。

（4）服务命名规范。

目前主流的是"动词+名词"的Operation命名规范，其第一个单词小写，后面的单词第一个字母大写。如 getNamespace、depthFisrtSearch 等。管道企业统一开发的业务应用提供的服务的命名可以参考这样的格式:"http://www.cnpc.com.cn/guandaogongsi/"+应用名+"/service/"+服务名+版本号。

8.5.1.2 数据格式

(1)数据格式定义。

数据模型是服务之间信息交互的标准,建议采用 XML Schema 格式,利用建模工具对所有数据格式进行严格定义,这样既可利用标准的 XML 处理工具对其进行可视化创建及维护,又能够给数据格式转换等方面提供标准的支持,简化工作量,也为今后的系统之间的数据交互提供了标准。不建议采用非 XML 格式的方式或其他私有方式对数据进行定义,这将为系统未来的集成及扩展带来严重障碍。对于数据内容和数据格式,由服务提供方和服务消费方协商确定,协商结果形成详细接口规范文档。

(2)数据格式转换规范。

数据格式转换是服务调用时的重要功能,服务总线需要以标准的方式对数据进行灵活转换,以满足多方服务对不同数据格式的需要,在数据转换方面,也需要遵循一定的规范。

① XPath 规范。XPath 是一个 W3C 标准,是一种专门用来在 XML 文档中查找信息的语言。它隶属于 XSLT,是其重要组成部分,如果将 XML 文档看作一个数据库,XPath 就是 SQL 查询语言;如果将 XML 文档看成 DOS 目录结构,XPath 就是 cd 和 dir 等目录操作命令的集合。

② XQuery 规范。XQuery 是 W3C 设计的一种针对于 XML 的查询语言,类似于 SQL,能够筛选出 XML 的子集,并进行分组、排序、计算等,功能非常强大,主流编程语言、关系数据库均提供了部分或完全的支持,为处理 XML 数据提供了一种新的解决方案。XQuery 允许选择感兴趣的 XML 数据元素,进行重新组织或转换,并且按选定的某种结构返回结果。XQuery 具有 FLWOR 语法和函数库,为其提供了强大、灵活的 XML 文档处理能力。XQuery 还拥有很多应用场景,如从关系数据库中提取信息并用于网络服务;产生存储在数据库中数据的报表,以 HTML 显示在网页;从 XML 数据库中搜索信息;从数据库或打包好的软件中提取数据,并进行转换以进行其他应用;合并传统的非 XML 的数据以进行统一管理。

③ XSLT 规范。XSLT 在 1999 年被确立为 W3C 标准。XSL 在转换 XML 文档时分为明显的两个过程,首先转换文档结构;其次将文档格式化输出。这两

步可以分离开来并单独处理,XSL 在发展过程中由此也逐渐分裂为 XSLT(结构转换)和 XSL – FO(Formatting Objects,格式化输出)两种分支语言,其中 XSL – FO 的作用就类似 CSS 在 HTML 中的作用。XSLT 使用 XPath 在 XML 文档中查找信息。在转换过程中,XSLT 使用 XPath 来定义源文档中可匹配一个或多个预定义模板的部分,一旦匹配被找到,XSLT 就会把源文档的匹配部分转换为结果文档。

8.5.1.3 服务开发相关规范

(1)服务实现。

在服务实现方面,需根据相应的服务总线产品来实现服务逻辑。逻辑的实现一方面需对已有的业务逻辑进行 Web Service 封装;另一方面也需要对封装、定义过的服务进行调度、组合以实现新的服务。先进的总线产品一般将这两类服务进行了很好的概念区分,前者称为 Business Service(封装已有业务实现),后者称为 Proxy Service(对 Business Service 进行编排、组合等)。在 Proxy Service 中,不仅可以对 Business Service 进行通常的流程编排,也可以利用 XQuery/XPath/XSLT 等进行标准的数据转换、路由等操作,实现较为复杂的业务逻辑。

(2)服务部署及调测。

先进的服务总线产品提供了统一的开发、部署、测试、调试环境,在总线环境下开发好的服务,在保存后会自动部署到总线上,提供测试控制台,自动构建测试用的数据格式并创建对服务调用的逻辑,直接对服务进行调用测试;同时还提供调试功能,对服务进行跟踪调试跟踪,大大提高服务的开发速度。

(3)服务注册/发现。

可以采用 Enterprise Service Repository(企业服务库)对 Web Service 进行管理,在 ESR 中,采用标注的 UDDI 对 Web Service 进行注册和发现。UDDI 是一个分布式的互联网服务注册机制,它集描述(Universal Description)、检索(Discovery)与集成(Integration)为一体,其核心是注册机制。UDDI 实现了一组可公开访问的接口,方便网络服务向服务信息库注册其服务信息、服务需求者也可以借此找到分散在世界各地的网络应用服务。服务使用人员通过 UDDI 机制查找到的互联网的 Web Service,在获取其 WSDL 文件后,就可以在自己的应用中以 SOAP 调用的格式请求相应的服务。服务总线一般都与 ESR 进行集成,可以利用服务总线方便快捷地从 ESR 中查找服务,也可以把服务总线中的服务直接注册到 ESR,由 ESR 进行服务的生命周期管理。

(4)服务调用。

对于 Web Service,采用简单对象访问协议消息(Simple Object Access Protocol,SOAP)对其进行调用。SOAP 描述了一种轻量级的、基于 XML 协议的、简单的可在分布式系统中交换结构化的和固化信息的协议。它由 SOAP 封装、SOAP 编码规则、SOAP RPC 过程远程调用等三部分,其使用基于 XML 的数据结构和超文本传输协议(HTTP)的组合定义了一个标准的方法来使用 Internet 上各种不同操作环境中的分布式对象,支持从消息系统到远程过程调用(RPC)等大量的应用程序。

8.5.1.4 服务保障技术

(1)服务的性能。

对于运行中的服务,其性能的可扩展性、服务的高可用性等非常重要。性能扩展性可以通过对服务总线的集群部署,实现系统处理能力的横向扩张,进而提高服务性能的可扩展性,集群也同时实现了服务的 HA(高可用性)。另外,传统的服务或应用,当系统压力过大时,往往会造成服务或应用的"超载"而变得不可用。服务总线可以对运行中的服务提供一定的过载保护功能,比如设定服务处理能力的阀值,当服务请求数量超出此阀值时,服务总线可以停止过多请求,对服务进行保护。

(2)服务安全性。

服务安全一般涉及身份验证、签名和消息加密这 3 个问题,WS-Security 标准对此提供了完整的解决方案。身份验证包含用户名/密码、使用签名、加密消息数据等 3 种方式,无论哪种方式的用户都已对消息进行了签名,从而可以确定签名后的消息不会被篡改,加密消息数据可以控制接收方的阅读权限,非授权接收方不能查看。成熟的服务总线产品对服务安全进行了集成,对于服务的开发人员,仅需通过配置即可实现服务安全策略。

(3)服务事物性。

在进行服务事物的介绍之前,需要先了解 WS-Coordination 规范,它描述了在 Web Services 的环境下一个通用的协调框架,用来解决各种需要使用协调功能的应用。其重要特点就是提供一个开放的协调框架,每个具体的应用都可以在此基础上设计自己的协调协议以控制整个协调过程,以达到各自的应用目的。另外 WS-Transaction 描述了与 WS-Coordination 规范中的可扩展协调框架能够一起使用的协调类型,它定义了原子事务(Atomic Transaction,AT)和业务活动(Business Activity,BA)这两种协调类型,在构建要求分布式活动的输出结果一致的应用程序时,开发者可以使用这两种协调类型中的一种或者同时使用二者。成熟的服务总线产品都已对服务事物性进行了集成,仅需通过配置即可实现。

(4)服务监控。

对运行中的服务如何进行管控,往往是比较棘手的问题。服务水平协议SLA(Service Level Agreement),以一系列的服务水平目标(SLO)的形式定义,其服务水平目标是一个或多个有限定的服务组件的测量的组合,一个 SLO 被实现是指那些有限定的组件的测量值在限定范围里。成熟的服务总线产品对 SLA 监控有很好的支持,对服务的平均响应时间、服务执行成功比例、失败比例等均有统计,当发生服务不满足 SLA 定义的状况时,服务总线可以同邮件、消息等系统结合,外发消息通知到相应的维护人员采取一定行动,提早预防服务可能出现的故障,而不必等到故障发生时再去解决问题。

8.5.2 数据管理标准规范

数据标准是指集成平台中所需的交互数据的标准化,即现有业务系统中所有数据对象的标准定义及交互数据对象中各个数据属性的标准定义,通过规范各个业务系统的交互语言,保证交互数据在系统之间高效准确地传输,数据管理标准化的建立及持续推进是支撑运营能力及管理能力提升的两大关键要素。

当管道企业的信息系统之间不存在交互关系时,每个系统只需遵循各自的数据标准即可,并不需要对各个系统的数据标准进行统一规范。而当这些信息系统之间存在交互关系时,就会对交互的数据对象提出标准化的需求,也就是说把系统间交互的数据对象进行规范,将其转化为统一的标准,使得各个系统对由其他系统交互过来的数据的理解准确无误。因此,数据标准在此基础上可分为数据对象标准和交互数据对象标准。

8.5.2.1 数据编码标准

由于管道企业现有的业务系统的应用目的和建设时间都不相同,导致现有各系统对数据的编码也不相同。随着系统应用的快速推进,各应用系统间进行数据交换的需要越来越迫切,因此为了实现统一的数据编码,方便不同应用系统间进行数据交换和共享,必须尽快制定管道企业的信息系统数据编码规范与数据交换准则。

(1)面临的难点问题。

由于管道企业业务复杂,在用系统影响面也比较广泛,加之数据编码还需要和现有的核心编码规范保持一致,数据编码标准的实施难度相应地就变得非常大。首先,统建系统的用户验证体系及组织结构代码并未完全统一,标准化体系还有待完善,多数管道企业尚未建立统一的单点登录系统,不同的应用系统采用自有的用户体验体系。最为典型的就是同样都在用 SAP 产品的人力资源管理系统和 ERP 系统,还没有采用一套相同的用户验证体系,并且组织结构代码也不统一,给编码规范带来了相当大的困难。其次,系统建设的资料不容易收集完整且部分属于保密信息。管道企业的信息系统繁多而复杂,从来源上看,分为统一推广的信息系统和自建的信息系统;从技术体系上看,有管理信息系统和生产信息系统分别在不同的网络上运行;从资料的完整性上看,有的信息系统各种资料很齐全,有的信息系统基本就剩下在用的应用系统和操作手册,其他资料奇缺。在这种情况下,编制一个通用的编码规范,需要处理的问题太多,而且也不是所有的问题都有良好的解决办法。第三,需求差异严重影响数据完备性和使用性。管道企业价值链复杂,实际的需求也各不相同,对信息化系统的要求也存在一定的差异,这无疑给信息系统的实际应用带来了很大的困难,导致一些信息系统不能达到预期的目的,直接影响数据的完备性和使用效果,企业信息化的程度也直接影响了信息编码规范的适应性和前瞻性。最后,系统改造或升级带来的数据变更也会导致一些不良影响。信息系统集成的方法很多,但是尚没有很成熟通用的解决办法来应对所碰到的各种问题。很多时候必须在充分掌握各种应用系统的业务流程、系统处理方式、代码结构、数据库结构、数据字典等信息,才能完成接口;如何保证系统集成对现有系统的最小影响,是做编码规范和数据交换标准必须重点研究的问题。

(2)主要内容。

数据编码规范的主要目的是为了确保管道企业信息系统数据编码的完整性、唯一性、一致性和有效性,它是管道企业信息系统数据共享、数据交换及系统集成的基础,有助于进一步提高管道企业信息化水平,有利于构建安全可靠、统一集成、先进实用的信息平台,从而促进管道企业各项业务发展。

通过对管道行业已建和在建的信息系统数据编码情况的分析调研,同时收集系统管理人员、系统用户对各自系统数据编码的意见,并参考管道行业标准和已上线应用系统(如 ERP、管道生产管理系统系统等)、QHSE 管理体系编码等,建立了数据编码标准规范,管道企业所有系统所涉及的数据编码或数据交换都应执行本标准;对在建、已建系统,应制定升级计划并参照本标准对已有数据编码与数据交换进行调整;新建系统与在建、已建系统进行数据交互时,应执行此标准。

① 编码原则:包括顺序编码原则、非顺序编码原则、编码使用方法。

② 管道及设备设施编码:包括管道编码、桩编码、GPS 基准点编码、站场(阀室)编码、设备编码、备品备件编码、物资(物料)编码。
③ 影像图编码:包括编码结构、时间编码、管道编号、卫星代号、顺序号。
④ 公共数据、业务流程及控制表单编码:包括公共数据、业务流程编码、控制表单编码。
⑤ 数据字典:包括数据字典管理信息、数据表信息、数据项(字段)信息。
⑥ 系统间数据交换:包括概述、交换模式、交换传输技术、交换技术准则。

8.5.2.2 数据对象标准

根据管道企业的数据管控梳理及相关应用实践,规范管道数据对象标准时要对数据对象进行标准定义,如表 8-4 所示为管道企业部分数据对象标准定义。

表 8-4 管道企业部分数据对象标准定义

序号	主题域	数据对象	序号	主题域	数据对象
1	规划计划	中长期发展规划	23	健康安全环保	HSE 考核结果
2	规划计划	年度计划	24	人力资源	员工主数据
3	项目	项目规划	25	人力资源	经营管理人员
4	项目	项目选项	26	人力资源	专业技术人员
5	项目	项目立项	27	财务	报销单据
6	管道生产运行	仪表采集参数	28	财务	报销申请
7	管道生产运行	温度信息	29	财务	借款申请
8	管道生产运行	放空计量凭证	30	科技管理	科研文献
9	销售	管输价格	31	科技管理	前沿技术信息
10	销售	交货单	32	科技管理	技术需求
11	销售	发票凭证	33	合规与监察	合同基本信息
12	设备资产	设备主数据	34	合规与监察	舞弊风险信息
13	设备资产	设备分类	35	合规与监察	惩访信息
14	设备资产	巡检标准	36	党政工团	党团组织信息
15	管道完整性	管线基本信息	37	党政工团	党团活动信息
16	管道完整性	管道概况信息	38	党政工团	党团人员考核信息
17	管道完整性	管道穿跨越信息	39	矿区服务	医疗机构基础信息
18	物料	物料主数据	40	矿区服务	医疗设备信息
19	物料	原油	41	矿区服务	医疗人员信息
20	物料	成品油	42	其他	电子公文
21	健康安全环保	HSE 人员信息	43	其他	公文拟稿信息
22	健康安全环保	HSE 考核项目	44	其他	收文信息

8.5.2.3 交互数据对象标准

在进行管道企业的数据管控工作、实施管道信息系统集成项目建设时,应该规范制定管道业务交换数据对象标准的业务定义(表8-5),并结合管道企业各业务系统的物理数据模型,补充技术标准部分,从而指导管道企业整体集成平台的建设。

表8-5 管道企业部分交互数据对象标准

序号	主题域	交互数据对象
1.0	规划计划	中长期发展规划
2.0	项目	项目进度
		项目结算
		项目投资完成情况
3.0	管道生产运行	原油计量交接凭证
		天然气计量交接凭证
		成品油计量交接凭证
5.0	设备物资	设备运行状态
		设备维检修工单
		设备故障报修单
6.0	管道完整性	风险评价信息
		完整性评价信息
		完整性检测
7.0	物资	采购订单
		库存盘点
8.0	质量安全环保	职业健康体检记录
		事故信息
		安全作业许可信息
9.0	人力资源	薪酬信息
		绩效考核结果
		培训计划
10.0	财务	销售发票
		付款单
		记账凭证
12.0	合规与检查	合同
		合同履行信息
13.0	其他	档案基本信息

8.6 SOA 应用架构

从管道企业业务功能架构出发,结合业务流程需求和数据需求形成数据架构,为保证数据的正常运行又需要相关技术架构的支撑,所有架构的实现当然也离不开基础设施和信息安全的保证,由此构建成了面向服务的 SOA 架构,通过一套完备的技术规范和数据标准,以及各个架构之间的层层演进,就形成了管道行业的企业级架构 PEA。

SOA(Service-Oriented Architecture)即面向服务的体系结构,它是一个将应用程序的不同功能单元(称为服务)通过这些服务之间定义良好的接口和契约联系起来的组件模型,可以根据需求通过网络对松散耦合的粗粒度应用组件进行分布式部署、组合和使用。

SOA 凭借其松耦合的特性,使企业可以根据新的业务需求并以模块化的方式来添加新服务或更新现有服务,通过不同的渠道把企业现有的或已有的应用作为服务提供出去,从而保护了现有的 IT 基础建设投资。SOA 的出现给传统的信息化产业带来新的概念,业务系统不再是各自独立的架构形式,而能够轻松地互相联系并共享信息。

基于 SOA 的协同软件提供了应用集成功能,能够实现 ERP 系统、人力资源管理系统等异构系统的数据集成,不仅可以帮助企业系统架构者以更迅速、更可靠、更具重用性的架构来管理整个业务系统,还可以从容地面对业务的急剧变化,无需编写代码即可轻松实现新应用的嵌入和旧应用的废除,就好像已经准备好了砖瓦和水泥,只需要想好盖什么样的房子就可以轻松地盖起,很大程度上减少了开发和维护的费用。

SOA 的重点是面向服务,实际上也是基于点对点、消息代理和过程代理这样一个模式引入的基于服务的组件,采用分布式应用体系架构,将不同的服务包装成能够独立完成任务的功能模块,服务之间形成定义良好的接口标准和规范,开发或业务人员可按业务流程的需求编排这些服务,不同的服务功能模块还可以随时插拔,也就是说整个架构体系不会因为有新的业务插进来而需要推倒重新搭建,这也确保了在全部生命周期过程中对数据资产的有效维护。

如图 8-12 所示,管道企业的各应用系统通过 ESB 提供 Web Service 或适配器等方式接入企业服务总线,它清晰地定义了数据在各系统间的流向轨迹,互为提供服务,确保了数据资产在整个生命周期的有效管控,并明晰了接口清单。那么基于 EAI/ESB 技术、数据仓库技术(DW/ETL)、消息中间件技术

(MOM)的基础逻辑结构,也就成为管道行业油气管道生产经营信息系统应用集成的技术支撑(图8-13)。

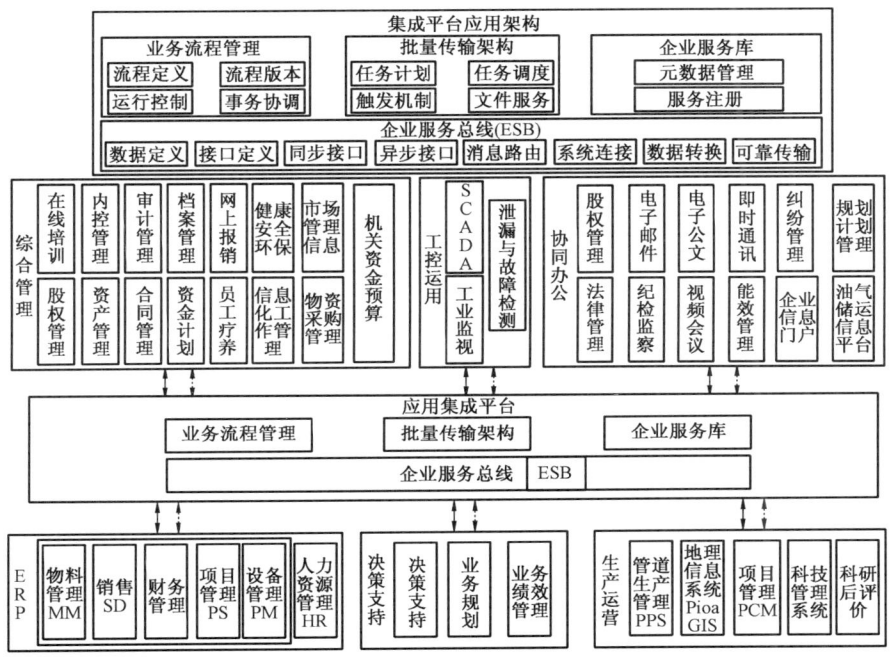

图8-12 SOA的服务范围

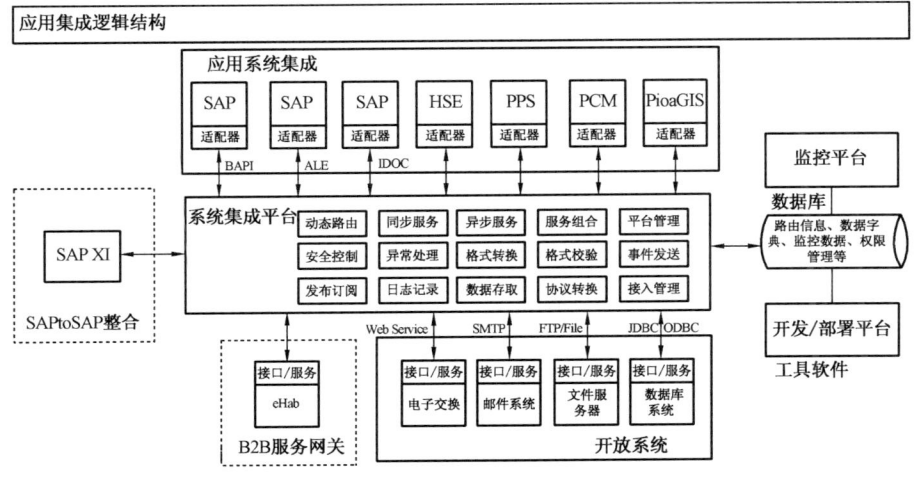

图8-13 应用集成逻辑结构

不同的服务功能模块之间应该如何建立起良好的接口和契约,这就需要必要的技术支撑,相关接口开发的核心技术主要有服务补偿机制(图 8-14)和批处理流程(图 8-15),相关的处理机制主要是任务调度流程(图 8-16)和数据加密(图 8-17)。

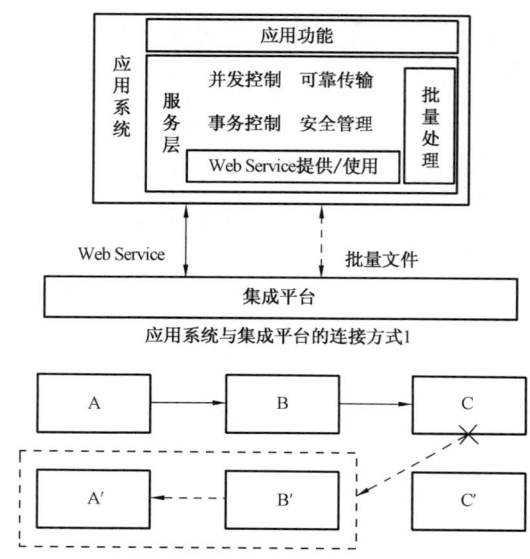

图 8-14 服务补偿机制示意图

A,B,C—串行流程的 3 个步骤;

A′,B′,C′—分别是 A,B 和 C 的补偿服务

图 8-14 中,当 C 执行发生错误时,能够自动执行 B 和 A 的补偿服务,撤销已经执行的服务。因 C 自身具备事物回滚能力,故 C 执行发生错误时,不需要执行其补偿服务。

在系统架构搭建过程中需要建立一定的标准,不仅可以实现操作型数据向分析型数据的转变,也是各操作型系统通过集成环境进行数据交互的过程。标准架构(图 8-18)包括两个大的板块,一个是关于数据的标准,包括数据结构、术语标准、指标标准和代码标准、指标标准和安全标准。另一个就是应用标准,包括技术标准和接口标准。另外还需要注意的是,集成平台的建成还需要一些规章制度来进行管理,因此需要标准体系和制度体系的统一,方能实现系统架构的标准化。

结合管道行业实际,通过上述的大量研究,可以推导出开发维度的 SOA/DW 总体技术逻辑图(图 8-19)。从底层基础设施的架构开始,通过数据标准化单点登录,把 ERP 系统、管道完整性系统、管道工程建设管理系统、人力资源管理系统、健康安全环保系统、管道生产管理系统以及 OA 等这些核心业务应用系统传输到数据集成总线和服务总线,对于半实时的数据,比如一些操作型的数据,我们采用 ODS 技术把它接入数据仓库,对于那些时间要求性不高的则直接接入。最后通过门户展现出来,应用于实际的工作中(图 8-20)。

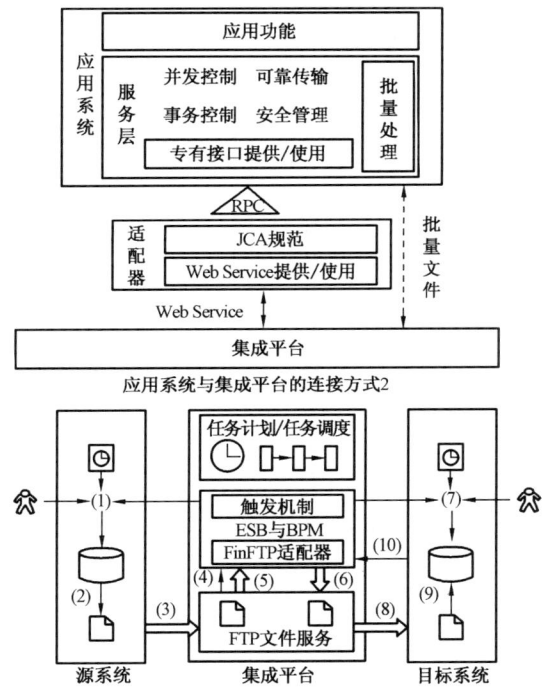

图 8-15 批处理流程

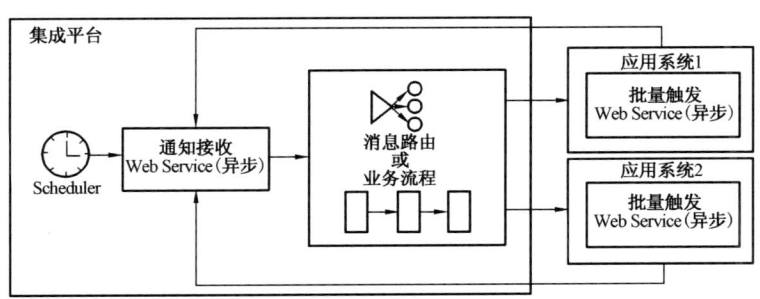

图 8-16 任务调度流程

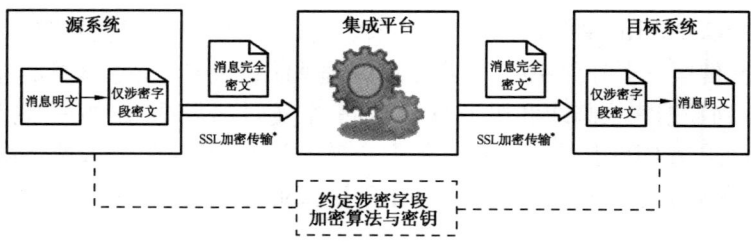

图 8-17 信息加密传输策略

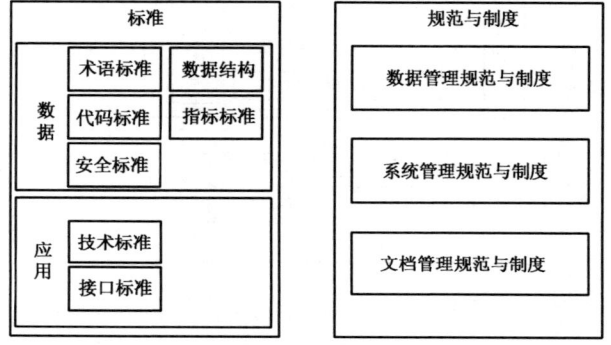

图 8-18 技术标准与制度规范结构

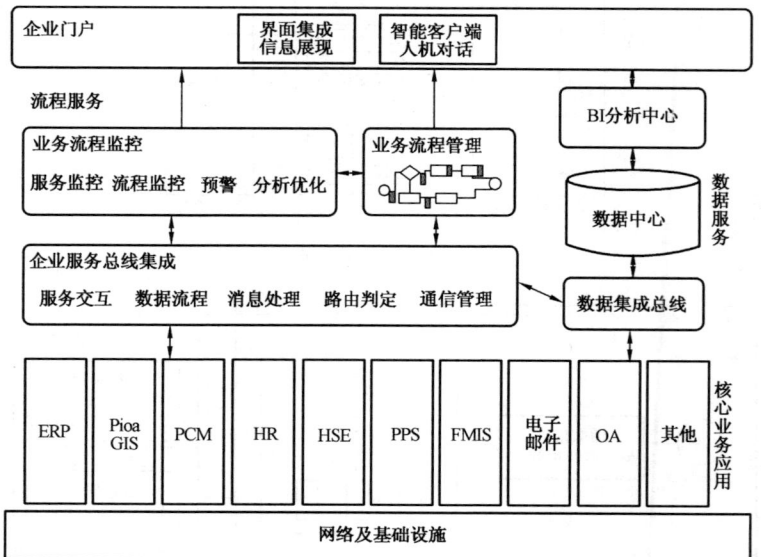

图 8-19 总体集成技术逻辑

技术篇

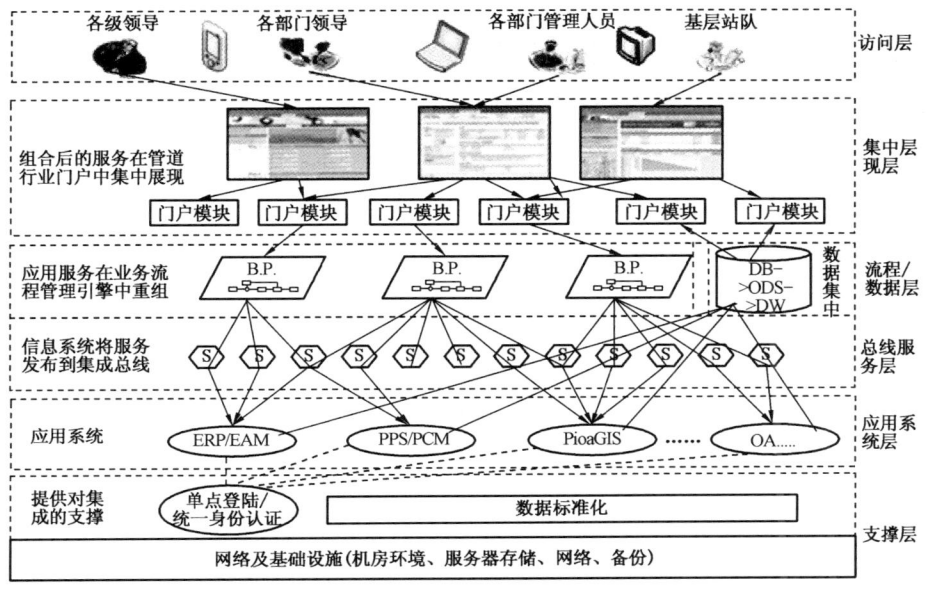

图 8-20　信息系统应用集成与决策支持展现体系结构

> • 小结 •
>
> 　　从管道企业业务功能架构出发,结合业务流程需求和数据需求形成数据架构,为保证数据的正常运行又需要相关技术架构的支撑,所有架构的实现当然也离不开基础设施和信息安全的保证,通过一套完备的技术规范和数据标准,以及各个架构之间的层层演进,就形成了管道行业的企业级架构PEA。而这整个过程的核心则是SOA思想的运用,业务功能将业务分解成细粒度的单元,从中我们发现可以在不同业务之间共享的东西,数据架构将数据层层分级,并找到了交互数据对象,同时定义了数据流向,有利于数据之间的共享使用,在技术架构中将原来分布于个系统之间的软硬件设施及人员组成作为一个统一的总体,形成了资源有效复用,而信息安全架构中将各系统的访问控制模块充分共享,集中力量建立一劳永逸的统一防护体系,而SOA在企业中的推广必须依靠标准的建立和执行。

第 9 章　数据管理体系的建设

　　上一章中提到了数据架构,实际上数据管理不仅作为系统集成的一部分,其本身也是企业管理的重要组成部分,随着企业经营模式的变化以及效益的不断增长,"拍脑袋"决策的方式越来越局限,科学化的决策必然离不开及时、准确、真实、完整的数据,这也是现如今各行业领导班子所强调的"要用数据说话"。没有数据就没有管理,数据的质量决定管理的水平,如今企业的各项业务管理工作正逐步向精细化管理转变,而精细化管理崇尚的是以事实为依据。科学合理的数据管理体系可以为战略决策和业务运营精细化提供坚实的基础,从而实现安全、高效、和谐的战略目标。

　　一个企业如果缺乏科学的数据管理体系,将会带来一系列严重的业务问题。比如其数据缺乏统一管理,形成大量的信息孤岛,导致业务流程不畅通;系统之间数据定义不一致,无法形成某一数据的统一视图;很多部门都会用到的一些数据出了问题却无人管理;数据传递滞后,业务人员无法在需要的时候看到数据,延误业务的及时开展;数据不准确,导致领导看到的报表也不真实,容易造成决策偏差等,数据要为企业精细化管理产生价值,就必须有一个完整的管理体系。

9.1　数据管理体系框架

　　为了推动油气管道企业数据标准的建立和一致化,促进数据共享,实现流程集成,同时改善数据质量,保障业务管理的精细化和决策分析的科学化,就需要对现有的数据管理现状进行分析研究。根据管道企业管理的相关要求以及专业的信息化考核规定,主要从企业各系统数据标准是否进行了统一管理和各系统的数据质量是否得到评估及提升这两方面开展现状研究。

　　数据标准管理首先需要弄清楚一个管道企业制定了哪些数据标准、该数据标准的使用情况如何、是否有专门的组织对之进行保障和维护、是否制定了数据标准管理流程、是否有工具来支撑管理。数据质量管理则需要明确该企业的数据质量如何进行评估、是否有专门的组织进行了保障、是否制定了数据质量管理流程、是否有工具支撑管理。

以某管道企业的数据管理现状为例,该企业的数据标准管理制定了包括人力、物力、财力在内的一共六类主数据,但是仅 ERP 系统在使用,在各业务部门设置相关的主数据维护岗位,对主数据的增加、删除和修改都制定了详细的流程,使用 ERP—MDM 来支撑数据标准管理,其下属单位的数据标准中只对部分数据编码规则进行了定义,组织保障、标准管理流程和支撑工具目前处于缺失状态。而在数据质量管理方面,该企业总部对 ERP 系统、管道生产管理系统、管道工程建设管理系统有较为详细的质量评估指标和评估方案,其下属的几个单位对 8 个专业系统制定了深化应用考核方案,其中有少量关于数据质量的指标,总部和下属单位均通过考核对数据质量有所要求,但组织保证和支撑工具暂时还处于缺失状态。

通过分析,可以发现现有的数据管理体系存在很多问题,如数据标准范围和内容不够完善、标准的使用推广不全面、质量管理方法仍需完善、缺乏数据管理组织保障、尚未建立标准和质量管理的相关流程、缺乏辅助数据管理工具等。根据目前的问题和缺点,数据管理急需完善和优化,在标准管理中一定要注重数据标准的制定和推广使用、把握数据质量管理的五大重要环节、设计数据管理组织结构并规范职责定义、建立起科学合理的数据管理相关工作流程,还要搭建起数据管理工具的功能框架。

针对目前管道企业数据管理的现状及其改善优化的方向,我们提出了搭建管道数据管理体系架构的解决方案。管道数据管理体系架构功能包括数据管控(数据所有权、数据认责、数据策略)、数据结构(数据建模和数据分类)、数据体系架构(数据迁移、数据存储、数据访问、数据归档、数据停用)、数据标准(数据标准管理和参考数据管理)、数据质量(数据建档、数据清晰、数据监控、数据合规性、数据跟踪)、数据安全(数据隐私和数据保持),结合管道企业的实际情况来看,管道数据管理的重点主要是数据标准和数据质量两方面。

一般来说,完整的数据管理体系需要涉及组织、流程及工具这 3 个方面。数据标准管理在流程上需要制定数据定义、标准以及参考数据,依靠组织实现业务数据管理,同时明确数据管理员和数据所有者,而在技术方面,则需要准备主数据管理工具和数据标准管理工具,搭建数据架构。数据质量管理要制定数据质量规则及策略、数据清洗标准和合规性规则等一系列流程,在组织上要实现数据管理,建立数据质量服务组、数据监控和数据库管理员;在技术方面则需要完成数据建档,准备质量与监控工具和 EFL 工具,完成审计报告。

针对管道企业的业务需求方向,可以明确管道企业的最终管理目标是"提升数据质量、促进数据标准一致、保障数据共享",这就需要一套完整科学的数据管理体系框架,依靠组织、流程、工具等必要的支撑要素,对项目建设、数据产生、数据加工、数据流转和数据使用共享中产生的公共数据(包括核心主数据和共用代码)和共享数据(包括指标、指标相关基础数据和跨系统交换数据)进行系统管理,以实现数据标准管理和数据质量管理。

9.2 数据管理体系任务

结合管道企业的业务需求方向和最终目标而制定的管道企业数据管理体系的主要任务是实现数据标准管理和数据质量管理,以保障数据共享,促进管道企业的科学发展。

9.2.1 数据标准管理体系

科学合理的数据标准管理体系能够为战略决策和精细化的业务运营提供坚实的基础,数据标准的科学化规范化,能够推动企业的相关数据由操作型转变为分析型。除此之外,各操作性系统通过集成环境还可实现数据交互,使得数据不仅仅是业务操作的真实客观反映,同时还是资产管理、风险管理及绩效管理等层面进行统计分析的依据。

9.2.1.1 数据标准管理的范围

企业数据标准管理的对象主要是公共数据和共享数据两大类。公共数据是用于支撑业务的核心数据以及统一标准的,包括核心主数据、专业主数据和共用代码;共享数据则是用来管理整个企业的或者需要与其他系统进行共享的数据,包括企业 KPI 指标和跨系统交换数据。除此之外,还有一些特有的应用数据,用来执行某一业务领域的特定功能的数据,不需要与其他系统或用户共享。

(1)主数据。

在管道企业运作中能够长期存在于多个系统之间且只有唯一定义的最核心通用的基本业务数据就是主数据,如客户、供应商、物料、设备、会计科目、银行及金融机构、项目、合同等。由于企业的各个业务系统仅面向单一业务线的需求进行建设,使得这些主数据在各个系统上的定义都不一致,对企业业务贯通、数据管理、信息系统建设都带来了极大的影响,是管道企业信息孤岛形成的主要原因之一。为了支撑管道企业的全面集成和决策支持应用,管道企业需要建立自己的主数据管理机制,制定统一的主数据标准和数据语言,并通过相关的数据管理平台进行落地实施,下发到管道企业各业务系统建立主数据标准映射关系,以保证数据交互的一致性和准确性。主数据管理是管道企业数据管控内容的重要部分之一,其技术解决方案应靠管道企业的数据管理支撑平台进行解决。

一般情况下,管道企业的主数据覆盖管道企业的人、财、物、业务伙伴和项目几个方面,包括组织机构、员工、会计科目、财务核算体系、物料、设备、客户、供应商、项目以及合同等,另外还包括诸如管道、站场、桩机、泵、炉、油罐等之类的管道行业特有的通用的专业主数据。目前多数管道企业主数据仅在企业ERP中使用,而其他系统中仍未达到统一。管道企业在数据集成的分析过程中,需要进一步对管道企业使用这些主数据的需求进行明确,建立映射关系,进行数据标准统一,并促使相关系统与主数据建立映射关系保持一致。

(2)公共代码。

公共代码指企业共用的业务分类标准等,通常以业务系统的代码表或报表的维度的形式出现,如时间、国家、行业、项目类型、销售类型等。目前管道企业的公共代码主要包括由集团总部统一管理的国家、省/直辖市、城市、计量单位、语言、质量单位等6项,还有下属单位常用的时间、货币、项目类型、合同类型、档案类型等。

(3)企业KPI指标。

企业KPI指标是衡量企业战略落实和业务执行情况的关键绩效指标,这些指标通常都需要用到多个系统的基础信息汇总计算而来,如平均固定资产回报率、管输单位现金成本。按照管理层级来看,主要有三类考核指标将纳入数据标准进行管理。

例如一家管道企业的总经理绩效考核包括效益类(平均固定资产回报率、税前利润)、服务类(服务综合满意度、油气管输量、灌输单位现金成本、节能)、营运类(员工伤亡事故千人死亡率、较大以上环境污染责任事故起数、计划投资控制、应收账款和其他应收账款降低)、人员类(反腐倡廉和队伍稳定、员工总量控制)等。KPI指标主要针对生产经营类进行考核,如管道运营成本、应收账款、其他应收款降低、燃料油消耗、天然气消耗、蒸汽消耗、动力电消耗、输差损耗、主要生产设备综合完好率、仪器仪表及自动化通信设备综合完好率;投资计划完成率等。

(4)跨系统交换数据。

业务开展过程中需要在多个系统中进行传递的数据就是跨系统交换数据,如管输计量信息、能耗信息、设备维检修状况、管道事故情况等。

跨系统交换数据的数据标准已经形成了中长期发展规划、管线大修技改项目专有信息、项目立项、项目投资计划、项目结算温度信息、压力信息、成品油计量交接凭证、自用油计量凭证、设备运行状态、完整性检测信息、应急预案信息、管线维修记录、维护与修复评价信息、公文拟稿信息、销售发票、股权处置结果信息、资产卡片、设备转资产等多项交互数据对象，且有明确的业务含义和数据属性。

9.2.1.2 数据标准管理的属性及编码

(1)数据标准的业务和技术属性。

在确定了数据标准范围之后，需要制定出数据标准的业务属性和技术属性。业务属性指的是对数据业务含义的统一解释和要求，包括数据的业务含义解释、数据的分类、数据认责部门、数据使用方法、数据计算规则。技术属性是应用环境中对数据的统一技术要求，包括数据类型、数据编码、数据格式、数据形态、是否是公共代码、有效的域值、是否可空、默认值。

(2)数据标准编码。

如今已有管道企业对部分数据项制定了《信息系统数据编码规范与数据交换准则》，形成了数据编码规范，其原则主要是简单、唯一、稳定、可扩展。在应用字母、符号或数字上应力求简单明了，这样可提高阅读、填写、抄录的效率，可减少其中的错误几率；每个数据项只有唯一的编码，保持一种分类方法(如以年限为标准)，并在系统的各组成部分中保持一致；在编码是要考虑编码变化的可能性，尽量保持编码的稳定性；编码需要考虑未来数据的发展和数据量的增加，应有一定的可扩展性，保证编码使用和更改方便。

数据标准的编码一般有以下3种方式：(1)流水码是由系统自动给出数据标准唯一流水号，通过定义好的物料属性就能方便的查找到相应的主数据；(2)智能码基于相应数据的类别、名称、规格型号及材质，将分类和特征值通过编码反映出来，方便查询；(3)混合码兼备流水码与智能码的特性，其组成一般以智能码为开头来反映物料类别，紧接着的流水码表示某具体物资，混合码在各行业的运用相对普遍。

这3种编码规则有不同的优缺点，需结合企业特点和管理需求确定方案。流水码可以完全保证"一物一码"。编码和数据属性的关联性不大，所以稳定性比较强，其编码方法也有很大的拓展性，但是由于编码无含义，业务人员在理解和使用的时候较为困难；智能码基于数据特性进行编码，对于有相同特性的数据无法保证其唯一性，但是它可以代表数据的特有属性，更加便于管理，同时业务人员也很容易理解和接受,但是在使用时不够灵活且稳定性较差,如果物料属性改变就会使编码失去意义,编码范围需要拓展、删除或者改变编码的时候,易出现编码被占用的情况;而混合码中需编码的数据过多时可能会出现码段不足的情况,容易导致编码过长,增加使用难度,由于受其他因素变更的影响,如果长期使用的话稳定性必然是不够,可以通过流水编码部分保证一定的拓展空间。管道企业可主要采用混合码,公共代码则可采用流水码。

(3)数据标准推广和使用。

制定好的数据标准要想真正投入到使用中,还需要在全企业范围内进行推广和使用,以促进数据标准的规范化和科学化,而各业务系统标准化改造需要一个长时间的过程,以实现全系统数据标准化的最终目标。在推广使用过程中,统建数据标准要从 MDM 同步到数据管理平台,管道企业数据管理平台要将数据标准同步分发到各个业务系统,在过渡阶段,各业务系统可以采用映射转换的方式来满足数据交互和共享需求,新建系统必须严格使用数据标准进行建设。

9.2.2 数据质量管理体系

企业在信息化建设过程中,经常会遇到这样那样的数据质量问题,比如数据出现了质量问题却没有人知道,一直到发现后才会对数据进行核查;业务部门审核后才能发现系统间交互的数据存在问题,导致重复劳动、频繁返工;发现数据问题后,不知道怎么解决,也不知道问题的影响有多大,更不知道是否需要上报;知道数据质量存在很大的问题,但是不清楚问题根源,也不清楚整个企业的数据质量究竟如何;同一个数据问题反复出现;想要的数据总是要延迟一段时间才能获得,严重影响工作效率和领导决策;业务部门想要的关键信息过于凌乱,导致数据无法使用等,这些归结起来,说明目前的数据不准确、不完整、不及时、缺乏必要的监控和统一的评估管理,另外问题处理机制也不够健全。

面向诸多问题,油气管道企业应以公共数据和共享数据为核心,通过数据质量需求分析、评估方法制定、数据监控、改进措施、考核落实五大环节形成环环紧扣的数据质量管理闭环(图 9-1),使数据质量得到衡量、评估和不断完善。

对企业数据质量管理的梳理需要一个循序渐进的过程,首先要仔细研究管道企业数据质量问题的根源,并根据研究成果制定数据质量管理策略和方向,结合数据质量的主要问题,定义出数据质量的评估指标及计算方法,通过数据质量管理工具对数据质量状况进行监控,及时发现问题并将问题反馈提交给相

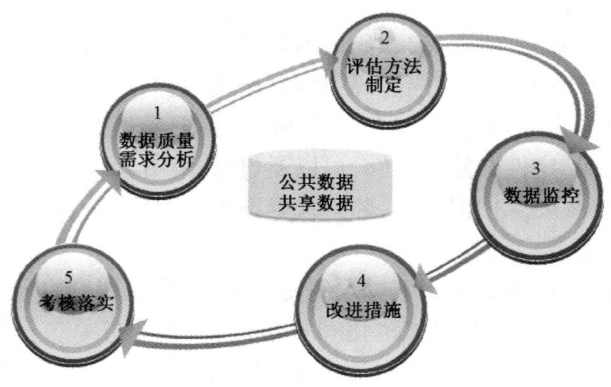

图 9-1 数据质量管理程序

关人员进行解决;针对发现的数据质量问题,结合企业的实际情况制定出适合企业的相关改进方法,对于数据质量的改进效果进行定期考核,并督促数据质量不断完善。

9.2.2.1 数据质量需求分析及改进方向

油气管道企业的数据质量问题按照问题来源和具体原因,可以分为管理、信息、技术和流程这 4 个问题域。

(1)管理问题域。

管理问题主要是指由于企业人员素质及管理机制等方面的原因而造成的数据质量问题,比如企业没有建立专门的管理数据质量机构,出现数据质量问题后无专人负责,信息化建设过程中没有明确的数据质量目标,数据质量问题的重视度和优先级不够高,缺少科学的数据质量管理办法,另外从事数据质量相关的工作人员缺少长期的培训计划和思想宣贯。

(2)信息问题域。

由于对数据本身的定义理解及其度量标准的偏差而造成的数据质量问题统称为信息类问题,产生此类问题的原因主要是对系统中数据的定义和属性理解错误;数据度量的各种性质无法得到保证,如 ERP 的表单填写不完整、填报时间不及时或者部分流程未正常结束;数据变化频度不恰当,如管道生产管理系统本该月底进行结算,但 20 号向 ERP 传递计量凭证了造成结算量错误等。

(3)流程问题域。

流程类问题是指由于系统作业流程和人工操作流程存在缺陷或不完善造成的数据质量问题,主要来源于数据的创建流程、传递流程、处理流程、使用流程、维护流程和稽核流程等各环节,比如在创建数据时,操作员将数据录入后缺乏审核环节;数据在传递过程中由于交互沟通不畅引起的理解歧义;数据质量问题处理中由调度顺序和加载逻辑产生的错误;缺乏对数据使用的明确规定;对数据进行维护的时候,缺乏变更流程、错误数据维护流程和数据测试流程;稽核中缺乏数据错误反馈流程等。

(4)技术问题域。

技术类问题是指由于在具体数据处理过程中的各技术环节的异常造成的数据质量问题,它产生的直接原因是硬件平台、软件平台、开发实施以及系统维护等所有技术实现上带来的某种缺陷,比如硬件选型的差异、机房环境问题、主机问题、网络问题、存储问题等硬件平台方面的问题;系统间软件选型的差异、开发语言、开发工具、数据库问题等导致的软件问题;软件实施过程(需求分析、设计、软件开发、测试、上线部署)产生的问题;还有系统维护过程中产生的软件版本、安全管理、配置管理、备份管理等问题。

9.2.2.2 数据质量评估方法

梳理清楚数据质量问题有助于把握阻碍业务发展的关键问题所在,进而针对核心问题制定出具体的数据质量评估方法和指标体系,以明确数据质量管理的改进方向,促进科学的数据质量管理体系的建立。

对管理类问题的梳理要从管理组织和管理制度两方面开展,管理组织方面需要审视管道企业是否有针对数据质量的管理组织机构,是否在企业范围内成立了专门的数据质量管理组织,组织机构是否健全,管理组织是否有公司领导牵头,是否由技术人员和业务人员共同组成,是否有专人负责;管理制度方面则需要明确管道企业的数据质量管理组织是否发布了相关的质量管理制度来规范数据质量的评估和数据问题的上报等问题,数据质量是否有量化指标,是否制定了数据质量的考核指标并通过检查方法进行量化,是否有严谨的考核制度来监控考核落实执行情况,考核是否与绩效挂钩等。

流程类问题主要从流程规范性、流程准确性以及流程高效性这三方面入手进行评估。流程规范着重研究是否建立了数据质量管理相关流程、系统流程和业务流程是否一致以及流程的使用率等问题,如各系统是否有数据创建、审批时的数据质量要求、质量问题上报流程、质量问题处理流程、业务流程的使用情况。在准确性方面,要分析流程表单的准确率和流程运行的成功率,对各系统中关键表单的填报准确率进行考核,包括准确的表单数和总表单数,对各系统中流程执行情况进行考核,包括成功运行的总流程数。最后还需要保证流程的高效运行,把握流程的执行率,将各系统的流程执行时间与要求时间进行对比得出结果。

信息和技术问题关键是各方面的数据问题,包括数据及时性、准确性、一致性和完整性。查看系统是否能满足业务应用对数据的时间要求;要保证数据的准确和真实,分析数据的有效值比率、数据交换误差率和重复数据比率,保证数据满足其有效的范围定义,即实体属性的值要在用户定义有效范围之内,使系统发出的数据和接收系统收到的数据能完全一致,同时避免重复的记录;对于数据库中的某些实体,它们的存在可能要依赖于其他的实体,因此要保证外键无对应主键的记录比率,满足外键参照完整性数据的百分比;实体的每一个属性都有明确的值,不存在"空"或"未知"的属性,通过设置字段空置率来检查不存在或缺失字段的数据的百分比。

9.2.2.3 数据监控

数据质量评估指标除了定期的文档检查和调研检查之外,主要还得依靠对各系统设置监控点进行日常监控,使得数据质量问题能够及时暴露和定期统计,监控点可以设置在系统交互时、流程中和表单上。监控的粒度要根据管理的精细化程度来定,监控并非越细越好,相反监控越细代价也就越大。

9.2.2.4 改进措施与考核落实

在系统应用的不同阶段,数据质量的改进和考核的重点将发生变化,逐步起到润滑剂的作用,引导系统业务应用效果的实现,使系统逐渐从"用起来"向"用好"转变,在系统成为业务依赖的工具后,业务产生的大量需求将反过来推动系统的提升。

上线推广阶段要改进培训与宣贯方式、改变业务人员的使用习惯、改善系统功能缺陷、考核系统使用情况以及核心业务的办理情况等。深化应用阶段需要改进表单的完整性、流程的及时性和数据的准确性,考核系统的具体数据内容和业务流程的覆盖情况。提升优化阶段则需要改进完善系统功能、提高系统效率和系统随需求变化的能力,考核系统的应用价值等。

9.3 数据管理支撑要素

结合管道企业业务需求的实际情况设计出的数据管理体系,除了明确管理任务,还需要能够支撑管理的一些要素,包括明确组织成员和职责定义的组织、建立数据管理相关工作的统一的流程,以及将流程进行固化并保证流程落地执行的工具。

9.3.1 数据管理组织

根据先进的国际经验显示,基于数据管理体系架构模型在全球石油石化行业有大量成功实施的案例,由此可见科学的数据管理组织对建立数据管理体系的重要性。

某国外管道企业由于自身信息集成系统环境复杂,导致其数据质量差,同时还有大量的手工作业的存在,这就致使企业领导者不能及时准确地访问到所需要的数据,进而严重影响企业的核心竞争力。为了实现企业的高效运作,领导班子决定借助于数据管理体系架构模型,创建了强大的数据管控组织架构,使企业的数据管理流程更加流畅单一,并且实施了集中式技术服务管理,包括主数据管理服务、数据存储服务、工作流管理服务、ETL 服务以及数据清洗服务。从而不仅大大降低了数据处理所需时间,而且还大幅提高了数据质量,使企业决策者可以及时得到可靠的数据,缩短了决策时间,提高了企业的综合竞争力。

某全球化能源企业拥有两套主数据系统共存并行,其固有的主数据管理架构效率低下且无法在应用范围内进行数据协调,加之该企业近年内进行了多次大范围的调整,导致数据品质低下,业务规范冗繁。在数据管理体系架构模型的基础上,结合该企业的实际问题,协助开发了一套完整的数据清洗及主数据管理解决方案,优化了数据管理流程,提高了数据品质,并建立了一整套数据品质保障计划,最终实现了主数据的单一数据源管控,明显降低主数据设置时间及主数据管理的工作量,并且可以对数据错误进行预警。

某全球化化工企业十多年前开发了一套数据管理方案,随着业务的开展和时代的进步,该方案已经失去功效,不再适合企业的发展需求和现如今的数据管理需求。企业利用数据管理体系架构模型,对数据管理方案进行了彻底改善,更新了数据管理流程,重新确定数据管理角色,包括确保数据的标准化、阐明并改善可交付性,综合考虑数据的依赖性,将控制点有效地添加到了整体数据管理流程中,大大提高了企业在数据管理方面的能力。

9.3.1.1 数据管理组织角色

科学的数据管理组织(图 9 - 2)是数据管理体系中最重要的因素,它制定并管理如主数据、公共代码、KPI 等数据标准,提出各系统的数据质量要求,监测正在进行的数据管理行动,并从数据的角度对信息系统项目进行指导,数据管理组织是否有完整与合理的角色定义、是否有高层领导的参与,是整个数据管理成败的关键。

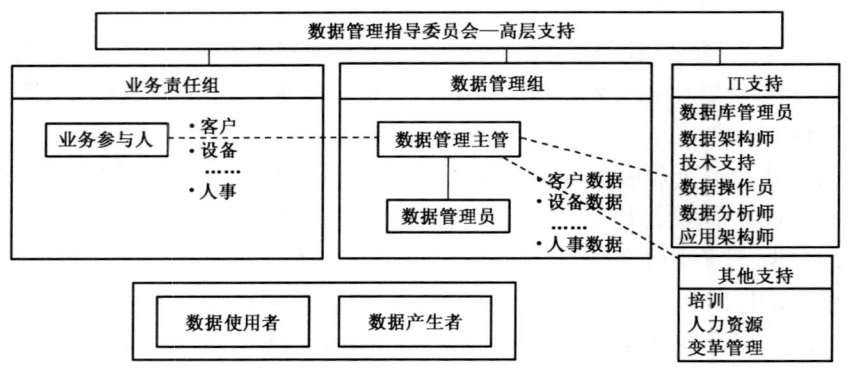

图 9-2 数据管理组织角色示意图

(1)数据管理指导委员会。

也就是管道企业的信息化工作领导小组,由企业领导牵头,同时包含各职能部门的一把手,是数据管理最高权力机构,负责数据管控战略、管理授权、预算批准。

(2)业务责任组。

业务责任组为虚拟机构,由各业务职能部门组成,每个业务部门设立数据管理负责人,可以兼职,主要负责诠释本部门相关数据的业务规则,提出本部门相关数据的质量要求以及相关数据标准的变更需求,制定并审核数据标准,对数据管理的效果做出及时反馈。

(3)数据管理组。

一般由信息管理部门负责人担任主管,下设管理专员,主要负责收集数据质量问题,牵头制定数据质量提升方案并推动落实,分析数据标准需求并协调标准的制定和落实,发起数据管理各类协调会议,检查并考核数据管理各项工作的执行情况和执行效果。

(4)IT 支持。

由信息技术中心设置专人负责数据管理相关 IT 支撑工作,主要负责数据管理相关支撑工具的开发和运维工作。

9.3.1.2 数据管理组织总体运作方式

如图 9-3 所示,根据数据管理组织的详细运作,在数据管理体系的搭建过程中,需要设置必要的职位来保证组织实现高效的合理的运作。

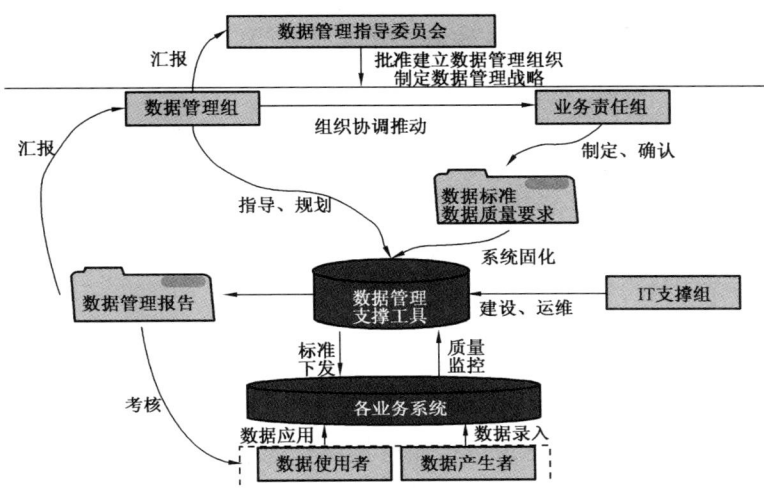

图9-3 数据管理组织运作

（1）数据管理组主管。

为领导数据管理组而设置，直接向数据管理指导委员会汇报工作，致力于全面推进数据管理体系的建设与执行，协调数据管理体系的相关参与部门协同工作，为企业精细化管理提供准确、及时、完整的数据。

数据管理组主管需要把握数据管理体系的建设方向与推进策略，并领导管理组将之实施、运维和推广，协调解决数据管理体系的各个参与部门之间的争议，推进数据业务标准和质量要求的制定。对管理策略、制度和流程的制定以及变更进行审核、分析和评估，将存在的问题、考核结果及时反馈上报给信息管理委员会。参与信息管理处关于信息化战略与规划的制定、IT标准体系框架的制定、信息管理制度及规范的制定、IT年度计划的制定等工作。负责指导下属企业数据管理的相关工作以及其他的日常事务以及领导交办的其他事项。

该职位要求任职人员必须具备优秀的领导能力、管理能力和协同能力，有效推进数据管理体系的贯彻执行，保证数据管理体系的落地执行，协同各业务部门，确保数据的标准和质量。

（2）数据标准管理员。

直接向数据管理组主管汇报工作，该岗位设置的目的在于细化数据标准政策，维护数据管理流程，监督并促进数据标准在企业范围的统一执行。

数据标准管理员的日常工作主要包括：制定数据标准具体管理策略、制度、流程与相关模板，组织协同各业务参与部门制定数据标准并在系统中进行建立和维护,与各个源系统建立映射关系,监督并促进数据标准在企业范围内的贯彻执行,负责指导下属企业数据标准的相关工作、其他数据标准管理日常事务以及领导交办的其他事项。

根据岗位职责及日常工作内容可知,数据标准管理员需要具备的能力要涉及多个方面,熟悉企业数据内容、分布及业务用途,熟悉数据标准涉及的各个源系统,掌握数据标准建立的基本方法,同时具备相关数据库操作技能和一定的组织协调能力,协同数据分管部门共同建立数据标准。

(3) 数据质量管理员。

质量管理员也直接向数据管理组主管汇报工作,该岗位设置的目的在于细化数据质量管理政策及考核方法,监督并考核数据产生部门的数据质量,确保企业内数据流转过程中的准确性。

数据质量管理员需要制定数据质量具体管理策略、流程与相关模板,组织协同各业务参与部门制定相关数据的质量要求、质量考核指标与考核方法,依据数据质量管理流程,处理日常数据质量问题,定期生成质量评价结果,并推进数据质量考核的落实,负责指导下属企业数据质量的相关工作、其他数据质量管理日常事务以及领导交办的其他事项。

数据质量管理员要熟悉企业数据内容、分布及业务用途,熟悉数据质量涉及的各个源系统,掌握一定统计知识和统计分析方法并能熟练运用,具备相关数据库操作技能和一定的组织协调能力,协同业务部门共同建立数据质量要求。

9.3.1.3 管道企业数据管理组织实施建议

结合"全面集成、决策支持和应用深化"的信息化重点来规划管道企业的数据管理方向,经由企业的领导层同意后在信息化工作领导小组增加数据管理职能,并建立数据管理相关组织机构。

组建数据管理组,明确数据管理组的职责、岗位和编制,招聘人员到岗,制定数据管理组的近期和远期工作目标,建立工作流程和方法,将数据管理组的成立的消息以公文形式通知企业上下。引入业务部门并召集相关业务部门召开协调会,确定各业务部门的数据管理负责人。随后数据管理组就可以逐步开展数据管理活动,制定数据标准与数据质量要求的初稿,由相关业务部门进行调整确认并下发执行。定期总结数据管理工作的执行情况和成效,通报信息化工作领导小组和各业务部门,规划数据管理相关支撑工具。

9.3.2 数据管理流程

数据管理体系的落实执行需要一套完整科学的管理流程,对数据管理的相关工作进行统一的管理和分配,保证具体工作细致到位。

9.3.2.1 数据标准管理的工作流程和内容

(1)收集、分析数据标准需求。

该阶段的工作主要由数据管理组完成,包括收集和分析数据标准更新需求,判断是否需要新增或修改数据标准定义。比如对国际国内相关数据标准制定机构颁布的能源行业数据标准、上级公司发布的数据标准要求等进行收集和分析,研究是否需要统一定义数据标准、需要定义的数据标准是否已经存在、存在的标准是否需要修改等,然后对分析出需要统一定义的数据需求,对不需要统一定义的数据需求提出自行定义。

(2)制定与更新。

该阶段由数据管理组协同业务部门,对不存在数据标准和已经存在但需要修改的数据标准定义需求进行分类分析,确定数据标准定义需求中数据对应的业务部门,收集各部门使用的数据定义、业务规则和其他相关属性,参考业界标准,制定数据统一定义和业务规则,同时,参考类似数据类型的标准,定义数据格式、字段长度等技术属性,初步制定或修改数据标准定义,分析标准变更对已有业务和 IT 系统的影响并设计出应对方案,提交数据标准管理协调会议审核。

(3)审核。

由数据管理指导委员会牵头,邀请内部专家参与,以数据标准管理协调会议的形式集体审阅数据标准定义或变更申请报告,主要关注合理性和准确性,提出客观的建设性的意见并进行调整和修正。

(4)颁布。

有数据管理组将审核通过的数据标准定义或变更申请报告及其相关的使用细则,面向企业各部门和各单位,正式发文颁布,形成企业数据标准(含使用细则)。

(5)落实和反馈。

数据标准的落实和反馈主要由 IT 支持组负责,IT 支持组在使用数据标准前,组织有关人员接受数据管理组负责的数据标准定义和使用细则的培训,在实际的项目实施和系统维护中,通过标准映射或业务系统改造,将数据标准落到实处,数据标准的过程中,要注意收集相关问题,包括由数据定义理解不一致等引起的问题或争议,并及时反馈给数据管理组。

以某企业的合同主数据标准管理流程为例,由于该企业需要对合同执行情况进行统一管理,就需要企管法规部门对各系统合同数据存在不统一的情况进行收集和反馈,分析与合同相关的具体需求,建立新的数据标准。由于合同存在于多个业务领域和系统中,可以将之确定作为主数据进行管理,征集企管法规部门以及与合同相关的业务部门及单位对合同数据标准的业务属性和技术属性进行重新定义,调整后的合同数据标准形成报告并提交给数据管理指导委员会,召集相关专家进行审阅,确定合同主数据并建立报告。数据管理组经由企业 OA 正式发文颁布合同数据标准内容和各部门使用细则,IT 部门组织员工学习理解合同数据标准内容和使用细则,建立各系统与合同主数据的映射关系,实现合同信息的系统间的交互传递,及时反馈合同数据标准使用中的问题。

9.3.2.2 数据质量管理总体工作流程和内容

(1)准备工作。

由数据管理组牵头,协同业务部门和 IT 支持组根据企业经验和四类质量问题分析,征集业务对数据质量的要求,制定评估数据质量的指标,然后在数据生命周期各环节中,选择包括数据转换和转移点在内的可能出现数据质量问题的环节设立检查点,指导技术部门和业务部门的数据质量检查。

(2)问题发现。

业务部门与 IT 支持就数据检查中和使用中出现的质量问题统一向数据管理组进行反馈。业务部门根据数据质量评估指标和参数,通过在设定的数据质量检查点运行相应检查脚本或其他方法进行检查,对采集到的数据进行分析,形成数据质量问题报告并提交数据管理组。IT 支持组根据数据质量指标,注意在业务操作中及时发现业务逻辑类型的数据质量问题,统计需要解决的问题,形成数据质量问题报告并提交数据管理组。

(3)问题定位及优先级划分。

数据管理组收集汇总业务责任组和 IT 支持组提交的数据质量问题报告,对数据问题进行初步整理和定位分析,结合适用于当前数据质量问题的评价体系和各部门意见,全面分析问题影响,初步给出数据质量问题的优先级划分,协同业务部门确定数据质量问题的实际情况,审批、确认并发布数据质量问题的初步优先级划分结果,提交数据质量管理协调会议审批。

(4)评估方案。

数据管理组根据最终裁定的数据质量问题优先级别划分结果,针对需要解决的数据质量问题,与相关的业务和技术人员开展访谈,确定目标数据集合并分析数据质量问题的起因,进而制定出可供选择的多个解决方案。然后协同业务部门,对解决方案的成本、效益、时间以及资源等因素进行综合平和,确定出最佳的解决方案,提交到质量管理协调会议审批确定。

（5）提升质量。

从业务和技术两方面落实数据质量改进解决方案,提升数据质量。针对选定的数据质量问题解决方案,IT支持组联合各业务系统成员对解决方案进行分析,制定详细的实施计划和具体的技术方案与实施方法,通过必要的测试将实施计划进行落实执行,在测试结果符合业务要求的情况下,推行解决方案。业务部门需根据方案中涉及业务管理和流程相关的要求制定业务管理制度并下发执行。

（6）评估改进成果。

数据管理指导委员会听取数据质量改进报告并提出合理的要求和建议,业务部门根据委员会的要求,提出数据质量进一步改进的目标,数据管理组及时更新数据质量问题的追踪状态。

以某管道企业的管道完整性系统流程办结率和表单完整率为例。一般来说,管道完整性系统质量指标是流程办结率和表单完整率,对表单的录入和流程的流转设立数据质量检查点,业务活动监控平台监测到的流程办结率为95%,而表单抽查表单完整率为70%,该企业管道部门在管道完整性系统使用时发现,下属单位在阴极保护的表单完整性方面比较差,审核不通过的表单很多没有审批意见,用户角色分配上也存在问题。通过对数据质量问题进行分析,确定出了问题解决的优先级别:优先解决系统权限分配不准确的问题,其次要加强应用推广和表单监控,由于各地区业务差异的原因,阴极表单较难统一,放在最后解决。根据问题优先级,企业制定出了对应的解决方案,要求信息管理部门联合管道部门和各单位再次确认使用人员和权限,持续进行应用深化推广工作,加强积分奖励制度,鼓励规范化使用,同时考虑在业务流程监控平台中增加关键表单的内容监控,另外管道处还需要制定明确表单设计。随后技术部门根据业务部门的使用人员及权限修改系统权限设置,在业务活动监控平台中增加了表单监控设计并开展实施,对管道完整性系统阴极保护表单进行改造,整理确认管道完整性系统使用人员权限,业务部门组织了一系列应用深化推广及积分奖励活动。最后该企业管道完整性系统的流程办结率达到99%,表单完整率大幅度提升至95%,在下一步的工作中,企业将对表单的及时率和准确率提出要求。

9.3.3 数据管理工具

在明确制定数据管理组织和管理流程之后,要想保证数据管理体系的顺利搭建,还需要一定的技术支撑平台(图9-4),数据管理工具就是将流程进行固化并保证流程落地执行的必要条件。

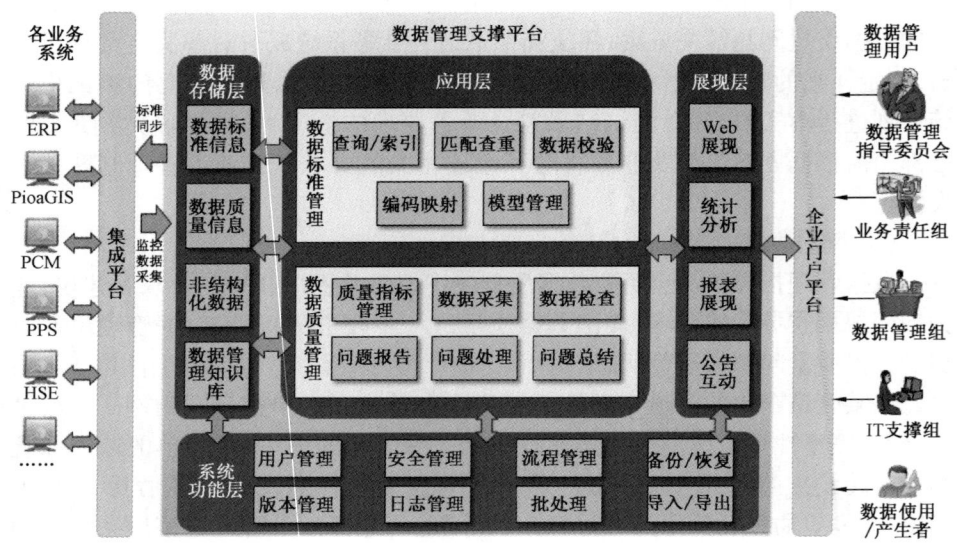

图9-4 数据管理支撑平台逻辑功能架构

9.3.3.1 数据存储层

数据存储层要整合分散在企业关键业务流程和应用系统中的数据片段,形成整个企业的单一真实数据源,以便为各业务系统和分析系统提供数据支撑,同时辅助管理考核落实。

数据标准信息存储数据标准模型(包括层级、属性、引用等)、制定的数据标准内容、各业务系统与数据标准的映射关系等;数据质量信息存储包括指标定义、计算公式、考核要求等的数据质量指标,以及为计算质量指标从各系统检查点获取的监控信息数据质量问题及解决方案等等;非结构化数据存储数据管理相关规定和制度、数据管理考核报告、图片、视频等;数据管理知识库存储各类参考资料(包括国际、国内、行业、企业内部等)、数据质量问题案例及其总结经验、数据标准使用经验等。

9.3.3.2 应用层

（1）数据标准管理。

① 查询/索引。实现数据标准的多种方式的查询和检索。

② 匹配查重。使用数据匹配与合并功能实现数据标准的查重清洗,在数据申请时通过定制应用,调用数据匹配服务,提示与新申请主数据可能重复的主数据。

③ 数据校对。对各类数据标准设置校验规则与表达式,实现集中的数据合法性和完整性校验,确保数据标准的数据质量。

④ 编码映射。提供映射编辑功能,实现各数据源与数据标准的映射关系,保证各应用系统与数据标准的对应。

⑤ 模型管理。提供数据标准模型的建立和维护管理功能。

（2）数据质量管理。

① 质量指标管理。实现数据质量指标的制定和维护管理功能。

② 数据采集。通过配置实现对各业务系统采集点的设置,并从集成平台获得采集数据。

③ 数据检查。检查功能根据采集到的基础信息计算生成质量指标,并将指标与指标要求进行比较,形成检查结果。

④ 问题报告。根据数据质量检查环节的结果,以规范的格式和特定的展现方式向数据质量管理人员报告数据质量情况。

⑤ 问题处理。提供相关信息辅助支持问题分析,确定问题原因进而制定解决方案,然后通过相应途径具体解决问题。

⑥ 问题总结。针对数据质量检查发现的问题需要总结问题并制定改进措施,并跟踪记录解决情况和效果,最终形成数据管理知识。

9.3.3.3 数据展现层

为了提高系统易用性和增强用户体验,数据管理支撑平台为用户提供数据管理功能的统一入口,并根据用户使用习惯和偏好,为用户定制人性化、个性化的系统分析展示界面。

Web展现为用户提供数据管理功能的友好操作界面,并可根据数据管理中设置的岗位角色配置不同的应用功能与数据展现界面;统计分析则主要针对用户使用数据标准情况、标准变更情况以及数据质量问题进行统计分析;报表展现基于统计分析结果,形成图文并茂的报表展示给用户,使用户能够清晰而全面地掌握数据管理的执行情况,同时也为数据管理考核体系及管理流程改进提供数据支持;公告互动则主要是对各单位的考核结果进行通知或者新闻发布,另外还通过建立论坛形成交流互动。

9.3.3.4 系统功能层

(1)用户管理。

平台应具备方便的用户管理和细化灵活的权限管理功能,既要有功能权限控制,又要有数据内容权限控制。

(2)安全管理。

平台作为管道企业的核心数据存储工具,对整个平台的安全架构需从应用层、数据层、系统层和网络层等进行全面考虑,并辅以运维安全管理。

(3)流程管理。

流程管理包含工作流引擎、工作流设计器、流程操作、流程监控、表单设计器、与表单的集成等功能。

(4)备份/恢复。

为了避免人为及外界不可抗力因素对系统破坏,平台应具备完善的系统备份与恢复功能。

(5)版本管理。

对数据标准和质量的版本进行跟踪、备份、归档的管理。

(6)日志管理。

日志管理涵盖操作系统层、数据库层以及应用层等平台的各个层次,从而系统管理员可对平台的运行状况进行有效监控。

(7)批处理。

在与某些分析型系统集成时可能存在大数据量的交互需求,平台应具备对大数据量的批处理功能,避免产生性能瓶颈。

(8)导入/导出。

平台为用户提供 Web 数据访问功能外,还提供数据的各种格式的批量导出功能,还允许客户批量上传指定格式的文件。

9.4 数据管理体系实施经验

领导重视与业务部门参与程度是直接影响到数据管理体系能否成功运转的关键;数据管理及其管理理念的接受是一个长期的过程,因此企业数据问题的解决是循序渐进的过程,只要有数据,数据管理体系就有存在的必要性,数据管理体系自身也要不断完善以适应环境变化;在选择数据范围时,把握"小型、易管理、高回报、领导关注"这几个原则,比较容易获得关注和支持;宣传推广也很重要。

> •小结•
>
> 　　数据管理体系既是信息化集成的重要组成部分,又自成体系,面对企业存储和产生的海量数据,数据管理体系的建立显得尤为重要,真正认识到数据是一种资产,已采取科学有效措施管理才能够发挥数据的重要价值。

第 10 章　管道业务界面集成技术

在下面 4 章中,我们将分别介绍 4 种集成技术,即界面集成、数据集成、应用集成和流程集成。界面集成是业务集成技术中难度最低的一个集成技术,是指将各个业务应用的操作界面整合到一个页面中,以方便用户使用,提升操作效率。其主要任务包括对统一的组织机构和用户权限进行细化管理;集成认证管理,实现与各业务系统的单点登录;集成各个系统中的待办任务、预警信息、公告栏等;展现来自不同业务系统的数据和各种指标的图表显示;个性化首页定制与切换、功能导航、系统公告、新闻发布;集成各个系统的常用功能,设置首页内容搜索等。通俗地来说,界面集成要解决的就是单点登录的问题,比如用户可以在一个登录界面来完成多项不同的访问或请求,提高用户的操作体验。

10.1　界面集成技术现状

目前多数管道企业的应用系统都是独立设计且自成体系的,不同的系统又采用不同的用户管理机制,所以进入每个应用系统都需独立的认证和登录,在使用和操作过程中就会给用户增加很多麻烦,完全摒弃了"以用户为中心"的服务理念,更无法给用户提供简单、方便、快捷、使用的信息服务。

根据 SOA 的思想,将系统相同的功能集中在统一的功能模块中,作为信息系统登录验证功能,是几乎所有信息系统所必备的功能,此项功能的统一管理,不但可以减少今后开发和维护的工作量,还方便了用户账户的统一管理,同时简化了用户在多个系统登录的程序。单点登录(SSO),以降低用户和密码管理成本,提高系统使用率和安全性,为各系统的无缝集成打下坚实的基础。

多年的研究和实践经验表明,如今的界面集成已经不能满足管道业务的发展方向和最终目标,结合业务发展的需求,综合考虑安全、性能以及接口扩张等因素,能够提供所有系统统一登录入口的单点登录系统需要跟随业务功能发展的需求来进行改善和优化。单点登录系统的实质是一个含有身份统一的认证中心并在保证能在各个成员系统间共用,它包括认证服务器(称 Passport 服务器)和各个成员系统服务器,其优化需求主要有 4 个方面:一是单点登录,用户在访问应用系统的时候先登录单点登录服务器,一旦通过其身份验证,那么用户在一定的时间内,应该可以成功访问任何一个成员系统而不需要通过再次登录;二是统一认证,当用户登录单点登录服务器时,系统应该自动将用户信息在已整合的系统间做统一的用户认证,保证用户在成功登录单点登录服务器后获取到的认证信息能在其他应用系统之间通行;三是人机交互服务,由于系统的用户数量庞大,使用者对计算机操作的熟练程度也存在很大的差异,在人机交互方面应该根据不同的业务需求和不同的群体来提供多种不同的展现方式;四是个性化处理,单点登录系统是所有用户的统一入口,系统平台要在展现方式上提供多种个性化定制元素,比如不同的主题、不同的布局等。

在保证业务发展需求的同时,还应该尽可能地减少对现有系统的修改,避免单点登录系统对各系统造成的运行风险和接口改造等影响,单点登录系统需要整合研究数据传输的安全性、系统的性能要求以及功能可扩展性,实施加密之类的密码管理,根据单点登录系统的整合及系统整合后的用户信息获取等因素,直接面向用户的集成窗口应提供较为完善的整合管理接口调用功能。

系统界面的集成设计需要遵循管道企业业务标准,尊重用户使用习惯,做到专业词汇准确,避免出现含义模糊、一个概念多种叫法等情况;实现操作简洁、帮助详细、剔除冗余的操作界面,降低用户使用难度;提供快捷的访问方式,用户无需安装所有系统的客户端就能成功访问,通过统一的界面集成来使用各个系统,相应数据会自动传递给实际信息系统以生成相应凭证,结果也能进行统一展现,这无疑也能提高用户的体验效果,通过唯一的系统来实现多个系统的访问和使用。

10.2 界面集成技术实施方案

要实现管道业务界面集成,需要解决多个关键的技术点:应用系统部署单点登录、全局性单点登录、应用系统的整合、终端用户使用单点登录和管理员部署业务系统单点登录功能等。

10.2.1 应用系统单点登录

目前管道企业已经实现了多个应用系统的单点登录,且多为异构系统,也就是说在不同的平台上,使用不同的应用服务器建立不同的业务系统,但是没有独立的单点登录门户,而在单点登录技术领域,云端整合桌面抛弃了系统综合集成、应用大包大揽的整合以及异构系统异构解决(插件式)等实现方法,将重点放在已有应用系统的单点登录的无缝集成上,着重实现即配即用、与应用无关、不知不觉中的实现单点登录等功能。

10.2.2 全局性单点登录

为了保证系统的高可用性,可采取 SSO 系统的自动负载均衡方案。部署完成后,用户在登录业务系统后不再面临分散式的登录方式,而只需登录云端一次即可。用户在访问某个业务系统时,SSO 单点登录系统会截获用户信息,自动代理该用户完成必要的身份认证过程,并且确保该用户的正确性、合法性和安全性,成功通过身份认证的用户登录系统后将不再需要身份认证也能顺利使用其他业务系统。

10.2.3 应用系统整合

在提供 SSO 单点登录方案时,云端整合桌面 SSO 能最大限度地避免用户修改已有的应用系统的结构和设计,为项目的顺利实施提供可靠的保证。一方面因无需定制开发和修改应用程序,避免了部门协调的麻烦;另一方面可以在短时间内完成项目的部署,避免因实施周期长带来的不必要的麻烦。

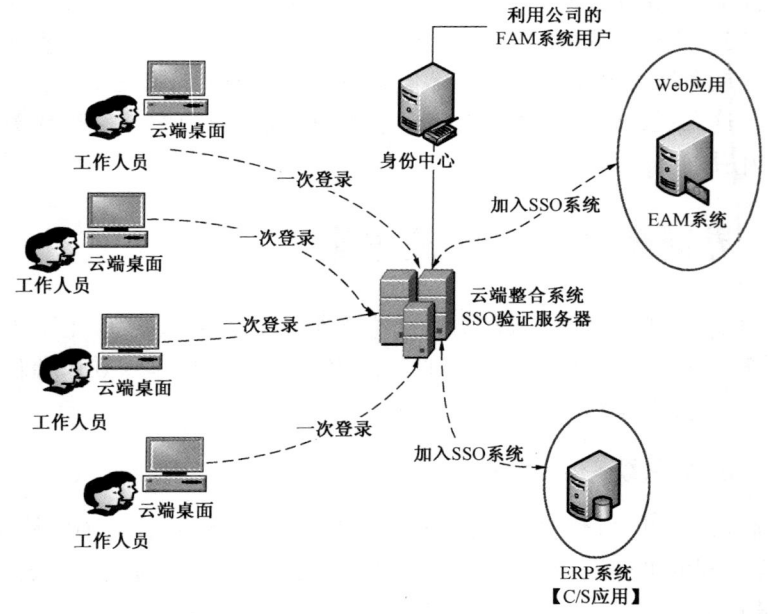

图 10-1 云端整合桌面 SSO 服务器模型

如图 10-1 所示,对 Web 应用,云端整合桌面 SSO 同应用系统的操作系统平台、应用开发平台、开发语言、开发脚本、Web 服务器和应用服务器的类型完全无关,这样可以确保云端整合桌面 SSO 系统支持所有的 Web 应用系统。对于 C/S 结构的应用,采用云端整合桌面 SSO 的单点登录客户端或浏览器插件,无需用户修改应用程序,就可以通过透明简捷的方式来实现该系统的单点登录功能,使用户在不知不觉中体验系统单点登录的功效。

根据管道企业的实际需求,对于 C/S 的应用建议用户采用客户端的方式进行管理。

10.2.4 终端用户单点登录

部署基于云端的 SSO 单点登录系统应用后,工作人员在访问和使用原有业务系统的时候,使用方式无需进行任何变动,这主要是因为云端整合 SSO 单点登录系统使用了透明转发技术,在系统使用时在用户看来完全是透明的,工作人员一次性登录到云端后,访问任何业务系统都不再需要进行身份认证,只需要在云端上维护自己用户名或口令列表,每个用户独立维护自己的列表,管理员无法也无需对之进行干预。

10.2.5 管理员部署单点登录

系统管理员通过管理控制台对单点登录系统进行管理,云端整合 SSO 单点登录系统自身携带图形化的基于 Web 界面的资源管理中心,通过 Web 界面管理单点登录系统,无需配置或修改其他业务系统,最大化地减少了同各个业务系统管理部门之间的协调工作,保证项目的顺利部署。

在业务系统中增加单点登录系统后首要考虑的问题就是稳定的网络环境,然后在这个基础上进行单点登录。SSO 单点登录系统采用基于云计算技术的自动负载均衡技术,可以保证 SSO 服务器不会影响业务系统的数据处理,适应任何流量压力下的正常数据传输。安全方面也提供了高可靠性的应用安全防护框架,保证单点登录系统自身的安全性和稳定性,形成了稳定、安全和高速的网络环境。

10.3　界面集成核心技术

10.3.1　单点登录技术

10.3.1.1　需要改造应用系统的SSO方案

顾名思义,这种方案需要用户对以前的应用系统进行必要的改造,通过解决方案中提供的改造组件,如认证服务器、各种API(Java,C/C++,.Net,JSP,ASP,PHP等)和各种代理Agent等对应用系统进行修改,改变原有应用系统的认证方式,采用认证服务器提供的技术进行身份认证。该方案一般要求用户对所有应用系统的用户数据库进行统一后才能实现单点登录功能。在修改应用的技术方案中,每个应用服务器中都需要安装一个代理程序来完成用户的身份认证工作。当用户访问目标应用服务器时,代理程序会向SSO服务器询问该用户是否已经登录,如果是,则代理程序从SSO服务器中取得用户信息后自动登录该应用系统,登录成功后,用户直接访问该目标服务器。如果未曾登录过任何应用服务器,则该应用要求用户进行身份认证,认证结束后,代理程序将认证结果发送给SSO服务器。此方案的优点是无需在单点登录服务器上保存各个应用系统的用户名/口令信息。

10.3.1.2　无侵入式的SSO方案

该方案在认证服务器上保存用户所有应用系统的用户名和口令信息列表,并对该用户名和口令进行加密存储,以保障用户信息的安全,它不需要与任何应用程序做接口,包括的组件主要是认证服务器和SSO客户端。每个应用系统在此方案中都有一个对应的适配器,用来代理用户登录应用系统,当用户访问应用系统时,单点登录服务器会调用该应用系统中对应的适配器,把对应该应用的用户认证信息(用户名或口令)取出,代理用户登录应用系统,登录成功后,就可以访问应用系统,这种方案在单点登录服务器上保留各个应用的用户名和口令信息对应列表。

10.3.1.3　两种SSO方案比较

应用系统改造的SSO方案和即插即用SSO方案各有优缺点,应用程序改造方案的实施周期比较长,一般以月为单位,其扩展性与应用的平台和环境有关,如果单点登录服务器失效,那么业务系统无法正常使用,容错性较差,但是无需在单点登录服务上存储其他应用的用户认证信息。无侵入式方案实施周期较短,一般以天为单位,因为与应用无关,所以拥有高扩展性,单点登录服务器失效后业务系统仍可正常使用,容错性比较好,不过需在单点登录服务上存储其他应用的用户认证信息。

10.3.2 云端整合SSO功能技术

随着信息化进一步发展,管道企业的应用系统越来越多。部署这些应用面临双重的安全挑战。首先,必须保证只有合法的用户才能访问相应的应用资源。其次,实施安全保护措施时应尽量避免增加用户的负担。随着业务系统的增加,访问不同的应用系统需要采用不同的口令,每个用户需要记住的口令也随之增多,这样做虽然能够保证用户对应用资源的合法访问,但也增加了用户的负担,一方面用户为了便于记忆会将口令简单化或者记录在案,大大降低了应用系统的安全性,另一方面,用户访问任何一个应用资源都需要重新登录一次,这无疑降低工作效率,增加系统的负担。云端整合的SSO应用软件系统正是在这种背景下开发的。通过组合简单的访问控制和SSO功能,为客户提供一个无侵入式的SSO解决方案,用户无须修改任何应用系统(包括Web应用系统和C/S结构应用系统)。只需简单的配置,即可使用SSO应用功能。

10.3.2.1 主要功能

(1)单点登录。用户只需登录一次,即可通过单点登录系统(SSO)访问后台的多个应用系统,后台应用系统的用户名和口令可以各不相同,并且实现单点登录时,后台应用系统无需进行任何修改。应用系统注册管理:系统提供对应用系统的管理,可以设置系统的地址、参数和服务器最大负载数。

(2)适配器管理。系统提供适配资源的管理,对不同的系统定制不同的适配器。

(3)多样的身份认证机制。同时支持基于PKI/CA数字证书和用户名/口令身份认证方式,可单独使用也可组合使用。

(4)基于角色访问控制。根据用户的角色和URL实现访问控制功能。

(5)基于Web界面管理。系统所有管理功能都通过Web方式实现。

(6)全面的日志审计。精确地记录用户的日志,可按日期、地址、用户、资源等信息对日志进行查询、统计和分析,审计结果通过Web界面以图表的形式展现给管理员。

(7)自动负载均衡。通过集群功能,为用户提供高效可靠的SSO服务,可实现分布式部署,提供灵活的解决方案。

(8)传输加密。支持多种对称和非对称加密算法,保证用户信息在传输过程中不被窃取和篡改。

(9)后台用户数据库支持。LDAP,Oracle,DB2,Win2k ADS 和 Sybase 等,可以无缝集成现有的应用系统的统一用户数据库作为 SSO 应用软件系统的用户数据库。

(10)领先的 C/S 单点登录解决方案。无需修改任何现有的应用系统服务端和客户端即可实现 C/S 单点登录系统。

10.3.2.2 系统特点

同其他 SSO 产品相比,云端整合 SSO 体系(图 10-2)具有更多的优势和竞争力。

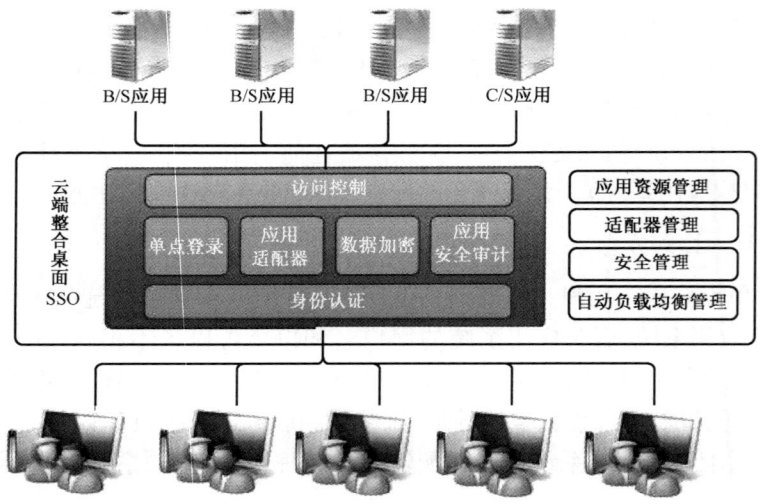

图 10-2　云端整合 SSO 功能体系结构

(1)无侵入性。云端整合 SSO 以完全独立于应用系统的方式工作,应用系统完全感觉不到 SSO 的存在。

(2)高可扩展性。区新部署应用系统通过简单的配置即可纳入 SSO 系统。

(3)应用无关性。同应用系统的平台、开发环境、结构、编程语言以及脚本无关。

(4)支持所有的 TCP/IP 协议的应用环境,能够满足各种 Web 应用开发环境以及企业级应用的需求。系统本身提供自动负载均衡功能,用户无需购买均衡设备即可实现集群功能,既解决了对应用系统高可靠性和高带宽需求,也为用户节省了资金。

(5)用户认证信息多样化。Web应用系统的用户名和口令可以各不相同,支持数字证书认证和已有的用户数据库等,还可通过定制开发支持动态口令等。

10.4 界面集成经典案例

原型(Prototype)是把系统的主要功能和接口通过快速开发制作为"软件样机试验",以可视化的形式展现给用户,及时征求用户意见,从而明确无误地确定用户需求。某管道企业以 ERP 为核心的界面集成原型基于业务方案、数据方案和集成方案三大部分设计成果,搭建集成平台的核心系统架构,展现界面、流程集成和数据集成后对业务的提升效果,验证集成规划方案技术落地的可行性,对后期实施提供经验指导打下基础,以期实现界面、流程及应用与数据集成的数据交换流,实现业务流程的贯穿畅通和可视化平台的管理应用。该企业的系统原型搭建分 5 个阶段进行,即分析阶段、设计阶段、开发阶段、测试阶段和评估优化阶段。

10.4.1 单点登录需求

设备资产管理系统与 ERP 的单点登录需要实现两种方式:(1)用户登录设备资产管理系统后,点击设备资产管理系统首页中常用的 ERP 功能链接就可以直接打开 ERP 功能界面,如通知单查询界面、工单查询界面、待办通知单界面、待办工单界面、新建通知单界面、新建工单界面等,打开 ERP 功能界面之前不再需要输入 ERP 的账户与密码;(2)点击设备资产管理系统业务功能工具栏中的按钮,也可以直接打开 ERP 功能界面。而要想实现这两点需求,就必须解决两个难题,一是怎么校验 ERP 账户与密码,二是怎么打开 ERP 功能界面。

10.4.2 账户共享

ERP 账户管理包括三方面的内容:一是设备资产管理系统中怎么获取 ERP 账户与密码信息,最好的解决方案是与 ERP 系统做接口,直接从 ERP 用户表中读取账户与密码信息,但目前的授权不允许进行此项操作,那我们就需要在设备资产管理系统中提供 ERP 账户与密码管理功能,由用户自己在设备资产管理系统中维护相关的 ERP 账户与密码信息,确保 ERP 账户密码的安全性,也可统一收集导入到设备资产管理系统中。二是设备资产管理系统中的 ERP 账户与密码信息怎么与 ERP 系统同步。ERP 账户信息是在本系统中进行维护的，那如果该系统修改了密码，该如何同步到设备资产管理系统中呢？最好的解决方案是与 ERP 系统做接口，定时同步 ERP 用户表中的账户与密码信息，但目前的授权也不允许进行此项操作，结合实际情况，该企业分两步来解决这个问题：首先，由于 ERP 账户信息变更很少，基本上一年都不会变更一次，那么如果有任何变更，可以手工在设备资产管理系统中手工维护；其次，ERP 密码修改频繁，一般要求三个月修改一次，需要用户在 ERP 系统与设备资产管理系统中同时修改密码。但是由于密码修改频繁且新密码不能与前四次的密码重复，可以考虑在设备资产管理系统中提供 ERP 账户密码管理功能解决此问题。设备资产管理系统每三个月自动生成新的密码，提示用户修改 ERP 中的密码，同时修改设备资产管理系统中管理的 ERP 账户，这样既管理好了 ERP 中的密码又可以同步设备资产管理系统中的密码。三是如何实现设备资产管理系统账户和 ERP 账户的对照。由于 ERP 系统中是一个账户多人使用，而设备资产管理系统系统中是一人一个账户，所以需要在设备资产管理系统中建立设备资产管理系统账户与 ERP 账户对照表，当设备资产管理系统用户登录到系统后，如果点击 ERP 功能链接，则设备资产管理系统会从对照表中找到对应的 ERP 账户自动登录到 ERP 系统中。

•小结•

界面的集成将分布在不同系统的功能在一起显示，一方面提供了统一的登录方式，确保了系统安全性，另一方面也使用户的操作变得简洁。

第11章 管道业务数据集成技术

数据集成是指应用在数据层面的共享与同步,也就是说将业务活动中运行的数据按照一定的标准进行定义,基于消息中间件技术(MOM)、数据仓库技术(ETL)等,把不同来源、格式和性质的数据在逻辑或物理上进行有机集中,从而实现应用之间的数据交换,解决数据的分布性和异构性问题,在不同的着重点和应用上解决数据共享为企业提供决策支持。其主要任务是建立数据库服务器的数据仓库DW,包括统一各种主数据,比如人员、组织机构、物料、设备、管道等,实现多维度的统一的数据视图;规范业务信息项描述,统一各种业务数据项,如订单、入库单、出库单、故障、销售凭证等;统一提供各种指标执行情况及综合统计报表数据,包括股份公司考核绩效指标和公司KPI指标等。

11.1 数据集成技术概述

管道业务数据是管道企业进行管理运作的重要资源,其集成和扩展对管道业务数据质量有着积极的意义,是实施油气管道信息系统集成的重要基础。管道业务数据集成是指遵循交换数据的数据对象标准,在保证一定的数据完整性和安全性的前提下,进行管道各业务系统间的数据集成,为各个应用系统提供实时和非实时的数据接入和传输服务,方便应用系统之间数据的共享传输。

管道业务数据集成的技术实施过程包括数据交换过程、数据集成处理与数据服务过程。数据交换过程重点解决管道各个异构业务系统之间以及管道业务数据集成平台之间的无关性数据通信,属于数据集成的传输过程技术。管道业务数据集成处理与数据服务过程重点解决各个异构业务系统之间以及管道业务数据集成平台之间的交换数据(如共享数据、公共数据、PKI指标数据、跨系统交换数据等)在数据集成平台端的一系列操作,包括接入、装载、规则处理、数据计算、集成存储、数据服务以及为管道业务的数据管控体系的标准化、质量化的管理提供数据基础。

数据集成利用数据仓库技术,实现统计报表、数据分析和绩效管理等工作,为企业的集团总部乃至下属分公司的各级管理层提供决策支持。通过主数据管理,形成统一的数据标准,实现对分析型数据、操作型数据的管理,借助归档管理和非结构化数据管理,实现基于 ERP 系统结构化数据和非结构化数据的管理,ETL 工具能够对数据进行抽取、转换、清洗、加载,以利于数据仓库实现数据建模,最终实现对操作型数据和分析型数据的商务智能化的查询和分析。

11.2 数据集成核心技术

管道业务数据集成技术的重点是管道业务数据交换技术和管道业务数据集成处理及数据服务的技术,具体包括管道业务数据交换中心平台设计、管道业务数据集成处理和数据服务平台设计及相关的集成数据定义、数据转换、数据安全等核心技术问题,涉及的主要核心技术就是 ETL 数据仓库技术和面向信息的 MOM 中间件技术。

11.2.1 数据仓库技术(ETL)

数据仓库技术是基于信息系统业务发展的需要和数据库系统技术发展而来,并逐步发展成为一系列独立的新应用技术,ETL 是其中非常重要的一个环节。

ETL 是 Extraction – Transformation – Loading 的缩写,中文名称为数据提取、转换和加载。负责将分散的异构数据源中的数据(如关系数据、平面数据文件等)抽取到临时中间层后进行清洗、转换、集成,最后加载到数据仓库或数据集中,成为联机分析处理、数据挖掘的基础,它最常出现在数据仓库,但其对象并不局限于数据仓库。

ETL 能够按照统一的规则进行集成并提高数据的价值,是负责完成数据从数据源向目标数据仓库转化的过程,是实施数据仓库的重要步骤。如果说数据仓库的模型设计是一座大厦的设计蓝图,数据是砖瓦的话,那么 ETL 就是建设大厦的过程。

信息是现代企业的重要资源,是企业进行科学管理和决策分析的基础。目前,大多数企业花费大量的资金和时间构建信息化集成的业务系统和办公自动化系统,用来记录事务处理的各种相关数据。但数据统计,蕴含着丰富商业价值的数据量每 2~3 年就会成倍增长,而多数企业所关注的数据量仅仅占了很小的比例,由于没有对已存在的数据资源进行最大限度的利用,以致浪费了很多的时间和资金,也失去制定关键商业决策的最佳契机。那么一个企业该如何通过各种技术手段将数据装换为有用的信息和知识,已经成为提高核心竞争力的主要瓶颈,而 ETL 作为一个重要的技术手段则提供解决这一瓶颈的方法。

ETL过程在很大程度上会受到企业对源数据理解程度的影响,也就是说从业务的角度看数据集成非常重要,那么一个优秀的ETL设计应该具有如下功能。

11.2.1.1 管理简单

采用元数据方法进行集中管理,接口、数据格式和传输则要制定严格的规范,尽量不在外部数据源安装软件;保证数据抽取系统流程自动化,抽取数据要及时、准确、完整。另外系统的适应性和可扩展性要强,以便可以提供同各种数据系统的接口和软件框架系统,当系统功能改变时,应用程序无需经过过多的改变就可以适应变化。

11.2.1.2 标准定义数据

合理的业务模型设计对ETL至关重要。数据仓库是企业唯一、真实、可靠的综合数据平台,因此数据仓库的设计建模无论采用哪种设计思想,都应该最大化地涵盖关键业务数据,把运营环境中杂乱无序的数据结构统一成为合理的、关联的、分析型的新结构,方便ETL依照模型的定义去提取数据源,进行转换、清洗,并最终加载到目标数据仓库中。

建模的重要之处在于对数据做标准化定义,实现统一的编码、分类和组织。标准化定义包括标准代码统一和业务术语统一。ETL依照模型进行初始加载、增量加载、缓慢增长维、慢速变化维、事实表加载等数据集成,并根据业务需求制定相应的加载策略、刷新策略、汇总策略以及维护策略。

11.2.1.3 拓展新型应用

对业务数据本身及其运行环境进行描述和定义的数据,称之为元数据(Metadata)。从某种意义上说,业务数据主要用于支持业务系统应用的数据,而元数据则是企业信息门户、客户关系管理、数据仓库、决策支持和B2B等新型应用所不可或缺的内容。

元数据的典型表现就是对数据对象的描述,特别是现行应用的异构性与分布性越来越普遍的情况下,统一的元数据就愈发重要。合理的元数据能够有效地描绘出信息的关联性,彻底消除很多企业现有应用中存在的"信息孤岛"现象。

而元数据对于ETL的集中表现为:定义数据源的位置及数据源的属性、确定从源数据到目标数据的对应规则、确定相关的业务逻辑、在数据实际加载前的其他必要的准备工作等,它贯穿整个数据仓库项目,而ETL的所有过程必须最大化地参照元数据,这样才能快速实现ETL。

11.2.2 中间件技术(MOM)

面向消息的中间件 MOM(Message-oriented Middleware),指的是利用高效可靠的消息传递机制进行数据交流,并基于数据通信来进行分布式系统的集成。

MOM 使用消息传送提供者来协调消息传送操作,其基本元素是客户端、消息和 MOM 提供者,后者包括 API 和管理工具。MOM 提供者使用不同的体系结构路由和传送消息,它可以使用集中式消息服务器,也可以将路由和传送功能分布在每个客户端上,也有的一些 MOM 产品结合了这两个方法。

使用 MOM 系统,客户端可以进行 API 调用,以便将消息发送到由提供者管理的目的地。在发送消息之后,客户端会继续执行其他工作,并确信在接收方客户端检索该消息之前,提供者一直保留该消息。基于消息的模型与提供者的协调耦合在一起,即使有个别组件或连接失败时,系统也可以继续工作。

由消息传送提供者协调客户端之间的消息传送的另一个优点是:通过添加管理界面,可以监视和调整性能,客户端应用程序便可以不用关心发送、接收和处理消息之外的任何问题,而对于互操作性、可靠性、安全性、可伸缩性和性能之类的问题,应当由管理员通过编码实现 MOM 系统来解决。

11.2.3 数据集成平台设计

11.2.3.1 数据交换

从架构上统一解决管道业务数据集成平台和管道企业各个异构信息系统、管道企业异构信息系统之间的任何数据交换,都是一种分布式数据交换架构(图 11-1),同时还能确保数据交换性能、扩展性、稳健性,并适配不同协议交换(UDP、TCP、Web Service、DBMS、Http、MQ 等),在数据交换时能够支持数据格式的自动转换。

数据交换平台的设计核心是适配器的设计和开发,包括适配器框架和软体技术架构。管道业务数据交换系统要提供专用适配器,通过对接口协议需求进行抽象,使用系统交换平台适配器框架(图 11-2),就可以完成应用的特定接口。

开发设计时首先封装实现适配器组件包(java jar 包)(含源组件、管道组件、目的组件设计)抽象框架设计(图 11-3),实现管道各异构信息系统与管道业务数据集成平台的数据交换、协议交换等抽象功能。适配器工作以事件机制、异步通信为主(如访问主数据服务、主数据访问鉴权、主数据变更通知、主数据同步等）。

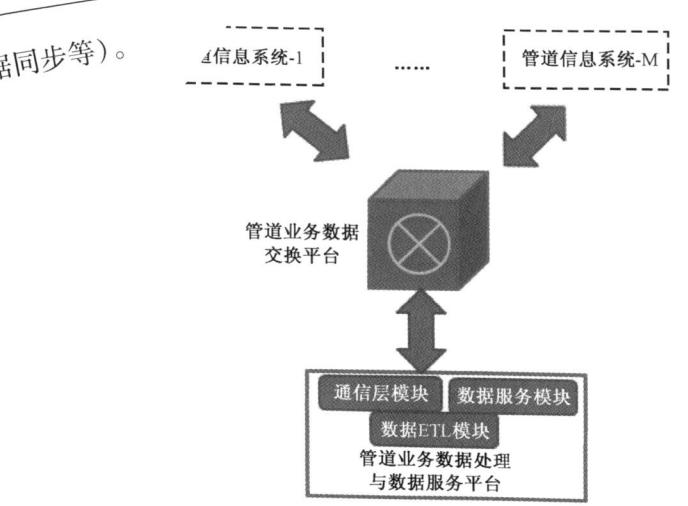

图 11-1 数据交换架构

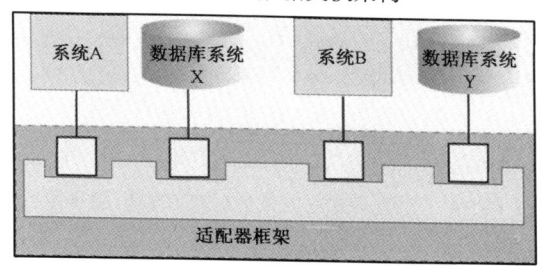

图 11-2 适配器框架参考

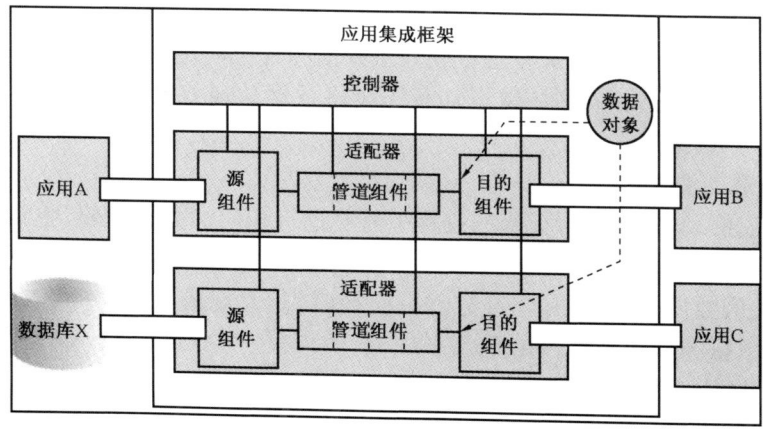

图 11-3 适配器软件技术架构

管道业务数据集成的数据交换平台要提供解决数据问题的标准适配器,比如数据转换、过滤和填充,同时也支持数据交换标准 XML 和 SWIFT 等,另外还需要具有例外处理能力,并无缝集成到异步消息系统。

11.2.3.2 数据处理和管理

管道业务数据集成处理和数据服务平台(图 11-4)直接与管道数据交换中心对接,是管道业务数据集成平台的平台端部分,重点完成管道数据的集成采集、数据抽取、数据清洗、数据加工处理、数据集成存储与归档、数据统一服务等。

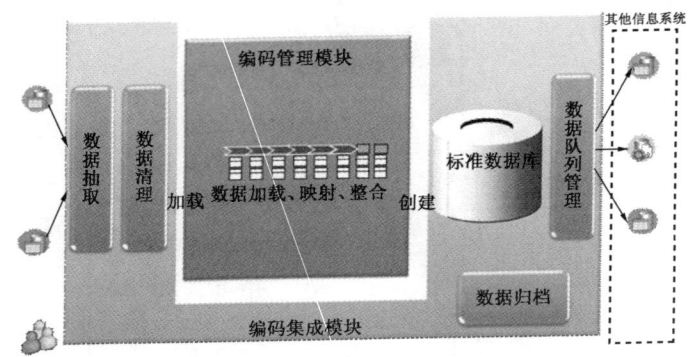

图 11-4 管道业务数据集成处理和数据服务平台

(1)数据抽取。

将主数据集中从现有的业务系统中进行抽取,为后续的标准化处理做好准备。由于各个应用系统的技术差别和数据模型的差异性,数据抽取需要提供各种开放接口,并建立和维护管道企业的主数据和各个应用系统数据之间的对照及映射,按照映射关系,利用数据加载工具将数据从现有的应用系统中抽取到管道业务数据集成平台中。

(2)数据清理。

数据在系统之间进行交换的过程中需要进行相应的数据校验,主数据管理系统需要定义校验规则和数据唯一性的规则,实现按数据对象和数据目标系统维护相关的数据校验规则,在进行数据交换时,对大规模不规范的数据进行清洗,实现数据的自动校验和转换。

(3)数据归档。

在系统上线一段时间之后,对数据进行集中整理,将部分过期并且访问频率低的数据通过归档工具迁移出来,存放在仍然可供归档工具在线查询的外部存储设备上,这样既不影响过期数据的查询,又减小了整个平台的数据量,使系统性能得到较大的提升。

(4)数据队列管理。

主数据管理系统需要和各业务系统进行数据交换,及时可靠的数据通信十分重要。为了完成数据的可靠传输,管道业务数据集成平台使用队列的方式进行数据管理。在进行数据传输时,将数据按照用户定义的大小,拆分成若干消息放入队列,按照同步或异步的通信方式发送或者接收数据。

数据在系统之间进行交换的过程中需要进行相应的数据转换,主数据管理系统可以维护相关的规则库,实现按数据对象和数据目标系统维护相关的数据转换规则,在进行数据交换时动态地进行转换,同时也可以借助集成平台的映射管理进行编码在各个系统之间的自由转换。

11.2.3.3 数据统一服务

数据统一服务(图 11 – 5)是管道企业各应用系统之间进行数据交换的通道,其总线模块的设计需具备以下功能:

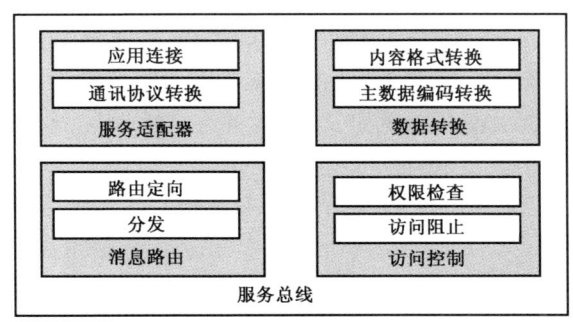

图 11 – 5 数据集成服务总线设计

(1)以 Web Service 为基础,利用各种开放标准,支持多种通信方式,在不产生任何干扰的情况下把各种 IT 系统中的现有组件无缝地集成到一起。

(2)支持同步、异步传输方式,支持应用到应用(A2A)、业务到业务(B2B)的集成模式,支持基于 Web Service 相关标准以及传统技术(如文件、数据库、HTTP 和 JMS 等)的集成。

(3)对大数据量集成有着很好的支持,可以提供高可用性与高性能。

服务适配器负责系统集成与业务应用系统间消息的接收和发送,应用连接功能提供对不同应用系统的连接功能,通信协议转换功能提供对不同通信技术标准(如 SOAP,HTTP 和 JDBC 等)的格式转换功能,使得集成应用子系统可以方便地与第三方应用系统进行集成。

消息路由负责消息的转发与分发,对接收到的消息进行初步分析,并确定接收方系统(一个或多个)及需使用的适配器接口。

访问控制负责消息传递的权限控制,依据集成目录的权限管理对消息的发送方和接收方进行校验和控制,对非法的消息予以阻止。

数据转换负责消息内容的映射与转换,基于业务逻辑,将消息的数据内容从发送方系统的数据格式转换为接收方系统的数据格式,包括数据内容转换和主数据编码转换。数据内容转换将源系统消息中的业务逻辑字段映射到目标系统中的业务逻辑字段,进行内容格式的转换调整。主数据编码转换将源系统消息中的主数据编码映射到目标系统中的主数据编码,进行主数据编码转换调整。

11.2.3.4 数据定义规范

建设管道业务数据集成平台时会涉及数据定义规范,数据定义采用 XSD (XML Schema Definition)标准,描述集成数据所需的数据类型。在各个业务系统提供数据传输的过程中会涉及数据类型的定义,数据类型的定义可以屏蔽各个业务系统数据类型不一致的问题,保证业务用户能够看到同样的数据。管道业务数据集成平台需要提供数据定义工具,并在实施阶段制定统一标准以更为详细地来规范数据定义,包括命名空间(Namespace)、命名规则等方面。在具体实施的时候,数据定义的工作必须由业务系统的集成双方根据接口需求协商确定。

数据定义可以通过数据集成平台构建元数据管理模块来具体实现,数据定义的服务元数据(Service Metadata)包括服务属性、服务特征以及技术实现等内容,其表现形式可能是数据项或者 XML 文件,数据集成平台要支持对服务元数据的记录、访问和管理。

11.2.3.5 管道业务数据集成平台的数据转换

管道企业各个异构系统与管道业务数据集成平台的数据通信主要采取消息通信机制完成,而数据转换则负责消息内容的映射与转换。目前需要集成的应用系统都有一套属于自己的编码,只有少部分主数据的编码是统一的,为了保证主数据在不同的系统之间能够顺利的交互和统一,需要对之进行编码映射,映射方案主要有两种,即以管道企业 ERP 系统与其他应用系统的数据转换对接和对于外部系统的数据转换对接。

以管道企业 ERP 系统与其他应用系统的数据转换对接:原则上以 ERP 系统的编码为基础来制定统一的编码,具体操作中如果是 ERP 系统中有的编码,则以 ERP 系统为准加入到统一映射表,而 ERP 系统中没有的编码,则要选定一个应用系统的编码为准加入到这个统一的映射表中。其他系统根据接口传递单据信息或数据的需要来维护编码映射表,将业务信息都映射为统一的主数据编码后再做信息传递。在信息传递过程中,发送系统先将信息转换为系统集成能够识别的编码,当接收系统接收数据时对之进行编码转换,变为本系统能够识别的信息。由主数据管理模块统一维护各应用系统集成接口相关的数据信息,然后定期发布到应用系统中,同步更新应用系统的映射表。通过主数据管理集中,便于各应用接口相关主数据的同步更新。对于外部系统的数据转换对接:核心应用系统需要从外部系统(如勘探 ERP 系统、炼化 ERP 系统等)获取信息,采用由系统集成维护映射表,对外部系统的信息进行数据转换,发送到需要的应用系统中。

由于不同的应用系统负责和支撑的业务不同,对组织架构或业务主数据分类的粒度也不同,造成在数据转换时可能存在一对多,或者多对一的情况,比如管道生产系统的输油站存在一对多的情况,这就需要集成项目组与各应用系统项目组以及业务人员一起来解决类似这样的问题。

在业务流程梳理过程中,大多数流程都是跨部门、跨系统的,某个业务在不同的系统都有相对应的业务单据或业务数据,那么在集成系统中,以哪个系统的业务单据或业务数据为准,这就需要根据系统的特点,结合业务人员的业务需求,来确定以哪个系统的业务数据为准,这个业务数据产生的同时更新其他系统对应单据的信息。

11.2.3.6 数据完整性

数据完整性是用来确保业务数据集成过程中通信双方(即集成平台服务的请求方和集成平台)之间交互数据的正确性和完整通信性,保证数据信息在传输、存储过程中没有被蓄意或恶意地篡改,否则将会给系统带来极大的安全漏洞,造成服务异常、服务稳定性受影响以及信息泄密等严重后果。Web 服务提供了对传递消息进行签名的机制,对信息加以保护。经过签名的消息传递时,Web 服务的安全机制将对其进行相应的签名验证,检测出其内容是否被篡改,同时对被篡改的信息予以一定的异常处理,进而保护消息的完整性。另外集成平台应在低层支持 Web 服务签名机制,对服务提供者和请求者做到签名细节的透明化,以防影响服务的开发、调用过程。

11.2.3.7 数据安全

数据隐私和机密性是指管道业务数据集成过程中保证传输的数据不会被非目标接收方截取和窥探，或者为了保证数据的安全级别，对目标接收方能够查看的消息项进行控制。

管道业务数据集成平台作为新的业务系统的信息枢纽，与各个应用系统之间的信息传输安全可以通过以下几种方式保证：一是从管道企业的网络环境和规章制度等方面保证各个应用系统与集成平台处于同一个安全的内部网络中；二是采用 SSL/TLS(Secure Sockets Layer/Transport Layer Security)实现 SOAP over HTTP，SOAP over JMS 和 FTP 等协议在传输层面的加密，保证数据消息传输过程中的完整性和机密性，即确保消息内容不被篡改或泄漏；三是采用 Web Service Security 的 XML 加密(XML - Encryption)实现消息层面的机密保护，XML 的加密算法会把数据转换为机密消息，让未授权的查看者即使截获也无法读懂其内容。前两种方式保证了消息传输层即消息由外到内过程中的安全，但数据到达内网之后的安全便失去了保护，对于数据机密级别要求较高的场景，仍然需要第三种方式的支持。

通过管道行业相关安全处理对系统性能产生的影响研究，如果管道企业的网络环境足够安全、规章制度规定严格的话，可以不采用传输加密机制，否则集成平台将通过 SSL/TLS 方式实现与业务系统间信息交换的传输加密。另外如果消息机密等级要求较高或者未来有其他外部网络的系统接入，集成平台将支持通过 Web Service Security 的 XML 加密方式实现消息的加密，来保证信息安全。最后集成平台还可以通过授权方式来限制对信息的非法访问，对于涉密字段，应在发送前由源系统对该字段进行加密，集成平台仅传递字段密文，在到达目标系统后由目标系统解密使用。加密算法与密钥由源系统和目标系统双方约定，其他任何系统（包括集成平台）均无法获取涉密字段明文，如图 11 - 6 所示。

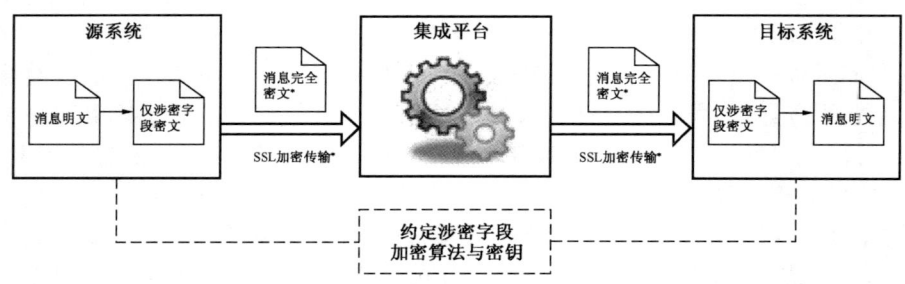

图 11 - 6　消息安全传输策略

11.3 数据集成案例分析

基于数据集成技术(数据交换、集成数据处理、集成数据服务),某管道企业在进行信息系统集成项目建设时,通过构建一个批量传输架构来解决业务数据集成平台的数据交换工作,同时也包括文件数据传输方式。

批量传输架构(Batch Transportation Architecture)(图11-7)支持新的业务系统间批量接口的互联互通,提供任务计划、任务调度、触发机制、文件服务等功能。为了实现该企业数据集成平台批量接口与实时接口的统一管理,重用企业服务总线所提供的技术能力,并支持未来批量接口向实时接口的转换,批量传输架构将基于企业服务总线和业务流程管理产品进行构建。

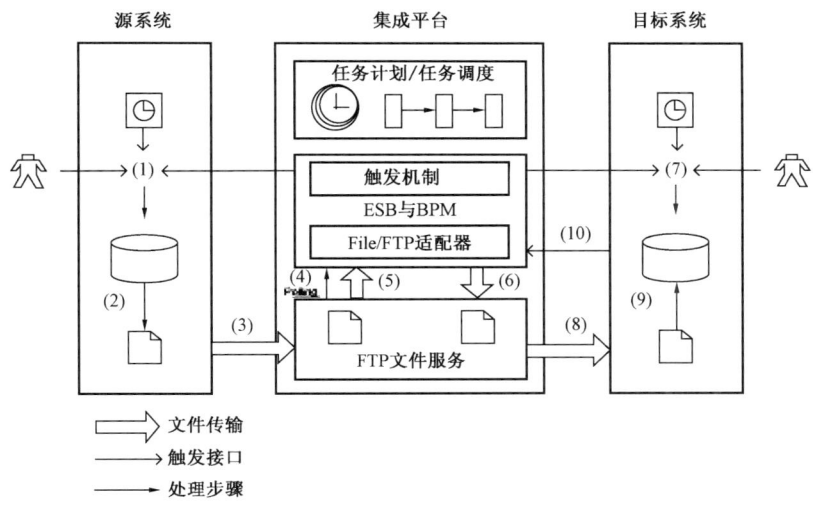

图11-7 批处理完整流程

源系统手工、定时或经集成平台调用源系统 Web Service(异步)触发导出程序,通过执行程序导出数据文件并将之上传到集成平台 FTP 相应的导出目录,集成平台通过 File/FTP 适配器轮询(Polling)导出目录,检测数据文件到达事件,然后将数据文件从源系统对应的导出目录取出,开始执行消息路由,随后将数据文件存入到目标系统对应的导入目录,目标系统手工、定时或经应用集成调用目标系统 Web Service(异步)触发导入程序,从集成平台 FTP 相应的导入目录取出数据文件并执行程序导入数据文件,同时记录结果文件,目标系统调用集成平台 Web Service(异步)通知集成平台"导入完成"(该步骤仅适用于其他批量处理任务依赖于当前批量处理任务的情况)。

任务计划定义了集成平台触发各应用系统执行批量任务的时间和顺序,批量任务包括数据文件的导出和导入,常见形式有:集成平台定时/循环定时触发某批量任务;集成平台在接收到某批量任务导入完成通知后,触发下一批量任务;复杂的批量任务链,批量任务按照一定的顺序执行。

集成平台在运行时根据任务计划实现对任务的调度,定时功能可以通过应用服务器提供的定时调度器(图11-8)实现,并在定时通知时传入相应需要触发的应用系统和批量程序信息。不同应用系统的批量任务触发可以通过消息路由实现,消息路由将根据输入的信息决定调用相应系统中的批量触发 Web Service,并传入批量程序信息。复杂的批量任务链可以通过建立业务流程实现。集成平台将在实施阶段完成定时调度器的配置和消息路由的实现,业务流程的实现也将依据具体需求进行研究。

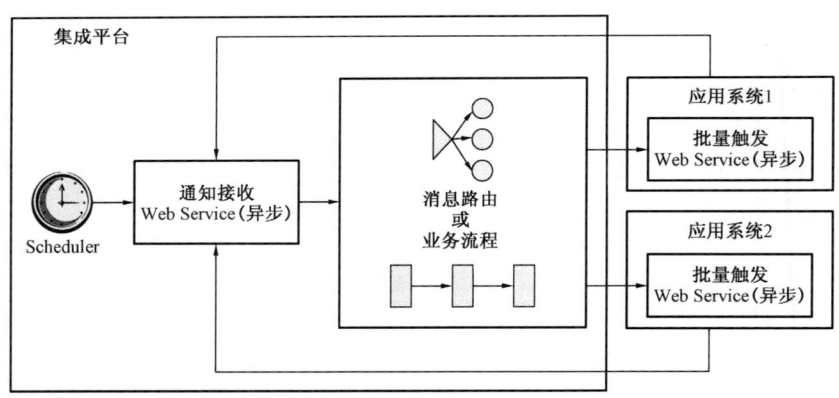

图11-8　集成平台的任务调度

触发机制:集成平台将提供统一的 Web Service(异步)接收各应用系统发来的批量数据文件导入完成通知,各应用系统也应提供统一的 Web Service(异步)接收集成平台发来的数据文件导出和数据文件导入触发,集成平台将在实施阶段制定统一标准来更为详细地规范上述接口的实现方式和参数内容。

文件服务:批量接口基于文件形式实现,文件格式以及传输频率由源系统和目标系统协商定义。各应用系统应提供批量文件导出/导入程序,并具备数据质量保证/检查功能;集成平台提供 FTP 服务,并为各应用系统分配不同的导出和导入目录,各应用系统通过 FTP 方式在相应目录中进行数据文件上载或获取。集成平台 ESB 通过 File/FTP 适配器实现对文件的轮询、访问和路由；在实施阶段集成平台制定统一标准包括更为详细的规范目录分配、文件命名规则等内容。

• 小 结 •

数据集成需要建立统一的技术接口和数据标准，一方面要建立统一的数据仓库存储和分析历史数据，同时还要分析数据在系统中的流动方向，做到数据的及时统一。

第 12 章 管道业务应用集成技术

应用集成是指一个业务应用调用另一业务应用的功能,执行一个操作得到操作结果、获取相关信息,或者发送信息触发另一个业务应用内的进一步操作,简单来说就是每个业务系统之间的资源共享。应用集成的主要任务是建立应用服务器接口,包括解决数据重复输入的问题,使信息在一个系统中输入后,其他系统中可直接使用;提高数据共享质量;在展现层做业务场景应用。

12.1 管道业务应用集成现状

目前多数的油气管道企业的应用系统未能得到有效的整合,不同应用系统之间的数据交换和信息集成度也比较低,业务无法实现联动,一方面无法为高层管理者提供全方位的数据分析支持,另一方面也难以对企业完整的价值链进行科学的管理,所以需要通过对管道业务应用集成技术的深入研究、应用和实践来解决管道企业各应用系统集成存在的问题。

企业的应用集成是完成组织内外各种异构系统之间数据信息共享、交换和协作的一种途径、方法学、标准或者技术,重点体现在多应用系统之间的交互,为两个应用系统中的数据和程序提供接近实时的集成。

常规的企业应用集成软件产品一般是指连接异构系统的中间件,在各种应用系统的数据模型和 API 的基础上,开发出各种应用系统的适配器,用于从应用系统提取和插入数据,并提供管道、总线或类似的手段将不同适配器连接起来,如图 12-1 所示。

管道业务应用集成涉及的应用系统可分为工控应用、生产管理、经营管理、办公管理和决策支持 5 个部分。生产管理包括管道生产管理系统、管道完整性系统、设备资产管理、管道项目管理、油气销售系统等。经营管理包括合同管理系统、资产管理系统等。办公管理包括企业信息门户、电子公文等。工控应用包括 SCADA 系统、工业监视系统等。决策支持包括数据仓库、业务规划等。

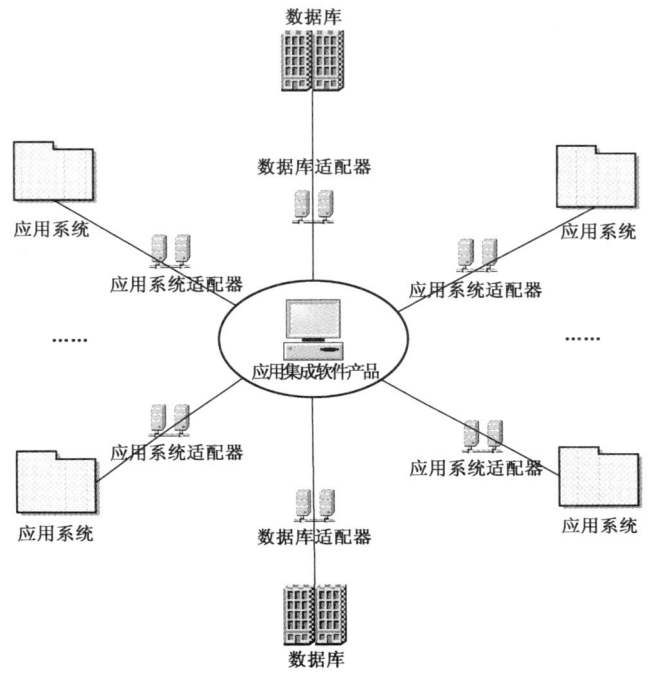

图 12-1 应用系统数据模型

12.2 应用集成核心技术

企业应用集成俗称 EAI(Enterprise Application Integration),是基于各种不同平台、用不同方案建立的异构应用集成的一种方法和技术。通过建立底层结构,来联系横贯整个企业的异构系统、应用、数据源等,完成在企业内部的 ERP、CRM、SCM、数据库和数据仓库,以及其他重要的内部系统之间业务数据的无缝共享和交换,使之成为一个整体。当在多个企业系统之间进行商务交易的时候,EAI 也表现为不同公司实体之间的企业系统集成,例如 B2B 的电子商务。

12.2.1 企业服务总线 ESB

企业服务总线 ESB(Enterprise Service Bus),是传统中间件技术与 XML 和 Web 服务等技术结合的产物,提供了网络中最基本的连接中枢,是构筑企业神经系统的必要元素,它的出现改变了传统的软件架构,可以提供比传统中间件产品更为经济的解决方案，同时还可以消除不同应用之间的技术差异，让不同的应用服务器协调运作，实现了不同服务之间的通信与整合。从功能上看，ESB提供了事件驱动和文档导向的处理模式，以及分布式的运行管理机制，它支持基于内容的路由和过滤，具备了复杂数据的传输能力，并可以提供一系列的标准接口。

在管道企业的信息化建设过程中，ESB 也属于应用集成的核心技术，由中间件基础设施产品技术来实现，通过事件驱动和 XML 消息引擎，为更为复杂的面向服务的企业级架构提供必要的软件架构，能够满足大型异构企业环境的集成需求。一般来说，ESB 在企业消息系统上提供一个抽象层，使集成架构师能够利用消息的价值而非传统的编码来完成集成工作。

总线一词是对在一台电脑的不同设备间运输比特的物理总线的引申，ESB 在更高的抽象层次上提供了类似的功能。在使用 ESB 的企业架构（如 Enterprise Architecture）中，应用将通过总线交互，而总线扮演着应用间的信息调度（Message Broker）的角色，它减少了应用之间进行交互时所需的点对点连接的数量，在分析主要软件变化带来的影响时也更加简单直观。

大规模分布式的企业应用往往需要相对简单而实用的中间件技术来简化和统一越来越复杂、繁琐的企业级信息系统平台。面向服务体系架构 SOA 能够将应用程序的不同功能单元通过服务之间定义良好的接口和契约联系起来。SOA 的用户可以不受限制地重复使用软件、把各种资源互连起来，只要 IT 人员选用标准接口包装旧的应用程序、把新的应用程序构建成服务，那么其他应用系统就可以很方便地使用这些功能服务，而支撑 SOA 的关键就是消息传递架构——企业服务总线（ESB）。特别是在管道行业，ESB 能够在全方位支持 EMS 的数据整合概念，是理想的 SCADA 系统数据交换平台。

12.2.2 应用集成平台设计

管道业务应用集成平台的建设是为了服务于应用系统，实现应用系统的无缝连接集成，应用集成平台由操作层和集成层两部分组成。

操作层是将各集成系统中的基本服务（数据或业务单元）通过单独封装成独立的 Web 服务，同时还可以屏蔽原有系统的实现细节，旨在消除不同技术之间集成的困难。Web Services 封装使外部应用程序以统一的松散耦合的方式使用系统服务，当业务的实现逻辑需要更改时，只要 Web Services 的 WSDL 接口不变，无论系统的业务逻辑、实现技术上的变化或者是集成新的应用系统，客户程序都不需要作任何改动，它通过各种 API 接口用 WSDL 进行描述，通过 HTTP 与

SOAP 共同进行传输。

集成层要通过 ESB 企业服务总线结构(图 12-2)来实现,ESB 描述服务的元数据和服务注册管理,在服务请求者和提供者之间进行数据传递和转换,并支持同步模式和异步模式。ESB 提供基于标准的连接服务,将应用中实现的功能或者数据资源,转化为服务请求者可以采用标准方式进行访问的服务。ESB 是 SOA 体系(图 12-3)的基础架构,在整个架构体系中,每个服务都需要通过它来进行互相访问,ESB 提供可靠的消息传输、服务接入、协议转换、数据格式转换和基于内容的路由等功能,屏蔽了服务的物理位置、协议和数据格式。

图 12-2 ESB 服务总线结构

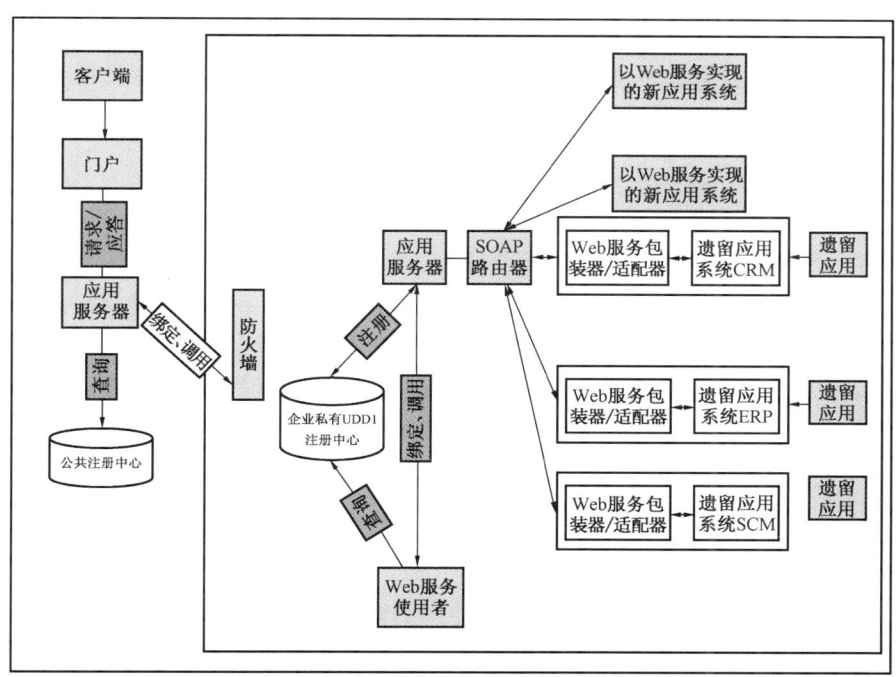

图 12-3 基于 SOA 的应用集成体系架构

12.2.3 中间件技术

管道企业在建设管道业务应用集成平台的时候,可以参考一些国内外相对成熟的应用集成的中间件技术,主要包括 SAP PI,IBM ESB 和 TIPCO 等产品。

12.2.3.1　SAP PI

SAP PI(SAP Process Integration)是 NetWeaver 中的核心产品,目的是为非 SAP 系统提供一个可以与 SAP 系统进行数据和流程交互的平台,但它又不仅仅局限在非 SAP 与 SAP 系统,在不同的 SAP 系统间以及非 SAP 系统间同样可以进行数据和流程交互。

SAP PI 是一个独立的服务器,建立在完全开放的 Web Services 架构上,使管理来自不同供应商、高度异构、应用不同技术的系统成为可能。只要对之做一些设计和配置就可以为其他的不同外部系统提供相同的 Web 接口,随时实现流程的全面集成,为企业服务体系架构奠定一定的技术基础,同时利用灵活的 Web 业务和关键的开放技术,让企业可以从目前的系统中获取更高的价值。减少集成 IT 系统所需要的连接数量,从而实现资源的共享,降低企业的集成成本,以最低的总投资成本支持关键应用的整个软件生命周期,减少代码所带来的复杂度和系统升级的难度,为所有的 SAP 解决方案和部分合作伙伴的解决方案提供有力的技术支持。

12.2.3.2　IBM ESB

WebSphere MQ 作为 IBM 的商业通信中间件,提供一个具有工业标准的安全可靠的消息传输系统,用以控制和管理一个集成的商业应用,使得组成这个商业应用的多个分支程序或模块之间通过传递消息完成整个流程。WebSphere MQ 基本由一个消息传输系统和一个应用程序接口组成,其资源是消息和队列。

WebSphere MQ 采用统一接口,能节约五成到七成的通信编程工作,利用异步处理功能,在处理的时候可以不受时间的限制,给分布式处理提供强健的中间件技术,同时还可以改进用户服务。

12.2.3.3　TIBCO

TIBCO BusinessWorks 产品是易于使用的系统集成解决方案,可以管理整个系统集成项目的生命周期,并可进行快速部署,提供专业的系统集成技术。它包括用来建立和定义集成流程的图形化用户界面(GUI)、流程自动化的引擎,以及基于浏览器的监视应用程序、系统资源和流程管理界面。其优点在于能够通过系统集成和流程自动化快速解决企业的关键问题;实时的信息交换以及商业流程自动化可以发挥现有系统的价值;用于监视系统和流程的 Web 界面能够提供更好的企业运作能见度;易于使用的设计界面,可容许快速的部署和测试;

允许重复使用和共享程序模型及转换图;Web 管理主控台可允许在分布式环境中实时监视系统和程序。

12.2.3.4 中间件产品对比

三种技术相比而言,SAP PI 功能齐全,能够与 R3 很好地结合,但是在 BPM 工作流上的功能相对弱一些,IBM ESB 的稳定性和安全性比较高,但是系统庞大,开发工作量也随之较大。TIBCO 的时效性强,在 BPM 工作流的能力也较强,但是对 SAP 的支持功能较弱。在实际的集成平台开发中,可以根据实际情况有选择地采用。

12.3 应用集成案例分析

某油气管道企业在建设管道业务应用集成平台时涉及的待集成原系统共有 22 个,包括:ERP 中的财务管理系统、油气销售系统、物料管理系统、管道项目管理系统、设备资产管理系统、人力资源管理系统;工控应用的 SCADA;生产运营的管道生产管理系统、面向管道完整性应用的地理信息系统、管道工程建设管理系统、设备资产管理系统和科技管理系统;综合管理的网上报销系统、资金计划系统、健康安全环保系统、股权管理系统、信息化工作管理平台、资产管理系统、科研项目后评价与共享系统、物资采购管理系统、档案管理系统及合同管理系统;协同办公中的规划计划管理系统、纪检监察系统、能效管理系统。

该企业采用 ESB 企业服务架构技术(图 12-4)来进行应用系统的集成,在总部建立统一的服务总线实现总部使用的系统和各业务板块公用系统间的集成;各业务板块建立各自独立的服务总线,实现板块内部专业系统间的集成,并通过板块与总部之间服务总线的对接来实现板块专业系统与公用系统间的集成,最终形成应用集成平台体系架构(图 12-5)。

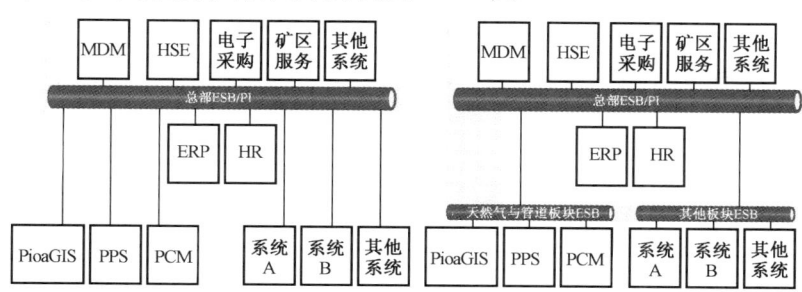

图 12-4 ESB 架构

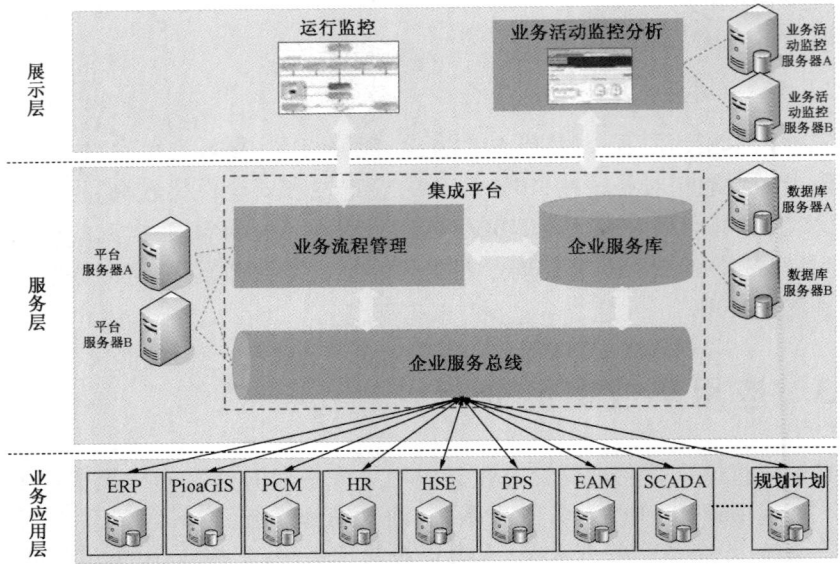

图 12-5　应用集成平台体系架构

·小结·

应用集成的实现将原来传统信息系统建设的思维模式打破,将原有的信息系统拆分成颗粒度较小的功能模块,在面对新的业务需求时,开发人员首先要考虑到的是如何实现功能的重用,这样在减轻开发工作量的同时,也会增进业务的统一管理。

第13章 管道业务流程集成技术

流程集成是指通过编排各个业务应用中的功能,实现一个完整的跨系统的业务流程;属于较高层次的业务集成技术实现。它是面向服务的SOA架构的核心内容,实质上是端对端的集成,将每一个业务流程中共通的内容集成起来,实现有效的融合,将资源进行最优化配置。

管道业务流程集成着眼于提高业务流程的效率和效能,通过采用成熟的技术创建模型、实现流程处理过程的自动化和监控管理化,从而满足管道行业复杂业务的多样化需求,是管道企业提高应用系统效率、改善企业管理模式的重要手段。

13.1 流程集成目标及意义

目前管道企业的业务发展存在着一些问题,前面的章节我们也提到过,主要是因为在用的系统各自为政,由于建设的时间、作用和操作人员都不一样,加之老旧的系统已经不能满足现在业务开展的需求,各个系统之间手工交付严重,导致信息孤岛和重复录入现象普遍,容易造成工作效率降低、成本提升、消息闭塞或者不准确等问题,这些问题对管理层和决策层的发展运行会造成很大的影响,进而阻碍管道企业的正常发展和运作。只有弄清楚企业内部各个业务部门之间的协同合作关系,打破部门之间隐形的隔膜,找到交互接口,实现业务流程的全线贯通,形成共享数据,才能实现信息的集成。

13.1.1 运营层集成目标

13.1.1.1 避免人工、减少重复

以记录设备故障停机信息记录的场景为例,当前的业务流程在发生设备故障停机时,SCADA系统自动采集记录设备故障停机信息,操作人员在管道生产管理系统手工记录设备故障停机,信息操作人员在ERP系统手工记录设备故障停机信息,一个故障问题要在多个系统完成记录,这无疑会增加业务工作人员的工作量以及后期数据使用和维护的成本,同时多个系统分别操作容易降低数

据的准确度和员工的工作积极性。

通过实现与管道生产管理系统的接口集成,SCADA系统自动采集记录设备故障停机信息后,管道生产管理系统和ERP系统会自动接收记录设备故障停机信息,这在很大程度上减少了重复录入的工作,为业务人员减轻了负担,同时降低了后期数据维护的成本。

13.1.1.2　降低成本、提高效率

管道企业的设备全生命周期管理具有跨"多流程、多系统"的业务特点,但目前缺乏系统性管理,业务操作及数据散落在各个孤立的流程环节和系统中,整体管理尚未形成环环紧扣的长效机制,业务执行效率有待提高,接口标准也不统一,跨流程和系统之间的数据交互难度较大。

为降低成本,资产设备生命周期管理首先要梳理系统数据流向,通过实现数据流贯通,将各个孤立的流程环节和系统衔接起来,实现统一管理,然后通过系统间集成,打通业务流程,提高业务流程信息化支撑能力,提高业务运行效率,另外还要建立统一的接口标准,便于各业务系统之间的信息交互,提高整体运营效率。

13.1.1.3　整体优化、增强协同

以管道行业的管输供应链为例,对其合同与计划管理、管道运输、存储、油气销售等主要环节支撑的应用系统局部优化后,通过数据流的分析和应用集成实现横向业务协同与贯通,从而促进跨部门的业务协作。

13.1.2　管理层集成目标

对管理层来说,集成的目标主要是提高企业管理绩效,流程集成能够打通业务系统,形成全流程贯通,支持随需应变的业务应用。

13.1.3　决策层集成目标

对决策层来说,流程集成的实现有利于为决策的制定提供依据,使业务活动全景可视,提升业务运营的整体管控能力。以能源消耗的采集及计算为例,通过业务系统数据模型及数据分布,能够快速准确定位数据来源;而系统集成可以确保系统间数据传递的完整高效;未来高度的数据集成,能够实现决策支持系统,为领导决策提供高效工具。

流程集成是指通过各个业务应用中功能的编排,实现一个完整的跨系统的业务流程,从提高业务流程中的信息交互效率和信息流转准确性的角度,进行

数据流架构规划设计,通过业务流程现状和业务需求的分析,形成业务流程集成清单,确定流程集成的范围,基于系统功能确定出流程过程需要系统支持的节点,明确集成点之间交互的业务信息以及流向,设计出科学合理的数据管理方案,才能确保数据流架构的定型,长远来看,方能提高业务工作效率和准确率,降低成本,实现高效和谐健康的业务发展。

13.2 业务流程集成模型

业务流程集成过程本身也是一个业务流程技术管理过程,它支持按照业务需求对现有服务及现有业务流程进行组合编排,实现新的业务功能。业务流程管理将支持各应用系统间的跨系统接口流程,提供流程定义、流程版本、运行控制、事务协调等功能。

(1)流程建模。

在业务流程建模之前,首先需要定义端到端的业务流程,但是因为有很多流程可能跨越了多个部门,所以对流程的定义和规划可能会需要多个业务经理的参与。为完成流程建模,业务分析人员需要与相关的参与者反复进行沟通和交流,直至最终确认业务流程模型。模型定义了活动、流、子流、子流程、转移以及被分配用来执行这些流程的角色,业务分析师只需考虑业务流程中所涉及的步骤、活动以及规则来对该流程进行建模,无需关心所涉及的技术及应用。流程建模描述业务流程的组成,通过各类建模元素(如串行、分支、并行、循环、子流程等)将各业务系统提供的接口功能进行组合。集成平台提供流程定义工具,采用 WS – BPEL(Web Services Business Process Execution Language,业务流程执行语言)标准,并将在实施阶段制定统一标准以更为详细地规范流程定义(定义由集成各方根据业务需求协商确定,内容包括 WSDL 文件、BPEL 文件和其他必需的服务元数据)。

(2)流程版本。

流程版本支持由于业务需求及规则变化所导致的流程变更,实现了流程对外接口与流程实现之间的相互独立;集成平台支持流程版本定义,允许定义流程的生效日期与失效日期,并支持新流程版本生效的同时不会影响到尚在执行的流程。

(3)运行控制。

包括对业务流程状态的查询、流程中事件的监控、流程异常的监控、流程日志的浏览以及对系统的远程控制(如系统的开始、停止、挂起与恢复等),从而使得应用事件与基本的业务结构相互关联。集成平台根据流程模型定义支持流程的运行,并提供接口以支持对流程运行情况的控制和查询功能;业务流程在执行过程中将通过 Web Service 方式调用各应用系统提供的接口服务。业务流程对外表现为 Web Service,各应用系统可以通过 Web Service 方式调用业务流程。

(4)事务协调。

各应用系统自身的事务控制能力保证了其提供服务的完整性,即服务调用的完全成功或者失败,这样可以避免导致其系统内部数据的不一致。但由于业务流程可能会涉及两个或多个应用系统,需要事务协调机制保证数据在各参与系统间的一致性。事务协调可以通过两阶段事务提交(2 - Phase Commit)或者服务补偿(Compensation)机制来实现。考虑到业务系统构成的多样性和复杂性,各应用系统难以具备两阶段事务提交能力,同时由于两阶段事务提交对于系统资源的消耗较大,集成平台将采用服务补偿机制实现业务流程的事务协调,各应用系统应为其服务提供补偿服务,支持对已完成服务的撤销。

13.2.1 业务流程管理功能

一般来说,业务流程管理(图 13 - 1)分为业务流程规划、业务规划管理及业务流程监控三个功能模块,为管道企业的各系统集成提供设计依据。它将原先分散在一个个单独的应用系统中的复杂业务流程进行梳理、整合、统一的管理工具,实现工作流和审批等功能。

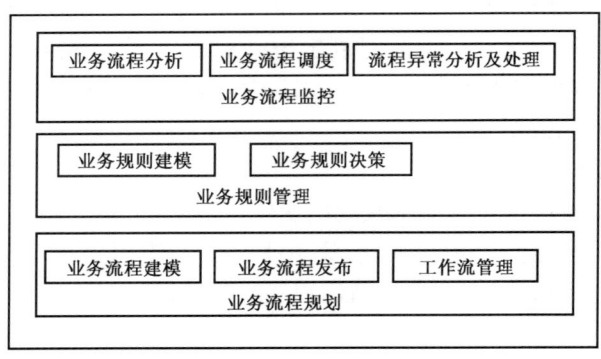

图 13 - 1　业务流程管理模块功能

13.2.1.1 业务流程规划功能

(1)业务流程建模。基于业务流程建模与标注 BPMN(Business Process Modeling Notation)2.0 标准的流程建模工具,将相对稳定的流程进行标准化,同时能够灵活地组装和整合易变或不确定的流程。它支持流程建模的所有阶段,从高层的流程定义到具体每一个流程步骤或者流程元素的开发和实现。

(2)业务流程发布。能够将设计好的业务流程发布到分散的业务应用系统中。

(3)工作流管理。在一些自动化的流程中加入必要的人工参与环节,提供可视化的方式让业务人员充分参与到流程中。

13.2.1.2 业务规则管理功能

(1)业务规则建模。业务规则是描述和约束业务的语句,用来刻画业务的结构或控制和影响业务的行为。在企业复杂业务流程和业务行为中,需要对关键业务规则进行发现和提取,以决策表、决策树、规则语言和脚本等方式在系统中建模。

(2)业务规则决策。即业务规则的执行,实现业务规则与具体业务流程相集成,在多个业务流程的执行过程中应用业务规则进行智能决策。

13.2.1.3 业务流程监控功能

(1)业务流程分析。扩展业务流程上下文,从日常事务处理到业务流程场景的数据分析,同时包括跨系统流程的全程监控和分析功能。

(2)业务流程调度。启动和关闭流程,监控和管理流程及流程中产生的任务,加入人工决策。

(3)流程异常分析和处理功能。对流程执行产生的异常进行分析,并依据规则进行一定的自动处理。

13.2.2 业务流程集成需求

经过几年来的信息化建设,管道企业信息系统已经涵盖工控应用、生产经营、综合管理、决策支持等范围内大部分的业务系统,但目前的业务主要靠各个系统独立支撑,业务流程尚未实现跨系统贯穿和畅通,信息无法在系统间进行传递和交互。同时,现有业务流程管理面临着大量人工参与,业务数据流转和处理不能有效跟踪和控制的问题和挑战。这些问题是管道企业面临的较为迫切的需求,需要通过业务流程和系统的集成来解决。通过业务流程和系统的集成,实现跨部门、跨系统、跨业务条线的业务流程管理和自动化,监测管理业务流程运行及其流程状态。

应用集成需求的产生是与企业业务和管理需求规划密不可分的。应用系统通常是为了满足特定用户群的业务或管理需求而建设的。随着企业的发展及信息化建设的不断深化,通过对业务流程和系统数据两个角度的全面梳理,深入发掘管道企业的集成需求;以业务流程为基础,以实现业务畅通和系统间协作为目标的集成需求,即业务流程贯通需求;未包含在业务流程中,但却需要系统间进行数据共享的业务需求,即共享数据需求;同一数据在多个业务领域和系统中使用到,需要进行数据标准统一的数据管理需求,即主数据管理需求。

13.2.3 业务流程集成内容

根据应用集成需求的分析,结合管道企业业务的实际情况,可以总结出目前管道企业业务流程集成的主要内容,如表 13-1 所示。

表 13-1 业务流程集成内容

序号	业务大类	业务流程	集成源系统	集成目标系统
1	储运工程建设	工程工期管理	管道工程建设管理系统	管道项目管理系统
2		支付工程款	管道工程建设管理系统	财务管理系统
3		工程资料归档	管道工程建设管理系统	档案管理系统
4	油气销售	混油管输费发票	油气销售系统	地税发票系统
5	人力资源管理	月度薪酬发放	人力资源管理系统	财务管理系统
6		业绩考核	绩效管理系统	人力资源管理系统
7	资产管理	管道完整性管理	管道完整性系统	规划计划管理系统
8		完整性检测信息	管道完整性系统	规划计划管理系统
9		问题上报	管道完整性系统	规划计划管理系统
10		线路类故障维修	设备资产管理系统	管道完整性系统
11		线路类大修/更新改造	设备资产管理系统	管道完整性系统
12		管道事故应急预案管理	管道完整性系统	健康安全环保系统
13		管道应急准备与响应	管道完整性系统	健康安全环保系统
14		应急演练管理	管道完整性系统	健康安全环保系统
15		抢修记录	管道完整性系统	健康安全环保系统

续表

序号	业务大类	业务流程	集成源系统	集成目标系统
16	财务管理	资金使用情况	财务管理融合系统	资金计划系统
17		费用报销	网上报销系统	财务管理融合系统
18		员工借款、还款、付款	网上报销系统	财务管理融合系统
19	科技管理	项目结算	管道项目管理系统	科技项目后评价与共享系统
20			管道项目管理系统	科技管理系统
21	物资管理	采购订单同步	物资采购管理系统	物料管理系统
22	经营计划	年度投资计划创建及调整	规划计划管理系统	管道项目管理系统
23		新建项目立项	规划计划管理系统	管道项目管理系统
24			管道项目管理系统	管道工程建设管理系统
25		更新改造项目和大修项目立项	规划计划管理系统	管道项目管理系统
26			管道项目管理系统	管道完整性系统
27		年度投资完成分析	管道项目管理系统	规划计划管理系统
28	健康安全环保	员工健康普查及职业病治疗	健康安全环保系统	人力资源管理系统
29		特种作业许可	设备资产管理系统	健康安全环保系统
30	发展规划	科技中长期规划	科技管理系统	规划计划管理系统
31		信息化建设中长期实施规划	信息化工作管理平台	规划计划管理系统
32	质量节能	能源消耗及统计分析	管道生产管理系统	能效管理系统
33	其他系统接口	即时消息	相关业务系统	小信封
34			相关业务系统	短信平台
35		项目物资管理	管道工程建设管理系统	物料管理系统
36		设备运行参数	数据采集与监视控制系统	管道生产管理系统
37		设备状态	数据采集与监视控制系统	物料管理系统
38		业务督办	相关业务系统	业务督办系统
39		业务门户	相关业务系统	业务门户系统

以管道完整性管理流程集成(图13-2)为例,负责管道完整性管理的业务人员在管道完整性系统中完成风险评价和完整性评价后,将其通过系统接口传递到规划计划管理系统,以便于规划计划管理人员制定设备大修、更新改造等项目投资计划。通过系统接口将减少业务中的手工操作环节,提高业务流转的效率和数据的准确性。

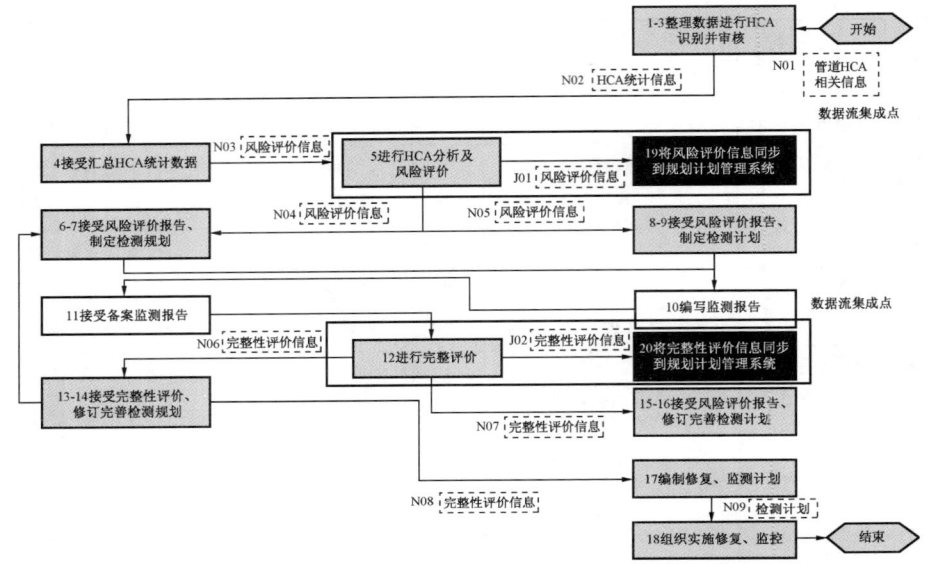

图 13-2　管道完整性管理流程集成

13.3　业务流程集成技术剖析

13.3.1　SOA+BPEL 业务流程集成

未来的 10 年是面向服务体系架构(Service-Oriented Architecture,SOA)的时代,BPEL 作为 IBM 的 WSFL 和 Microsoft 的 XLANG 的结合物,其主要定位是成为整合 Web Service 的标准。通过使用 BPEL 把 Web 服务连接起来并指定怎样共同使用 Web 服务来实现更复杂的功能,打破了 Web 服务孤立且不透明的现状,使得异构、跨域且通信协议不同的 Web 服务能够交互;另外用 BPEL 驱动的基于流程的应用程序在修改业务流程和调用的 Web 服务时不会影响程序中的其他 Web 服务或业务流程所代表的 Web 服务,为修改应用程序提供了灵活性。随着 SOA 的广泛认同和快速发展、Web 服务标准和基础环境的逐渐成熟,基于 BPEL 的业务流程动态集成将会成为分布式工作流引擎未来发展的方向。

13.3.1.1　SOA 业务流程集

传统的工作流模型将业务过程与企业资源绑定,业务模型与组织和资源模型结合过于紧密,不适应企业的动态变化和发展的要求;传统的工作流管理系统一般限于企业内部,对跨组织的工作流支持不够。因而需要探讨新的能够灵活、方便、高效地实现企业业务的工作流技术手段。

　　面向服务体系架构的思想将企业业务应用看成是由一些能够跨越企业边界、自我描述、实现某一特殊功能的服务集合所构成。通过标准化的机理,将服务注册于公共数据库之中,在服务者和请求者之间进行动态绑定和直接交互,实现一定的企业功能逻辑。

　　SOA并不仅仅是一种技术架构,虽然服务需要由技术组件支持,但是业务流程本身比支持它的服务更重要。SOA的基本原则是"业务驱动服务、服务驱动技术",它更关注业务流程和使用标准接口,以服务组件的方式实现流程中的任务或活动。使用工作流技术可把简单服务聚集为更复杂的服务,服务可链接在一起以执行较高级别的业务功能。除此之外,还可以将SOA看作是一个良好的工作流环境,基于SOA的工作流技术可充分利用其松散耦合、位置透明、协议独立等特点,解决异构性、互操作性等问题,进而高效利用企业现有的应用资源,以期适应业务和资源动态变化的需求。

　　企业通过将其业务流程按照一定的标准封装成一个个的服务,存储在服务库中,通过互联网对外公开,合作伙伴可以通过企业服务总线的服务接口直接调用已经封装好的服务,这种架构对于战略合作伙伴之间的系统整合非常有效,即使企业之间采用的操作系统平台和商业软件完全不兼容,如图13-3所示。

13.3.1.2　基于BPEL的业务流程集成

　　基于SOA的业务流程集成架构,能够明确分析出企业的业务流程并以适合的粒度对Web服务做出合理定义。当涉及跨部门、端对端的业务流程动态集成时,需要把这些Web服务按顺序组合以实现业务流程集成的方法和技术。

　　在SOA架构下,BPEL作为标准的业务流程执行语言,对企业部门之间业务流程动态集成的实现方法有着重要的意义。标准的BPEL规范是从传输、消息、服务发现、QOS(Quality Of Service)和业务流程编排(Business Process Choreography)等方面给出定义,主要关注业务流程编排。在进行业务流程的编排和实现时,首先需要对业务流程进行建模,真实还原当前的业务场景,根据业务目标,实现业务流程的优化,然后再根据实际运行的结果,进行下一轮的优化。这是一个循环迭代的过程,符合SOA的生命周期:建模(Model)—装配(Assemble)—部署(Beploy)—管理(Manager),而业务流程编排完全贯穿于整个SOA生命周期。

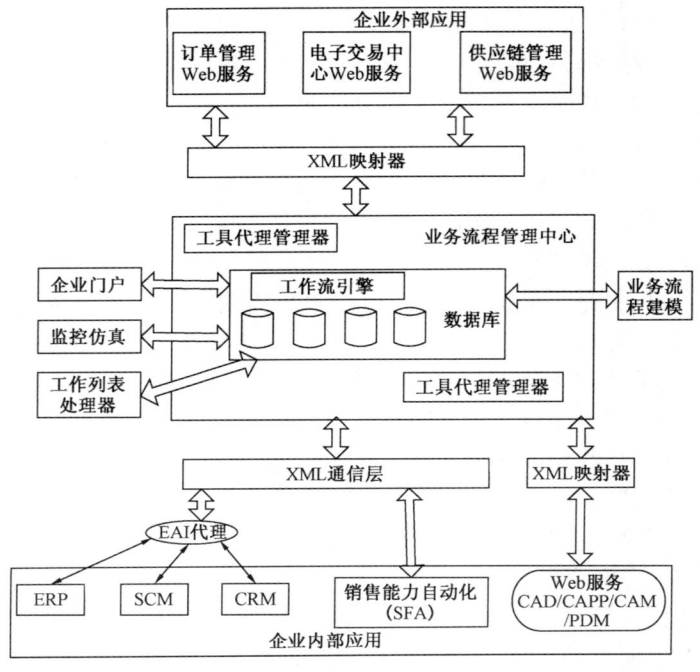

图 13-3　基于 SOA 的业务流程集成架构

BPEL 流程需要对该流程对应的接口、流程变量、数据流转以及异步消息处理机制进行明确的定义,且 BPEL 流程与 Web Service 是交互应用的。一般来讲,BPEL 流程分为微流程(Microflow)和长流程(Long-running)两种。微流程是瞬时流程,所有的活动都在一次事务中完成,不涉及与数据库或其他业务系统交互;而长流程中业务上下文必须要持久化存储,从而确保即使遇上计划的或意外的系统失败,业务流程也能正确执行,因为这种失败的可能性随着业务流程运行时间的增加而变大。

13.3.2　SOA+MOM 消息中间件业务流程集成

MOM 即面向消息的中间件,是一种有效的信息系统集成技术,已被广泛应用于企业信息系统的建设。MOM 能实现企业内部分布式系统的可靠、高效、实时的跨平台数据传输。然而,当企业信息化建设发展到流程变革阶段时,传统的 MOM 并不能满足企业高效、快速的业务流程集成需求,企业面临成本高、灵活性差等困难。

SOA 是信息系统架构发展的必然趋势,面向 SOA 的信息系统具有服务可重用、开发成本低、配置灵活等优点,标准的描述和调用方式使企业业务流程集成更加符合新趋势的需求。基于 SOA 消息中间件的业务流程集成方法(图 13 -4)与传统业务集成 MOM 相比具有高效率、高可重用性、跨平台等优点,面向 SOA 的信息系统业务流程集成 MOM,为解决企业信息系统实施与业务流程集成提供了一种新方案。

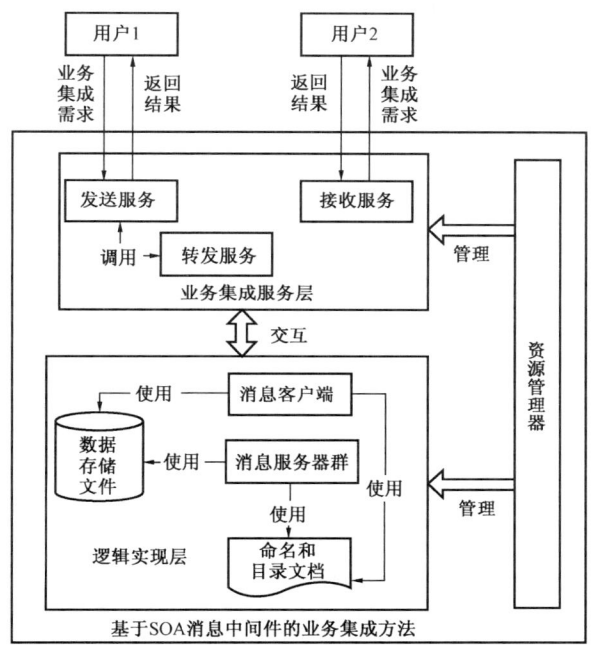

图 13 -4 基于 SOA 消息中间件的业务集成方法

SOA + MOM 消息中间件业务流程集成方法采用 3 层系统架构,分别是服务层、逻辑实现层和资源管理器。

业务集成服务层直接为用户提供发送、接受和转发等服务。发送服务采用同步调用的方式实现,用户调用发送服务,将消息发送给 SOA 消息中间件。接收服务是支持回调函数的 Web 服务,用户调用接收服务的过程是将自定义的消息响应函数作为回调函数注册在接收服务上,该服务接收到消息时,调用该回调函数,将消息发送至用户,用户对其进行处理。这种实现方式使用户可及时地对新消息进行响应,而且避免了耗费用户资源的轮询式的消息查询方式。转发服务接收来自发送服务的信息,并将其转发至目标计算机,进而由接收服务通知用户进行处理。

逻辑实现层和资源管理器是 MOM 的功能实现部分。其中，逻辑实现层是业务集成服务层功能的逻辑实现，由消息客户端、消息服务器群、命名与目录文档和数据存储文件组成。将消息客户端和消息服务器分别部署在多台计算机上，实现 MOM 的集群配置，并在服务器端采用最少连接法作为负载平衡算法，以实现各个消息服务器和消息客户端的负载平衡。经由 MOM 的消息均保存在数据存储文件中，命名和目录文档保存在 MOM 的命名信息中。资源管理器可实现 MOM 的配置、监视和管理，包括配置数据存储文件、命名和目录文档，监视消息客户端和消息服务器群的运行状态与消息收发历史信息，打开或关闭消息客户端、消息服务器的服务功能等。

基于 SOA + MOM 消息中间件业务流程集成方法具有以下优点：

（1）高效率的消息客户端程序可转发本地用户间传递的消息，避免了消息服务器不必要的作用，提高了消息传递效率。

（2）高重用性消息收发是企业信息系统的基础功能，企业可以将 SOA 消息中间件的消息服务公布于互联网上，从而实现企业信息系统业务集成。

（3）跨平台 SOA 消息中间件用 Web Service 实现了消息收发功能，向用户提供统一的服务描述文件，能够被绝大多数软硬件平台上的用户使用。

（4）配置灵活，使用方便。用户可以通过更改配置文件，重组 SOA 消息中间件的消息收发服务使用流程。用户可以通过浏览器调用消息服务，如 IE，Mozilla 和 FireFox 等，也可通过编程调用。

13.3.3　SOA + 服务组装业务流程集成

随着信息技术的不断发展，管道企业很多部门的信息化建设都走过了关键业务应用和部门级应用的阶段，现在开始向企业级应用转变，企业也更加重视各类信息资源之间的整合、关联、协同、互动和按需服务。

在信息化建设初期，管道企业为了满足错综复杂的业务需求，快速响应特殊需求的变化，复杂的信息系统往往采用非标准化技术进行开发，要么没有采用中间件，要么仅仅使用简单的消息中间件或应用服务器产品，这使得复杂的信息系统集成时间更长、质量越发低下、维护困难、成本高涨，再加上技术的封闭性和差异性，往往在解决信息孤岛问题的同时，又形成新的、更复杂、更难以跨越的信息孤岛。

面对如此复杂的应用环境，管道企业各部门系统之间的流程整合是解决信息孤岛的根本办法，实现各部门系统之间的关联、协同和互动成为重中之重。但是，流程整合不应该仅仅停留在系统之间的关联上，由于当前所要整合的业务越来越多地依赖人工参与,整个业务流程中存在广泛的各种各样的人工交互,所以迫切需要一个能够将系统服务、业务人员、业务流程、业务应用、业务规则、业务数据等各类资源服务组装贯穿起来的一体化解决方案(图 13-5)。

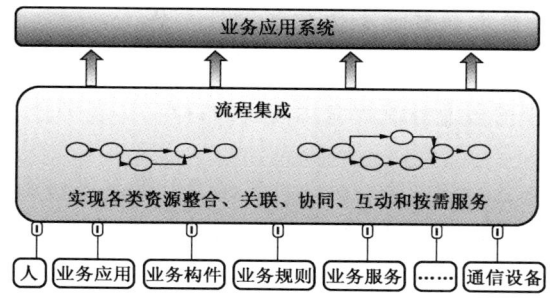

图 13-5 业务流程集成一体化解决方案

资源之间协同工作模式以工作流中间件为核心,利用工作流中间件调度各业务服务构件、人工活动、业务流程,并且保证各业务构件从核心业务系统中隔离开来,使得原核心业务系统可以不依赖于此流程整合环境而独立运行,同时提高各业务构件的可复用性。能够很好地解决系统之间各类信息资源整合、关联、协同、互动和按需服务的难题,更好地支撑上层业务应用系统。

13.3.3.1 SOA+服务组装业务流程整合

SOA+服务组装业务流程集成框架基于 Web 服务、XML 标准和业务流程编排思想,采用"软总线+软构件"的软件架构,为构建企业级应用搭建一套完整的中间件基础设施。其业务流程整合过程可以分解为以下关键步骤:

(1)业务构件与业务系统隔离。

基于 SOA 架构进行业务系统的服务整合,通过封装业务系统的基础服务,实现业务构件与业务系统的隔离,提高各业务构件的可复用性;InforSuite 中间件流程集成套件提供服务构件容器,采用统一的业务构件标准来规定业务构件的用户访问行为、数据组织方式、功能封装方式、业务处理逻辑的标准"语法"等。

(2)业务构件间的关联、协同和互动。

基于 SOA 架构进行业务构件的服务编排,通过流程集成框架对不同业务系统的服务进行编排、执行与监控,旨在提高跨企业、跨部门的业务处理的效率和增强业务间的协同能力。业务流程管理的核心目的是为了业务优化。SOA 架构的目的在于提高业务敏捷性,对业务流程管理最大的改变就是可以显著降低业务基础服务的部署成本、提高业务基础服务的灵活性和可复用性。

(3)各资源间的关联、协同和互动。

基于SOA架构进行融合人工活动的流程整合,通过流程集成框架调度各业务服务构件、人工活动、业务流程,实现将系统服务、业务人员、业务流程、业务应用、业务规则、业务数据等各类资源组装贯穿起来的一体化解决方案。

13.3.3.2　SOA+服务组装业务流程集成方案价值

（1）面向用户。

① 面向国内现阶段业务流程应用发展的特点,实现融合复杂人工活动的流程整合。

② 解决企业内各系统及企业外伙伴系统之间的各类资源整合、关联、协同、互动和按需服务的问题,提高跨企业、跨部门的业务处理的效率和增强业务间的协同能力。

③ 基于SOA架构进行业务系统的服务整合,减少集成成本,集中精力在业务模型的核心功能和服务上。

④ 基于SOA架构进行融合人工活动的流程整合,轻松应对业务流程的调整,迅速响应市场业务推广,提升根据市场变化快速调整或即时响应竞争威胁的能力。

⑤ 提供良好的架构模式,规范化将来新应用程序的开发。

（2）面向合作伙伴。

① 从复杂的业务流程设计、开发和维护工作中摆脱出来,专注于行业业务逻辑。

② 加快大型管理软件开发项目的进程,降低项目开发风险。

③ 在项目维护阶段,降低由于业务流程需求变动带来的维护工作量。

④ 提高用户满意度,因为他们现在能够自己创建、修改流程,并能立即看到给他们工作带来的便利和节省的金钱。

13.4　管道业务电子模型

为了更加清晰直观地展示数据流架构,同时指导后期实体模型的建立,需要制作数据流架构模型。理清现有的业务流程,识别哪些可以通过应用系统集成进行优化,分析信息化对业务流程的支撑能力,根据系统间的数据交互需求情况,规划未来管道企业的整体数据流向,并通过数据管理体系的设计以及总体集成方案的规划,来提高业务流程中信息交互效率和准确性。另外,还需要对企业未来的数据模型和数据分布进行合理的规划,为提升企业的运营管理水平、决策支持以及业务绩效管理能力奠定坚实的基础。

由于电子模型最终要与实体模型实现联动控制,因此需要通过多媒体计算机、逻辑控制器、驱动器设备等组成,然后与模型沙盘、大屏幕投影等配合,实现对实体模型灯光进行自动、手动、遥控控制。另外还要在展示模型时提供清晰明了的解说词、照片及影音资料,方便非专业人士的充分理解,在内容方面需要介绍管道企业的信息化背景以及数据流架构项目的介绍。

13.4.1 电子模型建立

模型的建立首先需要相关工作人员的沟通和交流,经过反复的调查研究,最终确定模型的实现方案。电子模型主要由 Flash 动画和触摸屏构成,为了很好地实现 Flash 动画与实体模型的联动,建议采用 Adobe Flash 8 来制作,并由专业的配音员进行配音,展示企业的相关照片以及数据流架构项目的整体介绍,触摸屏主要为了实现人与动画的交互,最终实现对实体模型的控制。

以某管道企业为例,通过对企业现有的业务流程和系统数据的全面梳理,根据系统间已建接口、业务流程和共享数据的需求情况,搭建起了数据流架构,并通过系统间数据流总图清晰的展示出企业内部各应用系统间的数据流转和交互关系,如图 13-6 所示。

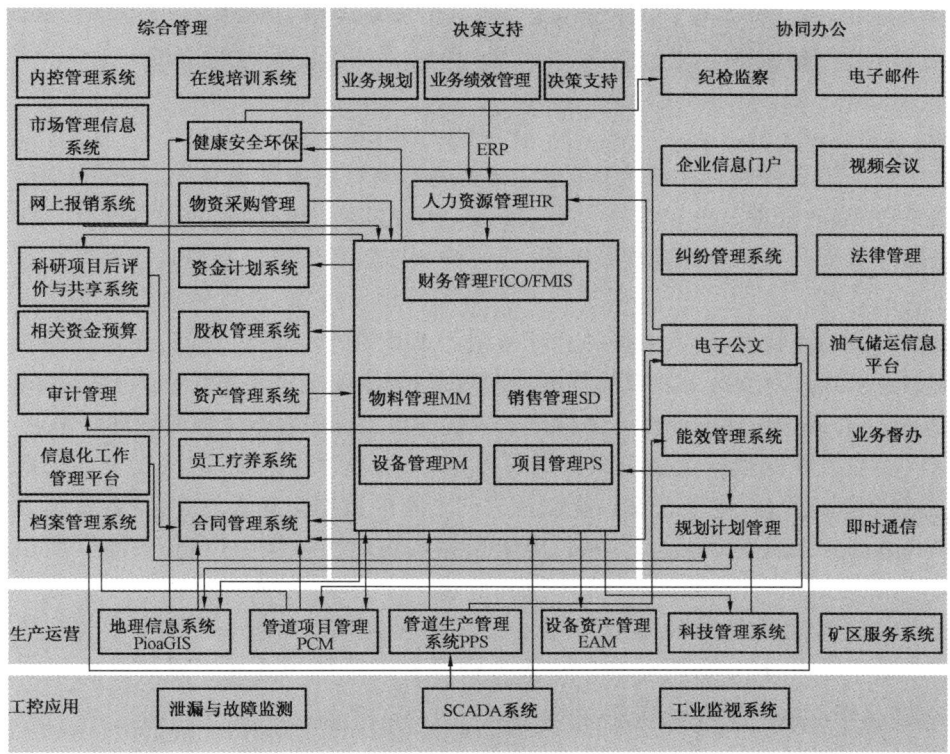

图 13-6 某管道企业数据流架构

那么在数据流电子模型中(图13-7)需要展示出图13-6的47个系统以及所有数据交互线,同时还要保证电子模型里的每一个系统以及每一条数据交互线都能实现与实体模型的联动,通过选择2~3个关键业务流程来描述应用系统间的信息流动如何支撑业务活动的开展,最终在触摸屏上完成人与动画之间交互的展示,从而实现对实体模型的控制。

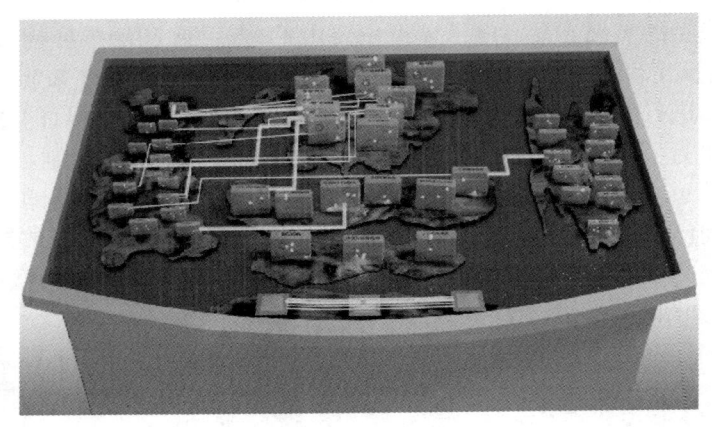

图13-7 数据流架构电子模型

以人力资源管理系统为例,与之相关的系统有财务管理系统、健康安全环保系统、绩效管理系统和电子公文系统等,因此需要进行有效的数据交互。业务绩效管理和人力资源管理系统间,通过传递绩效考核结果来提高业绩考核等流程的处理效率;电子公文系统和人力资源管理系统间,通过传递人事文件来提高公文的流转效率;人力资源管理系统和ERP财务管理模块间,通过传递薪酬信息来提高月度薪酬发放流程的处理效率;健康安全环保系统和人力资源管理系统间,通过传递职业健康体检记录来提高员工健康普查流程的处理效率。

而当人在触摸屏上点击人力资源方框时,财务管理系统、健康安全环保系统、绩效管理系统、电子公文系统以及它们之间的数据交互线加亮,其余系统方框和数据交互线变为灰色。同时,电子模型实现对实体模型控制,实体模型相应的系统块和数据交互线变亮。之后,弹出一个方框,以人力资源管理系统方框为中心,财务管理系统、健康安全环保系统、业务绩效管理系统和电子公文系统方框环绕四周,分别用动画展示人力资源管理系统与这几个系统的数据交互,以及相关的业务流程活动,如图13-8所示。

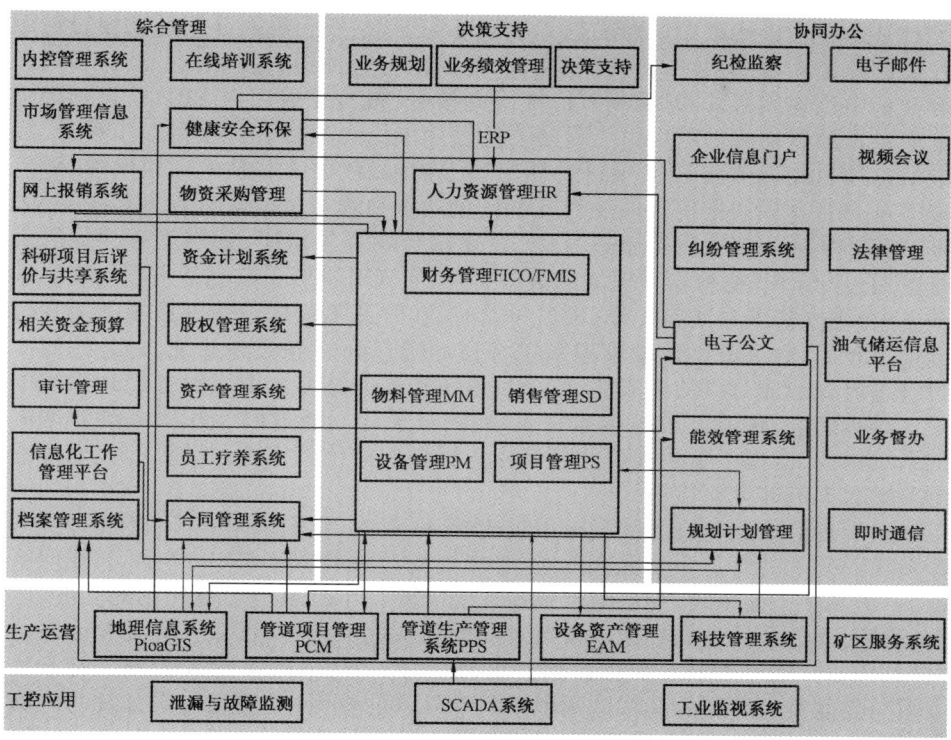

图 13-8　人力资源系统电子模型操作

13.4.2　关键业务流程

在关键业务流程部分,主要介绍天然气销售和新建项目管理这两个主要业务活动,包括业务活动间传递的数据、应用系统对每个业务活动的支撑以及应用系统对业务活动间数据传递的支撑。

天然气销售首先需要根据与客户沟通的结果,形成当月运销计划,汇总定制月度运行方案,然后,根据运行方案和客户的计量交接协议,读取计量数据并在管道生产管理系统中形成计量交接凭证,同时管道生产管理系统中会对每天的销售情况进行汇总统计并形成运销日报等统计报表。管道生产管理系统定期将计量交接凭证传递到 ERP 销售管理模块,并根据结算规则形成天然气销售、少提气、额外气等各类销售订单,之后财务管理模块按照销售订单和财务应收预收管理流程,记录相应的记账凭证并形成销售收入凭证,最后开具销售发票并提供给客户。如此经过几项关键数据流的系统集成,就可以实现天然气运销业务流程的全面贯通。

新建项目管理中,各二级单位首先需要上报当年新建项目投资计划,在规划计划系统中进行审核后形成当年项目投资计划,然后规划计划处选择设计单位编制相关项目的预可行性研究报告,根据预可行性报告指导,在 ERP 项目管理模块中创建项目,同时编制可行性研究报告,报告完成后在 ERP 项目管理模块中录入项目估算。随后由工程处委托设计单位对项目进行项目初步设计,完成后由项目经理部在 ERP 项目管理模块维护项目 WBS 并录入项目概算,随后 ERP 项目管理模块把完整的项目基本信息同步到管道工程建设管理系统,进入项目实施环节。在项目实施过程中,需要进行物资领料时,管道工程建设管理系统通过与 ERP 物料管理模块的数据交互,实现对物资采购到货情况的实时掌控,并合理安排项目实施工作,项目付款时,在管道工程建设管理系统上填写付款申请单后,管道工程建设管理系统将自动传递到财务管理系统,财务按照应付管理流程形成对应的记账凭证,项目月结和最终结算需要在财务管理系统上录入结算信息,在项目最终结算完成后,项目关闭。通过以上几项关键数据流的系统集成,实现了新建项目业务流程从规划到立项到实施到结算的整个过程的关键数据流向全面贯通。

  对于界面集成、数据集成、应用集成、流程集成,我们来举一个简单的例子,涉及前面提到的管道生产系统和数据采集与监视控制系统,一个属于管理系统,一个属于工控系统,管道生产管理系统需要每小时填报管道现场的温度、压力、流速,而这些信息在数据采集与监视控制系统中都可以读出,值班人员要面对两台电脑,从一个电脑中将数据抄出,从另外一台电脑中写入数据。对于这个问题界面集成所做的是将这两个系统中显示的界面进行删减,将有效的数据集成在一个界面中,原来需要两台电脑的工作现在只需一台;而数据集成要做的是建立一个统一的接口,将数据采集与监视控制系统中的读数传到管道生产管理系统中,从而员工不再进行手工填报;应用集成要做的是,当发现数据采集与监视控制系统已经有读取现场数据的功能模块时,便不再单独开发报送数据的模块,直接引用数据采集与监视控制系统中的功能模块;而如果流程集成实现的话,将直接废除管道生产管理系统中数据填报的模块,如果管理人员需要查看数据的话,就直接到数据采集与监视控制系统中去查看。这是一个剔除重复性流程节点、简化与再造的过程,将大大提升劳动生产率,对企业管理的影响是深远的。

小结

  在流程集成阶段真正实现了信息引导业务,通过对业务流程的分析,对流程进行再整合,合并不同部门中类似的流程,在减轻重复劳动量的同时,促进企业管理提升。

第14章　管道物联网技术应用

物联网技术作为互联网技术基础上的延伸和扩展，其用户端能深入到任何物品和物品之间，进行信息交换和通信，从而实现对万物的高效、节能、安全、环保的"管、控、营"一体化。将物联网技术应用于油气管道设计、建设、运营、维护和管理的全过程，有利于拓展信息系统的应用空间，增加系统与人之间、与环境之间、与设备之间的交互，是管道企业级架构的重要组成部分，物联网技术的充分应用有利于促进管道的完整性管理和失效控制，提高管道运行的安全性和经济效益，同时也是管控一体化发展的集中体现。

14.1　物联网技术概述

顾名思义，物联网就是物物相连的互联网，通过射频识别（RFID）、红外感应器、全球定位系统、激光扫描器等信息传感设备，按约定的协议，将任何物品与互联网相连接，进行信息交换和通信，以实现智能化识别、定位、追踪、监控和管理的一种网络技术。作为互联网的应用拓展，应用创新是物联网发展的核心，与其说它是一种网络技术，倒不如说是业务和应用，用户体验至上的创新是其发展的灵魂。物联网把新一代 IT 技术充分运用在各行各业之中，实现人类社会与物理系统的整合，在超强能力的网络设备管理和控制的基础上，人类可以更加精细和动态的方式来管理生产和生活，提高资源利用率和生产力水平，改善人与自然间的关系。

和传统的互联网相比，物联网有其鲜明的特征。首先，它是各种感知技术的广泛应用。物联网上纷繁众多的传感器都是一个个的信息源，不同类别的传感器所捕获的信息内容和信息格式不同，传感器获得的数据具有实时性，按一定的频率对环境信息进行周期性的采集，从而不断更新数据。其次，它是建立在互联网上的应用网络，通过与互联网的融合，将物体的信息实时准确地传递出去。另外，物联网不仅提供传感器的连接，其本身也具有智能处理能力，能够对物体实施智能控制。物联网将传感器和智能处理相结合，利用云计算、模式识别等各种智能技术，扩充其应用领域。依托自身获取的海量信息进行深度的分析、加工和处理，形成更有意义的数据，以适应不同用户的不同需求，探索新的应用领域和应用模式。最后,物联网不拘泥于任何场合,它依托云服务平台和互通互联的嵌入式处理软件,强化与用户之间的互动,提高用户体验性。

从技术架构上,物联网可分为3层,即感知层、网络层和应用层。感知层由各种传感器和传感器网关构成,用于识别物体和过程,并采集所需信息。网络层由各种私有网络、互联网、有线和无线通信网、网络管理系统和云计算平台等组成,负责传递和处理感知层获取的信息。应用层是物联网与用户(包括人、组织和其他系统)的接口,并与行业具体需求结合,实现物联网的智能应用。如此看来,物联网技术的3层架构相对应也需要3种关键技术,即传感器技术、嵌入式系统技术和RFID标签。传感器技术是计算机应用中的关键技术。RFID标签也是一种传感器技术,融合无线射频技术和嵌入式技术为一体,在自动识别、物品物流管理有着广阔的应用前景。嵌入式系统技术是综合计算机软硬件、传感器技术、集成电路技术、电子应用技术为一体的复杂技术。如果把物联网用人体做一个简单比喻,传感器相当于人的眼睛、鼻子、皮肤等感官,网络就是用来传递信息的神经系统,嵌入式系统则是人的大脑,在接收到信息后对之进行分类处理。

14.2 管道物联网应用现状

14.2.1 油气管道物联网应用需求

油气管道企业属于资产密集性企业,管道、设备资产的安全平稳运行事关整个产业链的生产业务,在业务需求的不断细分之下,多个系统相继产生,管道业务的持续发展与变革对业务系统的信息化建设提出了新的要求,信息系统要适应业务发展需求而进行新的客户化开发,以便持续提升自身功能来配合业务的开展。

信息系统的核心价值在于其数据蕴含的价值,真实、准确、及时的数据是任何业务决策的基础。目前管道企业借助信息系统实现了多方面的科学高效管理,为各类业务的开展提供了坚实的基础,但是仍然存在大量的数据问题和缺陷,比如仍有大量的数据未能及时地获取并做出合理的分析利用、已实现信息化管理的数据未能有效整合与利用、数据的唯一性和共享性没有得到有效解决等,这都影响了信息系统更大价值化的实现。因此,实现数据信息的互联互通仍是利用信息系统价值的重要基础。

随着油气管道行业的高速建设以及管控一体化的发展趋势,构建智能管网的需求越来越强烈。智能管网是指实现了可靠、安全、经济、高效、环境友好的油气管网,油气管道物联网建设应运而生,其建设的主要内容实通过传感器连接资产和设备,提高数字化程度;建立数据的整合体系,实现数据的综合分析与利用;基于业务需求开发智能化应用系统,实现对管道运营各个环节的优化管理。

随着物联网、云计算平台以及虚拟化技术的发展和推进,IT 管控和海量数据资产管控模式将发生很大的变化,它使企业资源配置更加集中、统一和简化。通过在管道及设备设施上大量设立传感器,捕捉运行过程中的各种信息,然后通过传感网,进入互联网,通过计算机分析处理发出智慧指令,再反馈回去,到传感器,到现场,优化运行模式,极大地提高效率和产生更大的效益。管道行业目前有很多基于物联网的技术应用,如移动巡检 RFID、电子仓库、罐区周界防护等,物联网技术能提高管道安全性和运营效率,极大地促进节能减排与降污减耗工作。不久的将来我们利用的基于传感网技术的智能管网,建立在集成、高速双向通信网络的基础上,通过先进的传感技术、测量技术和控制方法以及先进的决策支持系统技术的应用,实现动态管容、管道安全监控、管输质量监测等目标,又好又快地推进工业化与信息化的"两化融合",推进互联网与物联网的"双网"融合。

14.2.2 管道物联网基本架构

和普通的物联网架构类似,管道物联网架构(图 14-1)也是由感知层、传输层和应用层 3 个层次组成。感知层采集现场各类仪器仪表的数据,传输层通过各类传输介质和通信技术实现数据的可靠传输,应用层进行数据的集成与分析应用。由于管道运行参数在不同的信息系统中存储和管理,为实现管道物联网应用,需采用集中式的架构将这些系统进行有机集成,配置独立的存储、服务器设备在数据中心集中部署,通过广域网实现管道物联网与已建信息系统的数据交换,经由统一的信息平台实现数据的集中管理,提供丰富的智能化应用(图14-2)。

目前,感知层和传输层已有一些相对成熟的研究成果和技术标准,管道物联网的研究可以在此基础上借助 SCADA 等已建信息系统相对全面的数据感知能力和互联网广泛的覆盖范围等有利条件,重点开展应用层的研究工作,主要包括数据的集成应用和智能管网两个方面。

全面、准确的数据是实现物联网应用的重要基础,为了有效整合分散的数据,避免数据的重复录入和多次转换,有必要建立一个平台对各类感知层数据

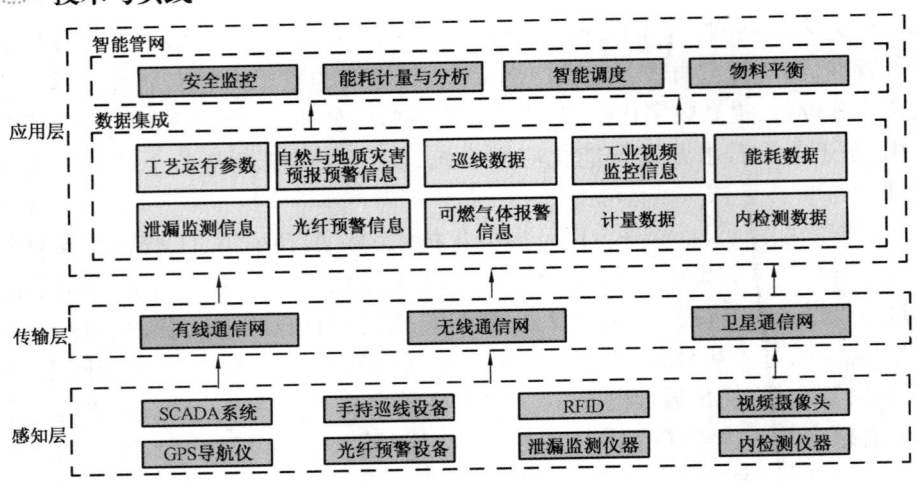

图 14-1 管道物联网的基本架构

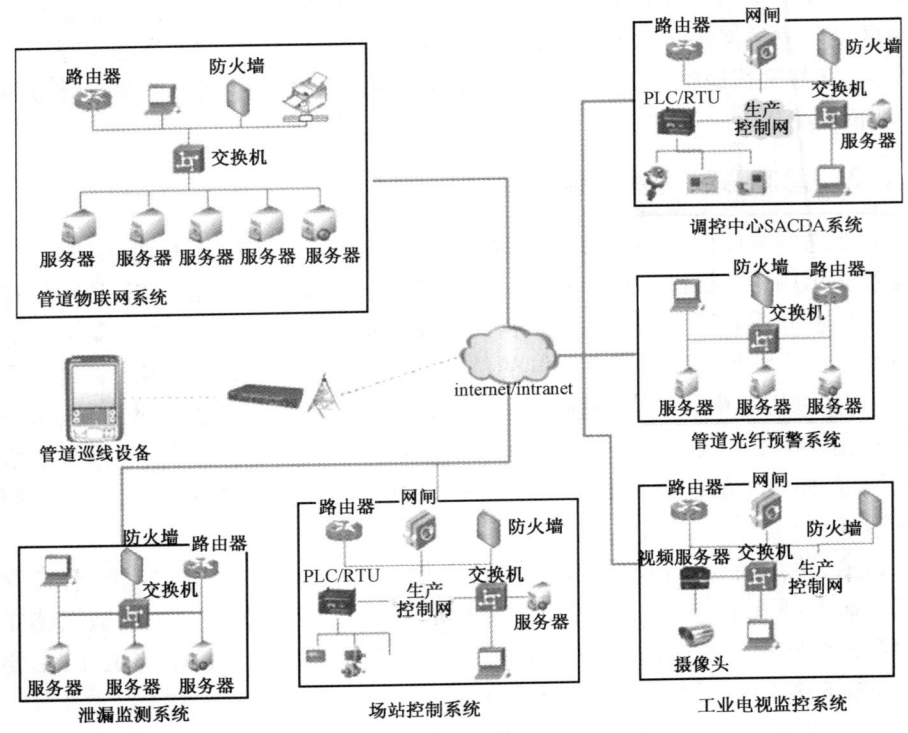

图 14-2 管道物联网的构成

进行统一管理,以便全面感知管道。经传输层传输过来的数据有着不同的格式、表现形式和采集周期。在对这些数据进行集成分析前,首先需建立相应的数据标准和采集规范,在抽取过程中进行相应的数据校验与转换,以保证数据质量。

加强管道的运行风险管理、控制运输成本、提高集中调控水平是构建智能管网的最终目标之一,因此,智能管网需实现4个基本功能:(1)安全监控;(2)能耗计量与分析;(3)智能调度;(4)物料平衡。

实施管道物联网的基础在于对管道系统的全面感知。目前,在建油气管道设备的各类传感器已十分丰富,但由于建设时间较早,传感器配置不全面,部分传感器不具备数据上传功能,要实现全面感知势必需要极大地投资。此外,将各类传感器数据进行有机集成加以利用同样面临诸多挑战。例如,数据的标准与规范是什么、不同标准的数据如何进行转化,采用什么样的技术手段实现数据集成等。物联网建设是个系统工程,需要调动多方人员和资源,充分借鉴成功经验,制定周密计划,稳步有序地开展相关工作。随着管道物联网的出现和应用,油气管道企业将迎来新的发展与变革。

当前管道企业信息系统建设和工业控制系统、仪表设备、传感器等的建设和管理是分开进行的,以大部分管道企业为例,信息系统的建设和运维是由信息部门负责,而和物联网技术相关的工控系统、仪表、传感器等工作由生产部门负责,在管理层面将信息系统和工控系统分割开来,而企业级架构的思想不但集成信息系统,也致力于填平信息系统和工控系统之间的鸿沟。管道企业的物联网平台并不是独立存在的,而是管道企业级架构的重要组成部分,物联网平台作为信息系统的外设平台,同样也是按照SOA架构所构成的,信息系统并不直接看到现场仪表和传感器,看到的是一个个按照SOA标准设计的接口,例如在工艺区现场设置了多个摄像头,在安装摄像头时我们就将其封装在标准化的接口之中,在工业电视、应急管理或者其他系统需要查看现场环境时,我们不需要知道它们的生产厂家和型号类型,甚至无需知道我们使用的到底是哪个摄像头,就可以方便地调用接口,从而得到我们需要的信息。

14.3 管道物联网平台建设

要想搭建管道物联网应用架构,实现智能管网的管理模式,需要依靠先进的信息处理技术,云计算就是这样一种强大的信息处理技术,它不仅是实现物联网的核心,还是促进物联网和互联网完美智能融合的媒介。

14.3.1 云计算概述

说起"云",大家可能既熟悉又陌生,大多数人对它早有耳闻,但是真正有深刻认识的却不是很多。实际上,这里说的"云"是一种资源池,由一些可以自我维护和管理的虚拟计算资源构成,通常是一些大型服务计算器集群,包括计算服务器、存储服务器、宽带资源、软件和应用等。云计算将所有的计算资源集中起来,并由软件实现自动管理,动态创建高度虚拟化的资源提供给用户使用。我们可以将之简单地理解成一个数据中心,这里的计算资源可以自动进行管理、分配、部署、配置、重新配置以及回收,也可以动态安装软件和应用。当然云计算也可以是一种计算模式,计算资源、软件、数据、应用以服务的方式通过网络提供给用户使用。在云计算模式下,用户只需要连入互联网,借助轻量级客户端,例如手机、浏览器,就可以完成各种计算任务,包括程序开发、科学计算、软件使用乃至应用的托管。

云计算按照运营模式可以分为3种,即公共云、私有云和混合云。公共云直接向最终用户提供服务,用户通过互联网访问获得云资源服务,但并不拥有云资源。目前Google,Amazon和IBM都搭建有公共云,通过自己的基础架构直接向用户提供服务;私有云一般指企业自己搭建的基于"云"的数据中心基础架构,面向内外部客户提供云计算服务,拥有基础架构的自主权,并且可以基于实际的需求享受服务,进行自主创新;混合云同时具备公共云和私有云特征,既有自己的云计算基础架构,也使用外部公共云提供的服务。

通常,云资源可以从3个层面以服务的方式提供给使用者。首先是基础架构服务,提供虚拟化服务器、存储服务器及网络资源;其次是平台服务,提供的是优化的中间件,包括应用服务器、数据库服务器、Portal服务器等;最后是软件服务,包括应用、流程和信息服务,云环境的建设可以根据实际情况,从基础架构开始逐步实现或一步到位。

14.3.2 云平台建设方案

14.3.2.1 IBM CFS 云平台建设方案

IBM Cloud Foundation Stack 基础架构云计算解决方案通过部署实现软件与硬件资源在不同用户之间的共享,达到降低使用成本与降低管理复杂度等目的,用户只要通过互联网或局域网连接即可使用该系统。采用应用虚拟化的技术,使每个用户在其终端上所面对的都是一套完整的计算机系统,享受按需供给服务。通过 IBM CFS 方案和 IBM Systems Director VMControl 的自动化管理,让管道企业拥有自己的云中心。

该方案可以帮助管道企业实现硬件资源和软件资源的统一管理、统一分配、统一部署和统一监控,改变应用对资源的独占使用方式,按需获取或释放资源,提高资本利用率,实现云计算理念,主要体现在以下3个方面:(1)拥有灵活的IT基础架构,云计算平台所管理的资源由共享的服务器、存储系统和网络组成,这些资源被统一管理和调度,能做到随时随地按需分配,适合于提供短期的、灵活的服务;(2)实现自动化资源部署,云的核心功能是自动且安全地为用户提供IT服务能力,用户、管理员和其他人员能通过界面对云计算平台进行管理和监控;(3)端到端服务请求管理,云计算平台不仅能够对业务系统进行运维管理,还可以针对业务进行端到端的流程管理,提供对服务请求的包括订单管理、系统开通、服务计费等环节在内的全周期管理。

(1)IBM CFS 云平台特点。

IBM CFS 方案,可以帮助管道企业简单快速地实现动态资源部署,摈弃繁琐的手动流程,提供单一的云服务资源池和自助服务接口,采用便捷的IT服务方式,使用户随时随需申请资源,实现分级资源的自动部署以及对业务服务需求的快速响应,保证资源部署的一致性和高效利用率。

该方案由云平台管理域(云计算服务管理平台和虚拟化管理平台)和云计算资源域(服务器池、存储池和网络池)组成一个整体的云计算环境,根据逻辑层次可以分为物力资源层、逻辑资源层、虚拟化管理平台层和云计算服务管理层。

物力资源层包括X86服务器、小型机、磁盘阵列和网络等物理资源。逻辑层资源包括X86物理服务器与虚拟机的组合、小型机经过逻辑分区或虚拟化后提供的虚拟机、存储虚拟化控制器、网络VLAN管理等虚拟化后的逻辑资源,逻辑资源实际是物力资源跟虚拟化的软硬件技术结合,提供更好的扩展性、可分配性和可调度性。虚拟化管理平台层是逻辑资源管理、分配、调度、监控、计量的平台。IBM的虚拟化管理平台,X86服务器的虚拟化平台,小型机的管理平台,存储虚拟化的管理平台,网络监控统一构成了云计算平台的核心,这些管理模块互相集成,实现逻辑资源的自动化管理,为用户门户和管理层提供了按需分配的引擎。云计算服务管理层是云平台的用户门户。对于使用云平台服务的终端用户,他看不到也不需要了解物理或逻辑资源层的构成和虚拟化管理平台层的运作。他只能看到并且使用虚拟化的资源。

(2)方案总体架构。

① 云计算管理域。使用 IBM System Director VMControl 实现服务器 Power 系统和 X86 系统虚拟引擎管理和存储系统虚拟引擎管理,实现虚拟资源的供给、部署和管理,服务器虚拟化支持 PowerVM、KVM 等虚拟引擎,为 CFS 提供支持。该部分系统由 IBM System Director 基础系统、VMontrol 服务器虚拟化管理组件、StorageControl 存储虚拟化管理组件、AEM 节能管理组件(可选)、Power 管理控制台 HMC、Power 映像管理服务器 NIM、DNS 服务器、Storage SMI – S agent/Switch SMI – S agent 和 TPC(可选)等组成。

② Power 系统池。由两台以上 IBM 服务器构建而成,可以根据需求动态增加物理服务器的数量。该系统池可整合多台 Power 物理服务器的计算资源,提供不依赖具体物理服务器的应用部署和管理模式,是云计算基础架构里面主要组成部分,支持 Power7/Power6/Power5 系统。Power 系统池可用于部署可靠性和处理能力要求高的数据库虚拟服务器,由 CFS 通过 VMControl 进行部署和管理服务。

③ X86 系统池。由至少两台 X86 芯片的 PC 服务器构成,可以根据需求动态增加服务器数量。该池可实现对 X86 虚拟化技术的管理,提供多个基于 X86 的 Windows 或 Linux 虚拟环境。该池可使用主流 X86 引擎 KVM 实现虚拟资源管理,由 CFS 通过 VMcontrol 进行调用。

④ 网络资源池。由两台以上网络交换机构成,网络的 IP 资源根据客户的 IP 资源管理来分配,带宽资源是根据实际需求决定,由网络交换机产品的网络管理来进行分配。

⑤ 云计算资源域。云计算资源域主要包括提供计算资源的服务器池,提供存储空间的存储资源池以及提供网络资源的网络资源池。

(3)IBM CFS 云平台建设原则。

在 CFS 云平台建设中,需遵循以下建设原则:高可靠性原则,平台不间断、持续可用;可扩展性原则,满足应用和用户规模增长的需要;资源灵活分配原则,根据业务需求进行灵活的资源动态分配;信息安全原则,明确的数据安全访问、存储、备份机制;开放性原则,支持 UNIX 和 X86 平台统一管理,支持多种虚拟化技术的统一管理;支持异构存储的统一管理。

(4)IBM CFS 云平台建设要点。

每个云平台根据用户群和业务模式的不同,在建设中,需要重点考虑的问题也不一样。对于云平台的建设,建议根据分步走的规划,特别是在初次搭建云平台的客户,要重点考虑以下建设要点:

① 资源池。云计算采用池化管理。所谓"池"就是公共资源，资源并不属于某一个应用或业务，而是根据其要求，从公共资源池中划分资源。

② 自动化。云平台采用服务管理流程化、自动化的方式集中管理，减少人为参与，为平台的规模化扩展提供条件。

③ 易用性。对将业务系统作为云计算平台的用户，无需关心资源的来源及原理，只需要登录系统使用资源。

④ 快速响应。当业务需求变化的时候，云平台可以通过弹性伸缩机制和自动化来快速相应，以适应业务的变化。

⑤ 可度量性。如存储、CPU、内存、网络带宽和软件许可证等各种资源服务要可以监控、控制和计量。平台可以更好地统计 IT 资源使用率，为服务水平管理提供依据。

⑥ 高扩展性。平台建设规模能够随着业务类型增加和业务量的增加而迅速扩展。

⑦ 高可靠性。云平台通过多副本容错和计算资源同构的互换来提高服务的可靠性。管道企业对可靠性比一般的云平台更高，因此，管道企业在资源选择上，要尽可能采用可靠性高的服务器和存储。

（5）IBM CFS 云平台建设目标。

搭建云计算平台，建设统一的云计算业务平台、统一的基础架构支撑平台，集中承载业务应用系统，同时面向企业用户服务；实现统一管理、统一运维、统一支撑、统一标准，建立健全一套信息化协调发展的运行机制，创新业务应用模式和管理机制，推动业务基础设施统建共用，提升管道企业 IT 基础设施建设和运行维护的专业化水平。

14.3.2.2 SAP LVM 云平台建设方案

SAP NetWeather LVM（Landscape Virtualization Management）是 SAP 最新推出的提供 SAP 应用虚拟化及相关管理的软件。这款软件功能强大，通过使用虚拟及 IaaS 技术，能简化和优化 SAP 系统的准备、部署、管理，从而降低 SAP 的总体运营成本、增强系统灵活性、提高对业务的相应速度、实现系统克隆、快速进行系统拷贝和刷新、ID 快速安装、基础设施监控以及系统架构虚拟化。

（1）硬件部署、配置建议。

管道企业应用系统硬件平台是支撑应用系统运行的核心基础设施，主要包括高性能服务器、高容量存储设备和其他相关软硬件设备。其中，高性能服务器用于提供快速、可靠的计算，高容量存储设备用于容纳存储相关数据。硬件平台性能的好坏将直接影响到管道企业应用系统的运行效果。

由于该类应用系统通常采用数据集中的方式部署,通常在总部机房放置相关硬件设备。应用系统相关数据全部集中在企业总部,所属企业通过网络使用该系统,有利于总部增强对所属企业的管控力度,及时掌握经营状况。随着管道企业的发展,该系统将承载日益增大的负载和日益增多的数据,必须为该系统搭建性能优良的硬件平台,以保障该系统高效、稳定和安全地运行。

应用系统建设初期,需要将各类原始数据录入类似 OLTP 的系统,要求硬件平台有较快的数据分析能力,因此需要兼顾系统的深入应用情况,并满足管道企业未来 3~5 年的发展需求。

(2) 硬件选型原则。

管道企业在硬件选型时需要综合考虑各种因素,包括系统的开放性、延续性、可扩展性、互连系能、性价比、应用软件支持、生产厂商的技术支持、可管理性、远程管理、状况跟踪、预故障处理、性能监控、安全管理、可用性、磁盘故障、内存问题、容错性(冗余组件、自动服务器恢复、冗余网卡、冗余 CPU 电源模块、双对等 PCI 总线)及平台支持等,由于应用系统的复杂性和特殊性,对于其硬件平台设计也要遵循一定的原则:

① 统一规划。明确应用系统在规划期内的规模,对整个应用系统的模块、用户、流程进行分析,确定总体需求,从而定义出其硬件平台对应的架构和配置。

② 高可用性。要求硬件平台具有单点失效保护,能够实现故障预警、报警,具有良好的故障应急处理能力,比如在出现有限个数的服务器、磁盘、存储设备或交换机故障等情况下,系统可以继续运行,不影响业务处理。

③ 高扩展性。由于应用系统建设是一个长期持续的过程,日后随着企业规模扩大和业务量的增长,用户数可能会超出预期,当硬件平台的处理能力不够时,要求可以在原有架构的基础上实现灵活扩展。硬件平台的扩展性主要分成纵向扩展和横向扩展两类。纵向扩展是指通过增加硬件设备的 CPU、内存、通道和板卡等资源来提高原有设备的处理能力;横向扩展是指通过购买新的设备和原有设备并行工作,通过负载分担来实现处理能力扩展。

④ 高安全性。能够实现良好的信息安全能力,能够应用灵活的安全策略,如对不同用途的服务器进行安全分区以实现不同程度的隔离等。

⑤ 高可维护性。维护便捷简单,尽量减少宕机时间,尤其要减少进行故障修复、系统扩展和变更时的宕机时间,能够提供友好、全面的监控工具。

⑥ 合适性价比。在满足需求并符合上述原则的前提下,良好的性价比是关

键。各家硬件各有所长，关键要满足应用系统需求的技术，而不是一味追求先进技术，只要能够解决主要问题，满足需求和原则，有合适的价格就可以着重考虑。

14.3.3　管道企业私有云平台建设

在建设管道行业 IT 基础设施时，由于业务的特殊性，每次面临新需求、新应用时，都需要增加新的服务器。从设备采购、系统部署到业务上线，通常要花费较长的时间，导致新业务不能得到快速响应。管道企业的信息化建设与业务发展之间却存在着较大差距，IT 基础架构正面临着巨大挑战：系统纷繁复杂，出现故障时得不到及时解决；数据库负荷量大导致性能瓶颈，用户满意度下降；IT 采购模式将发生大的变化，以适应配合业务发展的需求。为了降低计算成本，提高系统运作效率，提升用户体验，管道企业在实施管道信息系统集成项目建设时迫切需要寻求一种经济有效的方法来满足动态变化和日益增长的业务需求，对 IT 基础架构进行整合及虚拟化，形成一套安全可靠且易于管理的系统架构显得尤为重要。

管道企业应创建一个敏捷的云计算环境来改进管道企业的 IT 系统架构，从而完成如下目标：能够实现快速创新；减少企业运营的总体成本；自动配置和部署应用测试环境，提高产品质量；实现资源再激活配置过程的自动化，降低成本、创建灵活的云计算环境；通过使用一种结果的测试方法，达到提高生产力的目的；管理 IT 环境中的风险、满足合规要求；平稳迁移到新的基础架构；平稳迁移到新部署的解决方案；从一个独立的系统平稳迁移到虚拟化系统环境。

云计算的本质是对资源的虚拟化以实现共享，而能够便捷使用共享服务的关键则是标准化，这就需要借助于统一的 SOA 接口，而且云计算的技术和思想不但可以完成对基础设施的统一整合利用，而且对于企业级架构的各个层面都可以通过云的理解进行封装使用。例如对于数据库系统，多个信息系统或者业务模块的开发项目组不用再单独考虑购买数据库，而是将对数据库软件的需求提交给信息管理部门，由信息管理部门在"数据库云"中为项目组提供合适的资源，而项目组无需知道数据库运行在哪台服务器上，以及该数据库还在支持哪些系统，从而实现的"软件云"。同样，对于项目组如果需要一组原始数据，也可以不去自己收集，而是向信息管理部门提出申请，信息管理部门恰巧在自己的资源库中发现有相关的数据，于是向项目组提供了一个或一组接口，项目组通过这组接口获取了自己想要得到的数据，而不必知道这组数据到底是在哪种类型的数据库中；甚至是实时数据的需求也可以向信息管理部门来索取，得到的也会是一个标准化接口，而不是绑在管道上的一个传感器。

  虽然SOA更侧重于软件技术，而云计算更侧重于硬件技术，但是其本质却是相通的。云计算和SOA像是一个事物的两面，都是管道企业级架构的重要组成部分，SOA更侧重于描述一种架构，建立一个标准，使得各个系统模块的接口都满足于这种标准，实现松耦合结构，使原来在系统内部在才能识别的含义，成为多个系统共用的语言；而云计算更侧重于如何把本来就不相同的资源对外整合成标准一致资源的技术，我们可以有多台不同的服务器，如何让用户看不到其中的不同，正是云计算的关注点。就好比用电，在最初使用电力时，有不同的发电机，并遵循不同的标准，现在建立了统一架构，统一了标准，市电都是220V，并且只要购买标准的插座，无论是电视、冰箱、空调都可以方便使用电源，这个用电标准和电源插座标准就是SOA架构，而无论是水力发电、火力发电，通过的高压电压有多高，我们都无需知道，将这些电能整合到我们标准插座上的技术就如同云计算技术。

小结

  如果说物联网是互联网技术的扩充，那么企业中的物联网则是企业信息系统的延伸，互联网发展的关键在于网络协议的统一，TCP/IP协议的广泛使用，使得不同硬件不用操作系统上的资源可以充分共享，WEB2.0的出现极大推进了用户和网络资源之间以及用户之间的交互，从现有的工业控制系统、仪表、传感器发展为物联网的关键也是网络协议的统一，网络协议实质上就是一组网络传输标准和网络表示标准，而对于企业来说，这组标准也是企业级架构的组成部分，也可以纳入SOA的标准体系之中，而且是连接软硬件设施并实现管控一体化的关键一环，可以说对于信息系统来说物联网是一个"硬件云"，而对于物联网来说全体信息系统是一个"软件云"。

实践篇

本篇以某油气管道企业信息集成项目建设的实践为例,通过该企业信息化集成的背景、技术方案、建设方案、运行维护以及目的,来展现信息化集成的实施经验和重大意义。近几年来,该企业准确把握油气发展的趋势,明确将之作为成长性、战略性和历史性工程,天然气与管道业务的快速发展,已成为企业发展的新亮点和经济增长点。随着业务的不大扩大,该企业不断加大市场的开发力度,巩固发展成熟市场,业务规模和经济效益大幅提升,同时还树立了良好的社会形象和品牌形象,基本形成了覆盖全国的油气骨干管网和多元化供应保障体系,油气管网的建设取得了重大的突破。

为了适应业务快速发展的步伐,企业提出了转变发展方式的理念并初见成效。积极创新体制机制、探索运营的新模式、加大科技创新力度,并不断进行系统优化升级,先后对油气调控、管道建设、天然气销售及下游利用、管道管理和维抢修等业务管理体制进行调整,实行信息化集成建设,将信息化和工业化高度融合,实现了业务运转的完全自动化和智能化,形成一整套独具特色的管理体制和运营机制——管控一体化的发展模式,确保了油气管道和储运设施的安全平稳运行的同时,也带动同行业的整体技术逐步达到世界先进水平。

第 15 章　信息系统集成建设概况

为加快企业信息化建设,该企业根据实际发展状况,制订了信息技术的总体规划,坚持建设集中统一信息系统平台的策略,持续加大信息化投入和推进力度,建立了一批集中支持企业经营、生产运行和办公管理的应用系统,对业务运转的支撑作用日趋明显。但随着业务的多样化发展,对系统提出了新的建设要求,信息集成建设尤为迫切。

15.1　信息集成建设背景

该企业规划和建设了天然气与管道 ERP 系统、管道生产管理系统、管道完整性管理系统、管道工程建设管理系统以及天然气销售系统等核心应用系统,除此之外,与管道业务相关的系统如勘探 ERP 系统、炼化 ERP 系统、MDM 公共数据平台系统等也相继建成应用。逐步形成了集销售管理、采购与库存管理、设备管理、项目管理和财务管理等功能为一体的统一集成的信息平台,解决了之前部门之间业务数据不一致的问题,实现了业务工作与财务工作的高度集成,大大减少业务人员的工作量,提高生产力水平及财务分析能力,优化了业务流程,提升业务管理的标准化、规范化水平,提高了决策质量和效率,促进企业经营管理水平的整体提升,切实满足企业的业务需求。

但随着业务活动的不断开拓,各个信息系统的功能需要相应完善,一方面开发工作量较大,而且各个系统之间的功能交叉越来越多,也为今后的运行维护带来了困难,为了节约成本,并使信息系统的变更与升级能够适应业务变化的速度,公司高层越来越清楚地认识到企业的信息系统需要作为一个整体来看待,为保证信息集成建设的整体性和一致性,各专业应用集成需要遵循以下原则:统一总体架构、统一的软硬件平台、统一的功能架构、统一的规范及集成标准和统一的实施方法及策略。

管道应用集成系统的建设,着力在于提高油气调运、管道工程建设、天然气销售和管道完整性等四大主营业务的管理水平,实现全生命周期的数字化管道运营管理,并通过相关系统的集成建设,提高决策支持水平。

15.2 信息集成建设目标

该企业的主要建设目标：用3年时间基本完成信息化新跨越,5年内整体达到国际先进水平。基础设施实现安全畅通、节能高效、资源整合,应用平台实现优化升级、有效集成、信息共享,全面支持生产、经营、办公、决策网络化管理,大幅提升企业资源优化配置水平和劳动生产率。具体到管道应用集成系统,需要根据管道业务运行和发展的要求,全面覆盖管道业务领域的油气调运、工程建设、天然气销售、资产完整性四大核心业务,强化精细化管理,提升管理能力,完成主营业务应用系统的集成,提升对业务决策的支持能力,改善用户访问、提升用户体验,提升管道ERP系统功能,实现对企业决策和经营管理的有效支持。

建立管道业务统一的信息业务标准及业务管理支撑平台,对管道ERP、生产管理、工程建设、完整性管理、天然气销售五大信息系统进行有效整合。

实现管道资产完整性管理,按照统一的数据标准,打通异构信息系统之间的流程,实现从管道规划、前期研究、初步设计、工程建设、运营,到资产报废的全生命周期信息集成和利用,提升信息系统对业务决策支持能力。

以实现全生命周期资产完整性管理为基础,统一项目前期、项目建设、竣工验收、管道运营全过程业务各类管理及技术标准,从数据源头起完成业务数据及设备信息标准化工作。

建立健全天然气市场开发和规划管理数据基础,支持管道建设规划、计划决策,为管道建设资源配置提供辅助决策,提高建设过程风险预警能力。

以预算管理为抓手,建立月度经营预算管理,完善年度滚动预算管理功能,建立不同地区、各类管道的标准成本,有效掌控生产经营管理水平。

实现以市场为导向,以效益为中心的天然气销售业务管理,支持管道网络化、气源多元化以及销售气量快速增加的业务模式,保证资源与市场的有效衔接,实现业务价值的最大化。

加强销售计划管理,实现合理分解年度、月度天然气销售计划,做到月计划、周平衡、日指定,优化营销策略,辅助市场开发决策。

15.3 信息集成建设需求

15.3.1 信息集成现状

15.3.1.1 数据管理现状

该企业已经通过系统手段对部分信息进行采集和传递,但仍存在着信息收集不完整、存储不规范、传递不及时的问题;在信息共享方面,横向和纵向信息共享和信息深度加工利用还有待于提高。

(1)数据信息采集和存储。核心应用系统中的数据分布在总部和地区公司,实现了对结构化数据的采集和存储;而工程施工图、工程竣工资料等非结构化数据尚未实现统一管理。

(2)信息传递。目前的信息传递主要有3种形式:系统、邮件以及传统方式(如电话、传真、纸质文档等)。

(3)信息共享。由于核心专业应用系统的实施和应用,部分生产经营数据实现了跨部门、跨公司的共享,如采购、销售、库存、财务等信息。

(4)信息加工和利用。对信息的加工和利用仅限于各系统内部,且通常会只限于简单的汇总和报表统计,在综合信息分析及关键绩效指标分析等方面有待于进一步提升。

(5)信息标准。由于公共数据编码平台的建立,部分主数据如产品、供应商、客户等设立了统一的标准进行管理;但组织机构、分类标准等还未统一管理。

(6)信息安全。同一系统内权限管理比较规范,有专门的制度、流程及人员进行管理;但跨系统的权限管理没有统一规范。

15.3.1.2 数据应用现状

目前 ERP 系统覆盖了管道板块的所有业务范围,在全企业范围内初步实现了数据标准化、规范化。在 MDM 数据编码平台上构建了统一的物料、客户、供应商等主数据管理体系,为逐步实现产销编码统一奠定了基础。

15.3.1.3 网络状况

自建立伊始,经过8年的不断完善,该企业的广域网已经形成了覆盖国内百余家地区公司的大型跨国企业网(图15-1),承载了企业统一建设的52个应用系统,以及各板块单位的生产办公业务,通过管道光纤、数字链路、卫星链路形成了多元化、高可靠的网络体系。局域网现有全网核心网络设备 300 余台。2005 年企业实现了网络中心与区域数据中心、区域数据中心与地区公司双链路冗余,加大了网络的可靠性,从而确保网络的 7×24 小时不间断服务,提高了网络基础设施的运载能力,以便为各应用系统提供通畅的服务。

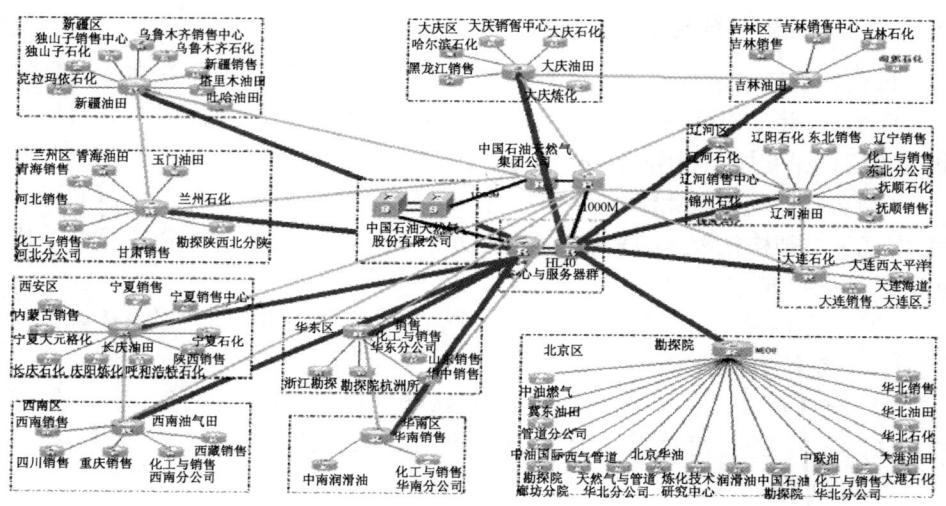

图 15-1 该企业广域网络拓扑图

15.3.2 系统集成需求

随着企业的发展及信息化建设的不断深化,该企业业务流程和系统数据有了很大的改变,其信息系统集成需求也随之不断增加:以业务流程为基础,以实现业务畅通和系统间协作为目标的集成需求,即业务流程贯通需求;未包含在业务流程中,但却需要系统间进行数据共享的业务需求,即共享数据需求;同一数据在多个业务领域和系统中使用到,需要进行数据标准统一的数据管理需求,即主数据管理需求。

在数据支撑方面,系统数据对象的定义存在差异,需要进行整体概念数据模型规划设计;系统数据对象的属性范围及定义存在差异,需要针对集成点涉及数据对象逻辑数据模型进行规划设计;系统间重叠的数据部分需要作为补充集成点在下一步数据流规划时进行研究;数据管理能力存在改进空间,需要进行数据管理规划。另外企业内各种软件和系统没有得到充分利用,同时孤立系统的应用引发新的冲突,业务数据的流转时间和成本没有显著降低。

在应用系统方面,系统在用情况与IT规划存在差异,系统功能边界存在着部分重复的现象,系统间的交互也需要大量人工参与,业务数据流转和处理的过程无法得到有效的跟踪和控制,数据质量很难保证,风险居高不下。因此数据流规划要以最新的系统蓝图为依据,进行规划时应明确系统对流程的支撑关系,将已经存在的系统接口作为数据流架构的集成点。

在业务流程方面,系统间存在大量手工数据交互和数据重复录入问题,需要重点针对相关问题流程,同时结合其他存在集成需求的跨系统业务流程进行数据流规划。另外各信息系统间的交互错综复杂,缺乏柔性,不仅不能快速适应业务流程的改变,同时增加了系统维护的难度以及集成的成本和风险。

• 小结 •

信息化集成是建立在企业已有信息化资源的基础之上的,信息化集成要充分利用已有信息化成果。

第16章 信息系统集成建设方案

该企业根据自身发展的实际情况,以"面向服务"的企业级架构 PEA 为理念,以最终实现管控一体化经营模式为目的,为信息系统集成项目制定了一套完整的建设方案,从建设内容、建设团队、实施计划、功能架构乃至软硬件设计和平台部署都做出了详尽细致的规划。根据建设内容对项目管理组织进行了科学的界定;从应用系统功能架构、软硬件设施以及部署建设等多个层次充分考虑了其内控要求;在技术架构方面,主要采用松耦合度的模块化设计,使系统具备良好的可扩展性和灵活性,基本功能采用通用标准模块,通过系统配置实现系统功能增强和扩充,保证了信息集成建设所需要的稳固坚实的技术架构支撑,为管道行业信息化集成建设树立了一个标杆。

16.1 信息化集成建设内容

根据企业项目管控体系的现状,规划出两大建设内容:一是建立集成平台实现业务系统全面集成,达到业务流程的全面贯通;二是建立数据管理体系,制定数据标准和数据质量管理方法,建立起数据管理组织、流程和工具,为全面集成和决策支持提供管理保障(图 16-1)。全面集成实施的主要工作是集成平台的建设,包括各业务流程集成点的需求分析、详细设计、开发、测试上线、应用与反馈。数据管理体系的主要工作则是建立数据管理组织及流程,制定管道企业数据标准和数据质量要求,建设数据管理支撑平台。

全面集成实施建设与数据管理体系建设息息相关,没有数据管理体系,全面集成实施将会失去统一的管理,给将来的维护和管理带来巨大风险;没有全面集成方案,数据管理的各项成果也将难以落实。因此在项目集成建设过程中,该企业特别坚持两个实施任务"两条腿走路"的理念,相辅相成,共同推进。二者的相互依赖关系如图 16-2 所示。

首先,建立数据管理组织及流程。数据的标准和质量是信息化集成方案实施的保障基础,将牵涉到企业的各个业务部门和 IT 部门,因此强有力的数据管理组织和流程是一切工作的先行条件。数据管理组织将制定并管理数据标准(如主数据、公共代码、KPI 等),提出各系统的数据质量要求,对正在进行的数

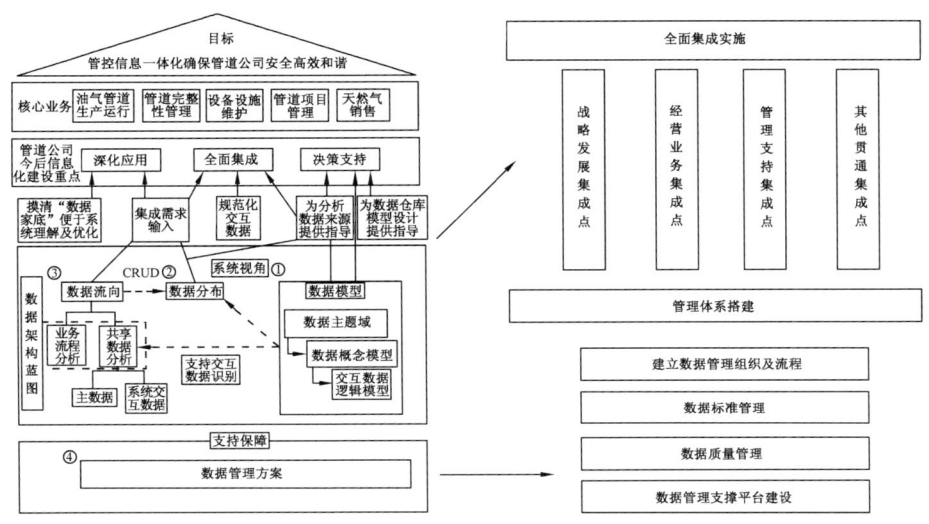

图 16-1 企业应用集成实施路线方案

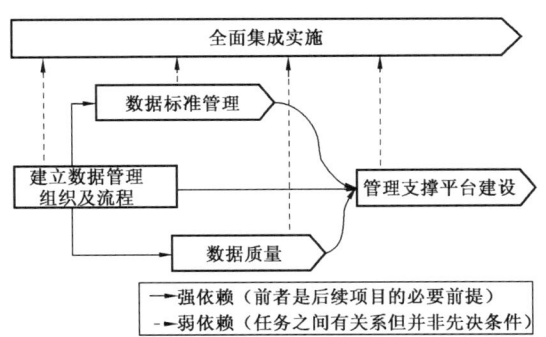

图 16-2 项目实施任务相互依赖关系

据管理活动实施监测,并从数据的角度对信息系统方案提出指导。

其次,制定数据标准,建立数据标准管理体系。数据标准规范了系统间集成数据,形成统一的系统交互语言,因此,在集成实施之前制定数据标准就显得尤为重要。数据质量管理作为在信息化项目推广使用后更高级的要求,需要在应用系统推广过程中逐步完善。全面集成是数据质量最为重要的管理任务之一,在全面集成已经建设了一些集成点并开始实际运作后,必然出现数据质量问题,数据管理组织制定的与全面集成相关的数据质量要求,能够帮助提升业务流程集成中的数据及时性、准确性和一致性。

最后，数据管理体系运作积累了一定的经验，数据标准和数据质量管理水平也需要进一步提升时，建立了管理支撑平台将数据管理流程落地固化，对管理成果进行统一维护和管理。

16.2 信息化集成建设团队

结合国内外最佳实践以及自身多年的探索经验，根据信息集成建设的内容，该企业在信息集成项目建设中，将项目结构分为了项目实施组织结构和项目运维组织结构。

16.2.1 项目实施组织结构管理

结合自身发展战略、业务目标及文化背景，贯彻全面集成与数据管理"两条腿走路"的理念指导下，该企业制定出合理的项目计划并顺利开展实施，不仅需要业务部门的全力参与，也强调管理部门的业务管理和协调能力，由此形成了良好的实施组织机构。该企业的信息集成项目实施组织机构（图16-3）成立了项目指导委员会，总体上指导应用集成项目的实施。企业的分公司或下属子公司设立项目经理部，负责管理应用集成项目的实施。在项目管理部下设项目组，并配备项目经理，统一向项目管理办公室汇报。项目组下设质量组、专家组、开发组和业务组，各自负责和承担系统实施的具体工作，并且相互配合、沟通协作，使系统实施顺利进行。另外，根据企业现有的信息集成系统组织机构，结合业务发展和管理的需求，在建设过程中还适时对之做出调整，持续进行了细化和完善。

（1）项目指导委员会：管道企业信息化工作领导小组和实施商高层领导。

负责项目总体方向的确定，为目标的实施提供决策和方向性的支持，保障相关的业务部门可以接受并实施项目集成中的业务变革，明确项目职责和授权上的模糊之处，同时还需要协助解决项目进程中遇到的所有阻碍项目实现的重大问题，审批重大决策、方向、优先次序、范围变化和成本变动，监管项目进程和方向。

（2）质量管理组：实施商质量保证人和专业人员。

跟踪监督项目的总体质量和计划，执行常规的项目阶段性成果、最终成果、各个里程碑和交付成果的质量检验检查；识别并控制可能出现的项目风险和问题，正确及时地指导项目进行质量风险预警；提供实施方公司内部支援，协助降低项目风险。

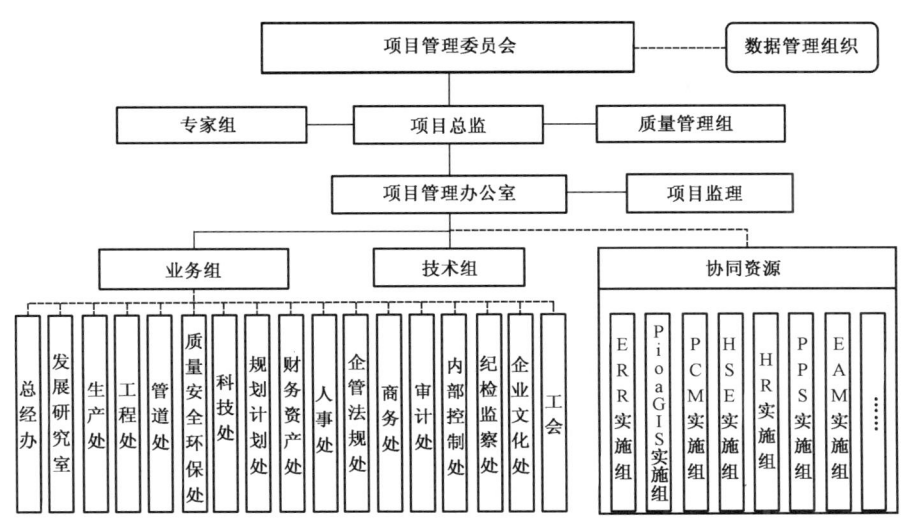

图 16-3 项目实施组织机构图

（3） 专家组：管道企业和实施商双方相关的专业人员。

结合相关的业务管理知识以及国内外先进的实施经验，提供必要的业务和技术指导，解决存在的技术难题，积极参与业务集成需求的审核和总体技术框架的制定，从而指导天然气与管道应用集成项目各模块模板的建立和实施。

（4） 项目管理办公室：由管道企业和实施商的二位代表联合领导。

通过建立一个有效的项目监管和组织结构，为项目提供高效率的、行之有效的管理框架及路径，为项目的运作建立一个稳定的基础，对项目的实施过程实施科学管理，保证项目各阶段的平稳衔接，做到在项目议定的时间和预算下顺利完成所规定的工作任务，确保项目产出质量。对项目实施过程中牵涉到的各项目干系人（包含企业的各个业务部门、系统开发商等）进行协调，对与项目的产出、进度和预算以及转换相关连的风险给予审核并做出恰当的管理，制定相应的风险规避策略。最后要按照合同的约定积极主动地提交、审核和签收项目的交付成果。

（5） 项目监理：第三方监理公司。

项目初期，审核实施商项目组织成员资质、相关项目管理制度及流程、确定实施方提交的项目总体实施方案；项目实施过程中，审核实施商提交的各类详细设计和各种规范编制，指导实施商进行测试和系统上线部署；项目验收过程中，辅助管道企业完成功能验收测试，审核实施商提交的实施文档，指导实施商进行各项培训;项目试运行期间,评估系统综合使用情况,跟踪和记录系统缺陷并提出优化建议,评估验证项目是否达到项目预期目标;项目后期,组织项目后评价,为下一阶段的项目开展提出战略性的建议。

(6) 业务组:实施商管道业务专家和管道企业对应业务部门的人员。

以数据管控体系的成果为基础,根据业务流程的变更情况,与各业务部门组织讨论,进一步确认业务集成的详细需求,根据需求制定合理的设计,包括系统间交互的详细内容、业务系统需要改造的表单、对业务流程带来的改变等。设计完成后应该及时与技术组、业务系统实施组沟通确认业务需求,明确集成平台和各业务系统的实施内容,参与系统联调测试,保证实施成果能满足业务发展的需求。另外还要按时组织业务部门的培训,使业务部门能及时接受原有业务流程的改变并进行问题跟踪及信息反馈。

(7) 技术组:实施商集成技术专家和管道企业信息技术人员。

根据数据管控和管道企业具体需求,确定集成平台的软硬件选型,搭建集成平台软硬件开发环境、测试环境和生产环境;与业务组确认集成业务需求,与各业务系统实施组确认集成技术需求,负责各集成点的集成平台部分的详细设计和实施。组织业务组和各业务系统实施组需要开展系统联调测试,并确认实施成果满足技术要求,编写系统使用和维护手册,对企业的技术人员进行培训和知识转移,同时负责问题的跟踪及反馈。

(8) 协同资源组:熟悉各源业务系统的技术人员。

在项目实施的过程中,相关业务系统需委派对系统熟悉的技术人员参与项目实施,与业务组确认集成业务需求,如交互数据内容和频率、表单、出错机制等;与技术组确认集成技术需求,如接口技术形式、技术标准等,根据业务和技术的需求,设计和开发业务系统与集成平台的输入和输出接口,同时参与系统联调测试,及时发现问题并进行修改,响应后续集成需求的开发和实施。

16.2.2　项目运维组织结构管理

该企业在组建应用集成系统运行维护支持中心(简称运维中心)的过程中,一方面考虑信息化管理长期发展的要求,另一方面还充分借鉴和参考成熟先进的实践经验,在运维中心的组建中严格遵循几个原则:符合信息技术总体规划中的信息技术组织机构设置;建立和完善集团总部集中、统一的IT组织管理体系;规范信息技术服务、建立区域共享的信息技术服务组织;节约成本,尽量利用现有的人力资源,提高效率,明确岗位职责,实现协同合作,无论是技术岗位还是管理岗位都应责、权、利统一,责任落实到人,保证内外结合,完成知识无差别的传递和转移。

针对油气管道应用集成系统覆盖人员广泛、层级全面、功能多样等特点,系统运维组织采用集中式管理,由企业信息管理部门、ERP系统运维中心、各单位系统运维团队、外部系统供应商和专家支持中心人员组成。集成系统运维体系架构设计(图16-4)一般分为三级,专家支持中心是第一级(简称一级运维),运维中心和外部供应商是第二级(简称二级运维),地区公司技术支持组是第三级(简称三级运维)。

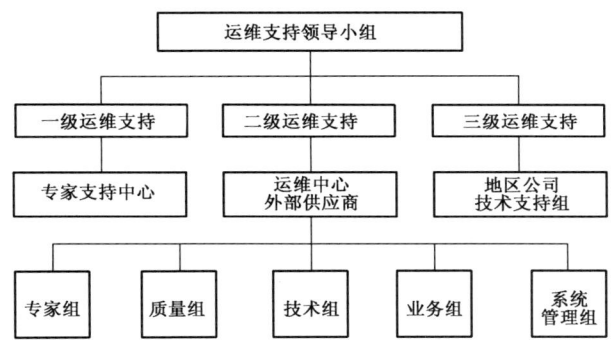

图16-4 项目运维组织机构

16.2.2.1 一级运维

一级运维指管道企业总部专家支持中心,主要面向二级运维,协助解决业务应用、软件系统、硬件设施等方面的问题。

由于油气管道应用集成系统覆盖范围广、项目建设周期长,因此项目建设和运维工作将长期并存。管道企业各业务主管部门的参与,是油气管道应用集成系统运行维护的顺利开展的重要保障,能够有效推动和保证天然气与管道应用集成系统在业务运行过程中的实际运用,根据业务发展的需求来适当更改关键系统,决定实施计划并排定优先实施的顺序,确定和维护稳定统一的系统模板。因此,项目开始之初就需建立支持中心与各主管部门有效通畅的沟通机制,并逐步做到主管部门的直接参与。

16.2.2.2 二级运维

二级运维是应用集成系统运维支持的核心,提供全面深入的系统运维支持,是系统稳定运行和持续发展的重要保障,需要一个随系统实施的深入而逐步形成并壮大的过程。从长远来说,二级支持中心应发展成为油气管道应用集成系统的用户支持中心和实施维护的专家中心。

主要支持油气管道应用集成系统的日常应用,包括系统变更技术、业务评估、方案制订和实施、账号权限管理、运行监控、传输管理、系统性能和安全管理、软件更新维护和升级系统备份和恢复等,同时与其他级别的运维进行沟通,对三级运维进行相关培训并接受处理三级运维提出的问题,针对问题与一级运维或外部相关方进行沟通,共同解决问题。

二级支持中心是管道企业总部级的组织机构,隶属于信息管理部。根据油气管道应用集成系统的实施范围,二级支持中心应具有如图16-5所示的组织架构以涵盖系统运行的各项功能。

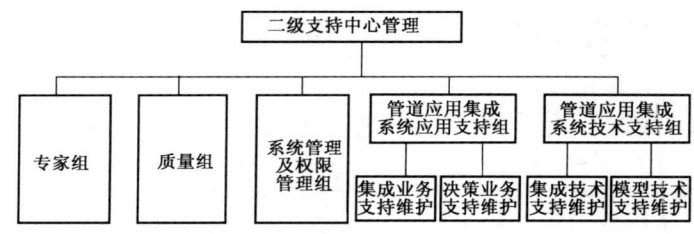

图16-5 二级支持中心架构

对应二级支持中心的职能,二级支持中心需要不同类型的人员来完成其职责:运维管理经理、服务台操作人员、操作支持人员、公共数据管理维护人员、应用系统支持人员、系统技术支持人员、应用开发人员。鉴于目前管道企业平均上线规模和可投入的人力,二级支持中心的人员将组成运维小组,主要的角色为支持中心主管经理、热线支持服务台人员、系统支持小组、集成系统监控人员、权限管理人员和技术开发小组。

集中的运行支持中心是管道企业目前比较合适的选择,它符合集中的总体系统架构,有利于发挥专业优势来实现资源共享和优化利用,便于各支持功能之间的沟通,以提高响应速度和服务水准;可以有效加强对系统变化的控制,形成统一的模板;促进专业人员的培养,为长远发展做好准备。

16.2.2.3 三级运维

三级支持是应用集成系统运维支持的基础,它提供相关的现场支持,比如支撑油气管道应用集成系统日常应用,协调系统功能提升、业务流程调整等较大的变更需求并代表本单位向上级进行提报;独立组织完成由系统变更带来的用户测试、用户账号权限管理等工作;整理系统相关的主数据并实施科学的管理;制定并不断完善管道企业应用集成系统管理制度;和用户进行必要的沟通和互动,包括业务知识的培训和用户问题的处理等;将有关应用问题和需求向二级运维进行提报,配合二级运维开展相关工作。

三级支持隶属于油气管道应用集成使用单位,其组织架构和规模可根据单位的规模、最终用户的人数、内部IT的力量、业务的复杂程度、地域的分布情况等实际情况而确定。作为最接近用户的项目支持组,要解决实际业务中发生的各种问题,如果遇到系统或是配置方面的问题,还可以提交上一级支持中心的相关支持人员。

三级运维人员主要负责系统日常管理和最终用户的业务支持工作,需要掌握角色设计方法、用户权限分配方法、权限管理流程等,业务支持人员需要掌握业务流程及操作方法,了解系统接口,熟悉问题提报操作流程。考虑系统集中部署特点和各企业实际情况,根据实施模块、范围、最终用户数量来制定并调整科学合理的人员配备。

16.3 信息化集成实施计划

根据实际情况,该企业将信息系统集成项目的建设分为3个阶段来进行,如表16-1所示。

表16-1 应用集成项目实施进度表

阶段	第一年				第二年				第三年			
	第一季度	第二季度	第三季度	第四季度	第一季度	第二季度	第三季度	第四季度	第一季度	第二季度	第三季度	第四季度
总体设计												
第一阶段												
第二阶段												

总体设计阶段主要包括平台选型设计、技术架构设计(含规范、标准)、服务及业务流程监控设计、集成平台建设、服务交互设计、分析设计规范、ETL设计规范、架构设计规范、定义技术框架、建立开发环境、界面设计、ERP功能扩展总体设计(如数据归档、权限管理等)等工作。

实施第一阶段主要确立管道应用集成系统实施方案,根据方案在第一批实验单位进行项目建设、系统软硬件选型招标工作、系统咨询实施商招标工作,形成系统设计方案模板,进行阶段总结。

实施第二阶段主要是根据设计方案模板,结合第二批实施单位的实际业务需求,对管道应用集成系统的建设方案做出调整和完善,然后根据方案在其他实施单位中进行推广实施,完成系统功能完善和运维工作。

项目实施第一阶段和第二阶段均可以分为:项目准备阶段、需求分析阶段、设计阶段、系统实施阶段、系统上线阶段及上线后支持阶段6个阶段,各个阶段的主要工作内容各有侧重。

(1)项目准备阶段:建立核心项目组织架构,确定实施团队成员;采购软硬件;制定项目管理各项制度、实施详细计划、项目文档模板;组织各模块专家,建立各子系统实施模板;准备项目启动材料并召开项目启动大会。

(2)需求分析阶段:进行需求调研;确定实施单位的业务模型;确认系统方案;进行变革管理分析;进行需求分析;确认知识转移计划。

(3)设计阶段:各模块详细设计,包括业务蓝图、系统接口以及报表的设计;制定系统规范和培训计划,准备系统使用环境。

(4)系统实施阶段:硬件环境搭建和软件安装;各子系统实施;个性化的系统配置微调;客户化报表开发;系统数据准备;系统测试;技术文档存档;用户手册编写和用户培训。

(5)系统上线阶段:用户测试、账户权限分配;确定系统切换方案;系统上线;用户正式使用系统。

(6)上线后支持阶段:发现和解决出现的问题,保证系统正常稳定运行;系统维护工作由项目组移交给地区公司一级运维人员;进行技术知识的转移;对项目进行回顾,记录经验教训并总结汇报;做项目验收的准备工作。

16.4　信息化集成功能架构

该企业在建设信息系统集成项目时,严格遵循统一原则,ERP系统采用统一平台和集成标准,不同的地区分公司流程以及上下级流程之间规范统一,紧密衔接;保持数据的高度一致性,在不同系统之间、流程接口、管理平台以及集中监控都采用统一的数据标准;充分利用已有的资源,大大降低了项目成本和风险,实现系统设计目标;以跨部门业务流程和决策为驱动,以优化资产和降低风险为准则,满足社会发展需要和企业发展需要为目标,兼顾各层面的管理及业务需求;在系统功能架构设计时,充分考虑内控需求,更加注重系统良好的可扩展性和灵活性。

该企业建设应用集成系统时,考虑的系统功能主要包括系统集成、决策支持、用户访问、ERP 提升这 4 个方面。系统集成涉及业务流程管理、实时监控管理、企业服务管理、企业服务总线、主数据管理和业务数据管理等;决策支持包括数据仓库、报表统计、经营分析、数据抽取、数据挖掘、管理驾驶舱等;用户访问方面要包括单点登录、灵活访问、灵活展现、内容管理、界面集成、搜索引擎、用户交互体验、安全管理等;ERP 系统已实施的采购管理、项目管理、销售管理、设备管理、财务管理等需要进一步完善,另外还需要增加仓储管理、投资管理、数据归档、非结构化数据管理、权限管理、外围系统版本升级、性能优化及其他功能。

在搭建系统架构时,该企业借鉴面向服务集成 SOA 的企业级应用架构 PEA 的理念,规划建设成了以"五二一(一个思想、二大体系、五大中心)"框架为核心的独特的企业集成平台,形成融合的信息化体系,引领核心业务领域发展,建设国际一流高绩效信息化企业。

一个思想:立足已有的信息化建设成果,以"集成"为核心思想,以企业指定的信息化建设总体规划作为指导,深入落实信息化系统集成,为信息化建设提供全面的理念指导。

二大体系:面向业务板块的集成体系建设和面向一体化供应链的集成体系建设。

五大中心:从统一管控、数据共享、流程集成、操作界面协同及安全支撑层面统筹布局,建立五大信息技术中心,形成油气管道企业协同融合的一体化信息集成体系。

(1)应用集成系统管控中心。

建立信息化项目全过程管理体系,构建企业架构平台,深化信息化资产管控建设,实现对信息化项目、架构、绩效、资产和运维等的精细化管理管控。

(2)决策支持中心。

实现数据共享,建成涵盖各类数据资源的数据管理平台,为企业数据架构的顺利实施夯实基础,为企业各级管理操作人员提供对企业业务信息的全方面分析,达到全面决策的目的。

(3)流程集成应用中心。

提供业务流程可视能力,状态监控预警能力,提升企业信息服务总线和数据总线相融合,加速不同业务领域之间的数据集成和流程贯通。

(4)界面协同中心。

提供统一的界面操作能力,通过其他界面开发技术减少 ERP 用户数。

（5）安全支持中心。

提升系统账号和权限的精细管控，建立准确的账号和权限标准规范，实现账号和权限管理流程系统化，确保各业务应用在安全、可靠、可控的环境下高效、有序地运行。

16.5 信息化集成软硬件设计

16.5.1 系统硬件设计

16.5.1.1 服务器设备方案

结合主流软件产品和业界大型应用的最佳实践，该企业服务器采取的软硬件平台设备方案如表16-2所示。

表16-2 服务器设备方案

分类	操作系统平台	硬件平台
门户	Windows/Linux	PC 服务器
流程管理	UNIX	UNIX 服务器
商务智能	Windows/Linux	PC 服务器
数据仓库	UNIX	UNIX 服务器
服务总线	UNIX	UNIX 服务器
数据总线	UNIX	UNIX 服务器
权限管理	UNIX	UNIX 服务器
数据管理	UNIX	UNIX 服务器

各系统均包括数据库服务器和应用服务器，数据仓库系统需存放大量的业务交易数据和业务分析数据并进行大量的计算，因此其安全性、稳定性等综合性能要求很高，同时还需要对数据库服务器进行高可用性方案设计，应用集成项目生产系统数据库采用的并行数据库技术，由多台服务器（或多个服务器分区）组合形成应用集成平台的数据库服务器。

门户、流程管理、服务总线、数据总线、数据仓库等系统需要进行大量的用户访问和数据交换，一般情况下都会使用应用服务器来处理用户访问和数据交换的相应请求，应用服务器能够提供较强的并发处理能力，为避免应用服务器的单点故障，每套系统的应用服务器配置不低于两个。

16.5.1.2 存储、备份设备方案

为保证实现成熟、稳定的数据存储与备份网络,该企业使用了存储区域网络(SAN)来保存企业的实际业务信息。SAN 网络使数据存储在可靠性和高效性方面有了极大的提高。服务器采用双光纤通道容错技术连接在双路光纤交换机上,然后和企业级磁盘阵列及磁带库实现连接,完成数据集中存储和备份。

在磁盘阵列方案设计过程中,该企业综合考虑了磁盘阵列硬件设备的冗余性和容错能力、稳定性,提供的数据读写能力,存储设备类型如表 16-3 所示。

表 16-3 磁盘阵列存储设备方案

分类	数据量	数据库读写要求	业务影响度	容灾需求	适用容灾方案	适用磁盘阵列
门户	低	低	高	高	使用磁盘阵列软件进行数据复制	高端磁盘阵列
流程管理	较高	较高	高	高		
商务智能	较高	较高	高	高		
数据仓库	高	很高	高	高		
服务总线	较高	较高	高	高		
数据总线	较高	较高	高	高		
权限管理	较高	较高	低	较低	使用数据库和文件系统等软件进行数据复制	中端磁盘阵列
数据管理	高	较高	低	较低		

门户、流程管理、商务智能、数据仓库、服务总线、数据总线系统、生产系统磁盘阵列磁盘设计为 RAID1+0 方式进行数据保护前提高数据读写性能。权限管理、数据管理以及所有的开发、测试、支持环境都使用与中端磁盘阵列存储相应的业务数据和系统数据。

在备份设计方案中,所有生产系统均使用 LINE-FREE 的备份方式和 LTO4 磁带机来提升效率和备份速度。为不影响系统的正常使用,备份时间窗口均设置在晚上进行,由于应用集成系统数据量很大,在备份时间窗口不能满足的情况下,采用高端磁盘阵列的快照技术结合 SERVER-FREE 的备份方式来进行。为了更加有效地进行数据管理平台中海量数据的备份,特别是考虑到中端磁盘阵列不能提供快照技术,还需要额外采购虚拟带库设备来提高备份速度。

16.5.1.3 生产系统方案

采用 UNIX 平台服务器作为服务器平台,管道应用集成系统的生产系统数据库将安装在两个结点的集群系统中来提供良好的可靠性、容错能力以及抗灾能力(图 16-6)。平时数据库系统在主结点上运行,一旦主结点发生故障(硬件或软件故障、灾害),数据库系统将自动切换到第二结点上运行。在例行维护和升级中,数据库系统也能在两个结点间自由切换。应用服务器采用中高端服务器,通过多台应用服务器的方式提高系统的处理能力并提供冗余功能。

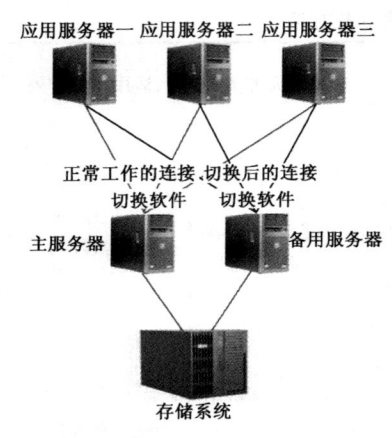

图 16-6 系统冗余方案

16.5.1.4 容灾方案

该企业的应用集成系统对数据丢失量及恢复时间的要求很高,当发生灾难时,恢复时间要求也相对较高,因此使用应用级容灾技术,对生产系统也要进行容灾方案设计,据分析,容灾中心服务器处理能力约占主中心处理能力的八成。

对于用户使用影响很高的门户、流程管理、商务智能、数据仓库、服务总线、数据总线系统,使用远程镜像容灾方式,通过主中心和灾备中心高端磁盘阵列的软件实现数据复制,在实施中最大限度地保障数据的零丢失;有一定用户影响的权限管理系统,由于不支持中端磁盘阵列级数据复制,故使用数据库和文件系统复制的容灾软件进行容灾实施;数据量非常大的数据管理平台,使用虚拟带库设备和文件系统复制的软件进行容灾实施。

在项目上线后,需要建立同城灾备中心,集成系统将采用应用级容灾方案。当主中心发生电力、空调、火灾、网络等灾难时,系统切换至同城灾备中心,由容灾中心提供应用集成系统服务,保障生产系统的可用性,以支持业务的连续性。集成系统是实时运行的企业核心业务系统,对 RTO 和 RPO 的要求很高,当发生灾难时,恢复时间要求也较高,所以使用远程镜像容灾方式,在实施的过程中将通过主中心和灾备中心存储产品本身的软件实现数据复制,在实施中最大限度地保障数据的零丢失。

16.5.1.5 储存、备份和冗余方案

硬件方面采用各种必要的冗余技术,例如服务器磁盘镜像技术、N+1 电源

冗余技术、磁盘阵列、双通道磁盘控制器、双冗余光纤存储交换机等,基本上主流硬件系统均可以支持无单点故障的解决方案。

由于该企业需要存储的数据量较大,数据访问频繁,存储和备份系统必须提供足够的性能和容量。存储系统不仅需要满足一段时间内数据存储的需要,还要提供高速的数据总线及缓存机制,用来满足系统较高数据存储及访问性能的需要。所以使用了存储区域网络(SAN)来保存企业的实际业务信息。存储区域网络和传统的计算机网络不同,它由不同的存储界面构成,是管道 ERP 应用系统服务器后端的网络支持系统。存储网络建立了一种新的服务器与存储设备间的连接方法,并使数据存储在可靠性和高效性方面有了极大的提高。所有服务器采用双光纤通道容错技术连接到双路光纤交换机上,实现与企业级磁盘阵列和磁带库的连接,完成数据集中存储和备份。主中心、同城灾备中心均使用各自的备份系统进行业务数据的备份工作。由于管道 ERP 系统是基于数据库的应用系统,因此分别采用数据库的定期全备、增量等不同方式进行数据库的备份工作,同时在系统定期维护过程中进行所有系统的离线备份。

16.5.1.6 服务器方案设计

该企业的报表、ETL 和系统集成服务器系统软件均采用 UNIX 操作系统,门户和展现服务器系统软采用 WINDOWS 操作系统,硬件平台采用性能可靠、高效、稳定的服务器系列。

16.5.1.7 云计算等新技术的应用

应用集成系统和生产系统数据库共用了多台高端 UNIX 服务器设备,使用灵活的"分区"技术,通过有效的系统监控管理,动态调整服务器处理能力和内存资源,更有效地保障服务器设备资源使用的有效性。通过中低端服务器的分区技术,合理分派各个应用集成系统的应用服务器和开发、测试、支持系统的计算资源,提升各中低端服务器设备使用的有效性。

对于 PC 服务器,通过虚拟化软件进行开发、测试、支持系统的灵活部署,保障各硬件资源更有效地应用。同时还引入固态磁盘(Solid State Disk)作为数据库的在线日志盘,大大提高数据库对日志盘的写性能,减少数据库写操作过大的瓶颈,提高数据库的整体性能。使用 InfiniBand 交换技术,提高并行数据库系统的效率、性能以及系统之间的数据传输能力。

16.5.2 系统软件设计

16.5.2.1 决策支持系统

决策支持系统是以数据仓库技术为依托，充分利用业务支撑系统产生的数据资源，结合相关分析展现等商务智能软件，构建信息分析、挖掘系统和 KPI 分析平台。

该企业的决策支持系统支持不同用户在不同阶段对 KPI 的灵活定制和授权，包括直观灵活的 KPI 展现方式（如仪表盘、温度计、图表、管理驾驶舱等）、灵活的 KPI 发布方式（如 Web 展示、邮件、短信等）、KPI 预警条件的灵活定制，当 KPI 含义变更时，还会支持 KPI 展现的连续性，以及和本系统其他访问功能的集成，且具有较快的响应速度。

决策支持系统软件中的报表软件设计工具灵活方便，能胜任任意复杂的报表形式，特别是中国式报表的复杂表头、网格状多级分组、计算复杂、数据来源复杂等，报表展现样式和操作方式都能最大限度地满足使用者的使用习惯。该报表软件有强劲的运算功能，运算过程不需要繁琐的脚本，采用跟数学表达式相类似的表达式即可实现，能够应用于不同系列的硬件及操作系统平台；支持批量打印、报表运行间性能优化、友好的并发控制机制和负载均衡机制，单个报表大批量输出不影响其他报表；报表设计工具界面友好、易于掌握，设计模式易于调整维护，报表模板与数据分离，接口方式丰富；输出方式丰富，支持 HTML、EXCEL、PDF、TXT 或者 PNG、GIF、JPG 三种图像格式。

而决策支持系统软件底层的数据仓库，则可以提供数据仓库建模和元数据管理功能，包括数据抽取、转换、装载和调度工具，支持各种流行的前端展现工具（如 Cognos Impromptu、Business Objects、Brio Query 等）和数据分析展现工具（如 PowerDimensions、EnglishWizard、InfoMaker、PowerDynamo 等），能够集成异构的关系型数据仓库和分布式数据集市；提供数据仓库的维护与管理工具，如 Warehouse Control Center、Sybase Central、Distribution Director 等功能。支持增加新的业务过程和主题域，以满足未来应用所需；支持 3000 用户的同时还允许增加更多的用户，而不会对系统性能带来负面影响；允许增加复杂和并发的查询，并不会降低系统性能；能够轻松地处理数据量的膨胀，可满足 100T 级数据存储；有相应的接口能够方便地从多个系统集成数据；能够方便地集成围绕在主键周围所有需要的数据，易于进行数据维护管理，操作简便高效。

16.5.2.2　企业系统集成

企业系统集成就是在现有应用系统(OA/邮件系统、MES 系统、财务管理系统、ERP 系统、其他应用系统等)的基础上,采用更加完善和先进的体系架构,基于业界标准,通过 ESB 服务总线和 BPM 流程管理平台,实现将各业务系统整合起来,打通分散于不同系统中的业务流程,真正实现信息系统的高效整合应用。

一般来说,集成应用系统主要由 ESB 和 BPM 这两大部分软件构成,该企业的 ESB 软件性能优越,能实现多种需求,其主要特性有以下几点:开放性是指基于事实上的工业标准或开放性标准,能确保和其他系统的开放连接;扩展性指系统具有强大扩展伸缩能力,在增加和改进应用的同时不会对原有系统造成破坏;移植性也就是尽量减少非业务的纯粹特定产品的配置;子系统的独立性是说建立应用信息交换平台的关键在于连接各个子系统,而软件应保证各个子系统尽量减少功能耦合性;应用信息交换平台和子系统的开发只针对报文,无须了解对方处理的实际过程;便于实现高可用性(HA)和负载均衡管理(WLM);可靠的传输质量保证。

而 BPM 软件系统,总体来说主要包括流程建模工具、流程自动化执行、流程运行状态监控工具,以及流程全生命周期管理机制等基本功能。具体来说实现了如下要求:

(1)流程自动化处理,即信息只有唯一录入口,并按照企业需要定义流转规则,实现流程自动流转,提高工作效率和工作质量,利用 BPM 软件将重复、有规则的事件转换系统自动处理。

(2)固化企业业务流程,通过把企业的关键流程导入到 BPM 系统,由系统定义流程的流转规则,满足企业的管理需求及服务质量的要求,真正达到规范化管理的可控阶段。

(3)实现流程监控和优化,BPM 软件能够随着流程的执行流转,以详尽的数据和直观的图形报表呈现流程的具体情况,如哪些流程制定得好、哪些流程需要改善等,以便给决策者提供科学合理的决策依据,并借助图形化工具进行优化调整,不断反复。

(4)高速的流程处理能力,如在 DocuLabs 基准测试环境下应至少达到平均流程处理能力超过每小时 50 万次的能力。

16.5.2.3　用户访问平台系统

(1)支持信息资源的内容聚合。

用户访问平台系统不仅能够显示办公系统的文件、邮件、新闻、通知等自身创造的文档信息,还能聚合来自其他的管理信息系统、数据库、第三方信息源(如 Word,Excel,XML,txt)的信息资源,形成了一个统一、开放的信息展示平台,解决信息分散和信息共享的问题。

(2)提供个性化的信息服务。

在信息资源高度集中的基础上,用户访问平台提供了便捷的界面定制功能,使得用户可以根据自身的需求,从各专业系统中提取所需要的信息,并集中布置在页面上。也就是说通过给员工提供一个个性化的信息订制服务,帮助业务人员快速管理自己日常关心的信息,减轻从大量信息资源中筛选信息和重复统计之苦。

(3)提供统一的管理办公平台。

将 ERP、合同管理等专业系统的待办事宜聚合集成到管理信息门户中来,为员工提供了统一的办公平台,不仅能提高业务处理的效率,同时也能尽快暴露各部门因统计口径不一致而造成的信息不对称问题,从而帮助信息管理部门协调业务部门解决问题,提高决策支持及咨询信息的质量。

(4)实现单一管理信息资源访问入口。

该系统实现了用户管理和用户认证服务的统一建设,通过对各专业系统认证方式进行改造,实现了对多个专业系统的统一用户管理和认证,也就是专业所称的单点登录。用户访问门户中任意的集成专业系统时,不再需要在多个工作平台中进行切换,也不需要多次提交各种用户 ID 和密码,从而减少系统的访问次数以及用户的记忆负担,能够更为便捷地管理信息资源的访问以及使用,也为企业建设数据中心、报表中心、决策支持及咨询中心夯实了基础。

(5)除此以外,用户访问平台还支持内容发布订阅、可以开发移动办公的版本(主要针对 PDA、手机等)和门户搜索引擎、与流程集中平台进行整合、在统一用户管理和认证服务的基础拓展统一的用户权限管理,实现对集成的各应用资源进行统一授权。

16.5.2.4 数据库方案

数据库主要包括数据仓库、系统集成数据库、数据归档数据库、展示子系统数据库等,需要具有大量数据处理与存储的能力;可以提供数据备份、恢复及存档功能;提供简单实用的数据库管理工具、较高的系统可用性以及标准接口功能等。

该企业在进行系统设计时不仅充分考虑数据服务的功能性需求,还考虑与系统运行紧密相关的一些非功能性需求,数据量预测便是其中最为重要的一个环节。

数据存量预测方法:典型应用系统的数据分为两部分,即存量相对稳定的基础数据和按时间递增的业务数据。存量的估算公式可以简单认为是:$S = F + BT$(其中:S 为存量;F 为稳定的基础数据量;B 为单位时间内递增的业务数据量;T 为时间增量)。根据时间推移,数据库容量需求也会同步提高,管道数据量级可达到 30TB 级。

16.5.2.5 应用系统产品

(1)中间件产品。

利用业务流程管理(BPM),通过系统及各类应用对自动业务流程进行设计、执行和监控;集中的技术平台还能对业务流程进行控制,包括图形化的各类模板。与 PI 完全集成,模板可与 PI 中的各类设计主体(如 Interfaces、Mapping 等)相链接;BPM 运行环境完全执行行业标准,支持行业标准(BPEL4WS),输入/输出流程定义;在技术流程监控中,PI 可以和的通用技术监控集成(CCMS),支持流程监控图形化显示。

(2)决策支持。

目前主要的数据仓库产品供应商包括 Oracle、IBM、Microsoft、SAS、Teradata、Sybase 和 Business Objects 等。

Oracle 公司的数据仓库解决方案包含了业界领先的数据库平台、开发工具和应用系统,能够提供一系列的数据仓库工具集和服务,具有多用户数据仓库管理能力,拥有多种分区方式、较强的与 OLAP 工具的交互能力、快速便捷的数据移动机制等特性。

IBM 公司的数据仓库产品称为 DB2 Data Warehouse Edition,它结合了 DB2 数据服务器的长处和 IBM 的商业智能基础设施,集成了用于仓库管理、数据转换、数据挖掘以及 OLAP 分析和报告的核心组件,提供了一套基于可视数据仓库的商业智能解决方案。

微软的 SQL Server 通过三大服务和一个工具来实现数据仓库系统的整合,为用户提供了可用于构建典型和创新分析的应用程序所需的各种特性、工具和功能,可以实现建模、ETL、建立查询分析或图表、定制 KPI、建立报表和构造数据挖掘应用及发布等功能。

SAS 公司的数据仓库解决方案是由 30 多个专用模块构成的架构体系,适应于对企业级的数据进行重新整合,支持多维、快速查询,提供服务于 OLAP 操作和决策支持的数据采集、管理、处理和展现功能。

Teradata 公司提出了可扩展数据仓库基本架构,包括数据装载、数据管理和信息访问几个部分,是高端数据仓库市场最有力竞争者,主要运行在基于 Unix 操作系统平台的 NCR 硬件设备上。

Sybase 提供了名为 Warehouse Studio 的一整套覆盖整个数据仓库建立周期的产品包,包括数据仓库的建模、数据集成和转换、数据存储和管理、元数据管理和数据可视化分析等产品。

Business Objects 是集查询、报表和 OLAP 技术为一身的智能决策支持系统,具有较好的查询和报表功能,提供多维分析技术,支持多种数据库,同时它还支持基于 Web 浏览器的查询、报表和分析决策。

在数据仓库市场快速发展的同时,市场竞争也日趋激烈,目前来看,3 个层次逐渐浮现出来。Oracle、IBM、Microsoft 和 SAP 位居第一层次,能够提供全面的解决方案;第二层次是 NCR Teradata 和 SAS 等产品相对独立的供应商,可以提供解决方案中的部分应用;第三层次是只专注于单一领域的专业厂商。

(3)门户相关产品。

企业采用 Sun Java System Portal Server 作为门户产品,拥有当今门户解决方案所需的功能和组件,它通过用户、角色和策略的管理集中身份服务来了解每个用户,其强大的聚集和呈现功能为用户提供了相关的信息,使得信息能够尽可能符合用户的需求,其操作环境的个性化使得信息的使用更加便利。Sun Portal Server 支持基于身份的内容发布、服务的远程访问、移动应用和 SOA 架构,拥有较强的监控功能和内容管理能力,可以进行 Portlet 间通信,还提供 AM 和 IDM 来实现单点登录和身份认证与管理,系统接口及配置比较灵活。广泛的社区、协作、内容及知识管理功能与安全、身份管理和移动访问功能相结合,安全地将用户所需的一切提供到任何位置的任何设备。

企业此门户的用户无论身在何处都可以更有效地工作。无论是员工共同协作、工作人员随处访问和更新客户信息、合作伙伴事先访问最新的产品设计、供应链合作伙伴跟踪库存水平,还是客户快速寻找和购买最符合其需求的产品,可访问性和工作效率都能得到增强。

16.5.2.6 数据归档软件

惠普集成归档平台(IAP)通过一个基于标准构建的、出厂即集成的平台,将存储、服务器、归档、索引和搜索软件集于一体,结合了 HP 电子邮件归档软件、HP 文件归档软件、HP 数据库归档软件,以及第三方内容管理软件、电子发现和输出管理解决方案,可以将电子邮件、文档、打印流和数据库信息进行统一的归档管理,提供长期保留以及高速搜索和检索信息资产的功能,惠普集成归档平台可以和现成的智能电子发现工具(如 Clear Well)集成,帮助用户更有效地进行电子发现的任务。

该企业采用惠普 IAP 作为数据归档软件,通过工厂集成的方法简化了安装和维护程序,提高了投资的安全性。利用这一集成归档平台,无需再购买单独的归档客户端软件、服务器、操作系统、外置备份系统、外置数据库系统、索引和搜索软件以及内容可寻址的存储器,不仅减轻了客户的负担,还降低了不同的组件配合使用所带来的风险。它将行业领先的 HP ProLiant 服务器、HP StorgeWorks 磁盘存储器和一组综合的归档管理软件组合为一个工厂集成和测试的架装系统,利用本地 API 和基于标准的接口和现成的集成部件,可以无缝连接到用于电子邮件、文件和数据库的 HP 归档软件,以及第三方内容管理软件、电子发现和输出管理解决方案。对已归档信息的访问是完全透明的。

16.6 信息化集成平台部署

16.6.1 系统部署

该企业的油气管道应用集成系统采用集中式的物理部署方案(图 16-7),设备部署在总部的数据中心,为满足各业务领域应用集成的需求,部署数据总线、集成总线、数据仓库、商务智能、流程管理、门户管理系统;为满足 ERP 提升和应用集成系统的需求,部署统一的权限管理、数据管理、系统监控备份等系统。

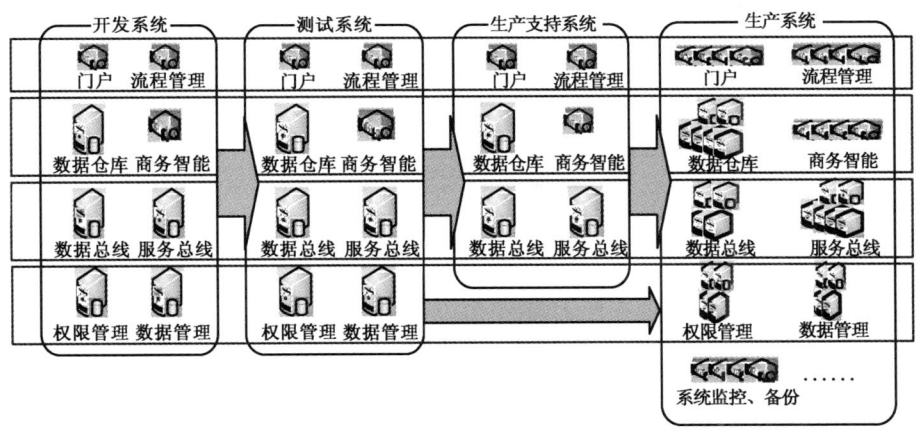

图 16-7 应用集成系统项目物理部署方案

总部数据中心同时部署了开发、测试、生产系统。生产系统是企业为维持日常运转而实际使用的系统,其中存有企业完整的业务数据;相关应用客户化和开发等工作在开发系统中进行;测试系统为各种客户化和开发工作提供完备的测试功能,用以验证客户化和开发的正确性。作为应用集成的核心系统,门户、流程管理、商务智能、数据仓库、服务总线、数据总线系统将部署生产支持系统,用于实现模拟生产环境进行相关的压力测试、业务仿真测试的系统。

项目上线后,该企业还同时建立了灾备中心,应用集成系统采用应用级容灾方案。当主中心发生电力、空调、火灾、网络等灾难时,系统切换至灾备中心,保障生产系统的可用性,以支持业务的连续性。

16.6.2 建设模式

常见的系统建设方式主要有套件组合、自主开发或者套件开发相结合这3种模式。套件组合是选择购买一个或者几个套件,通过产品实施的方法实现油气管道应用集成系统全部功能,这里的套件是指成熟、专业的第三方应用集成软件产品。自主开发就是根据实际情况,企业内部自主开发软件系统。套件加开发是二者相结合的方式,部分功能使用套件实现,部分功能采用自主开发实现。3种模式对比分析见表16-4。

表16-4 系统建设模式分析

	套件组合	自主开发	套件加开发
业务覆盖	(1)目前还没有一个能满足业务需求的套件组合; (2)各套件功能局限,仅关注单一业务领域。 (3)套件功能具有先进业务管理实践	(1)根据要求开发,可以满足现有业务需求; (2)能够及时响应未来业务调整; (3)缺乏先进业务管理实践	(1)套件功能具有先进业务管理实践; (2)自主开发可以兼顾特殊业务和未来调整需求; (3)需要在套件和开发权重进行过多考虑,并带来一定风险
设计开发	(1)各套件均拥有自主的技术标准,整合设计难度大。 (2)各套件底层数据结构不统一,扩展开发风险高	(1)满足应用需要; (2)数据接口规范需要自己进行设计与开发	(1)满足应用需要; (2)需要深入了解成熟套件的相关机制和方法,并较好地运用到设计开发中

续表

	套件组合	自主开发	套件加开发
性能相关	套件支持大数据量和多用户	大数据量多用户支持和其他技术方面需要进行验证	(1)套件大数据量和多用户支持有案例进行验证或有解决方案； (2)非套件技术方面需要进行验证
时间进度	开发时间不可控	开发时间较长	开发时间适中
人员与运维支持	(1)咨询人员需求多； (2)需要根据套件进行业务变革，风险大； (3)后期运维升级支持难	(1)开发咨询人员需求最多； (2)后期维护升级方便	(1)咨询开发人员需求适中； (2)后期运维升级相对复杂
集成相关	(1)各套件间集成复杂度高； (2)遵照套件的统一接口标准集成风险较小	(1)集成需要全面手工开发，实现复杂度高	(1)遵照套件的统一接口标准集成风险较小

选择建设模式的时候,要充分考虑系统现状和实际情况,比如系统支持的业务复杂度、覆盖范围的广度,以及是否有一种套件或套件组合能够满足系统业务需求;系统需要整合的现有应用是否较多,接口和集成复杂度是否较高;由于系统建设时间短、任务重,因此需要快速稳妥地实现,以保障及时上线、平稳运行;系统要具有很高的灵活性与扩展性,要有强大的工作流引擎、报表系统、授权管理等开发工具。

该企业综合考虑各种因素,由于自主开发实施周期长、开发工作量大、需求难于控制,以及产品套件无法完全满足业务需求的情况,最终采用"产品套件+自主开发"的模式构建管道应用集成系统。

16.7 信息化集成运维体系

集成平台建设完成后,该企业还建立了一套完整的运维体系以保证平台的平稳运行和持续完善。运维组织结构(图16-8)及成员职责明确定义了集成平台运维团队、各应用系统配合团队和项目管理办公室PMO在集成平台运维中的责任,以及各组织单元的重要角色。

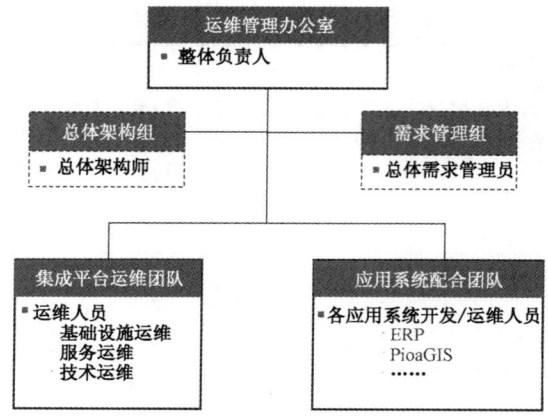

图 16-8 运维体系组织结构及职责

运维管理办公室 PMO：从总体角度管理和控制集成平台的运行维护和各应用系统间的配合，并负责协调解决相关的重要情况和问题。

总体架构组：负责管理集成平台总体技术架构，必要时主导实施架构变更，确保总体架构的合理及优化性，同时也负责协调解决需求与架构、技术方案与架构的冲突。

需求管理组：负责收集业务部门需求，协调运维团队对需求进行评估，排定需求实现的优先级及实施计划，把控需求实现进度。

集成平台运维团队：主要对集成平台运维过程中的软硬件基础设施、服务、流程监控等各项应用的进行日常维护，发现并解决系统存在的问题；根据需求管理组安排的集成平台优化及新增需求，进行相应的技术开发、测试及部署工作。

应用系统配合团队：负责与集成平台的接口的日常运行运维；应用系统变更时，如涉及与集成平台的接口，要向运维管理办公室提交相关的变更内容；进行接口变更及增加的开发、测试、部署工作。

·小结·

一些管道企业在建立大量信息系统的同时，也建立了人员众多的信息化团队，信息化的集成不但是系统之间的有效集成，还涉及如何建立合理的信息治理架构。

第17章　信息系统集成典型经验

17.1　坚守集中统一原则

坚持统一规划。紧密结合管道企业的发展战略,统一制定支持业务、逻辑清晰、任务明确、切实可行的信息技术总体规划,形成企业网络化经营的总体解决方案,作为信息化建设的总纲,确保信息化建设沿着科学发展的轨道持续推进。

坚持统一标准。建立和推行管道企业范围内统一的数据标准、应用系统标准和信息技术基础设施标准,最大限度地消除异构性,降低信息系统运行维护的复杂性,以尽可能低的成本保障信息系统的高可用性。

坚持统一设计。从全局的角度出发,理清业务和技术的关系,进行系统架构设计。在项目立项阶段,统一组织项目的可行性研究,以保持与信息技术总体规划的一致性。在项目实施阶段,统一组织方案设计,形成全局统一的业务模型、数据架构、技术架构和应用架构。力求实现信息系统中业务流程和数据标准的高度统一,这样既可以支持统一平台建设,又能节约软硬件投入和运行维护成本。

坚持统一投资。由管道企业总部统一管理信息化投资,统一审批、集中投入,最大限度提高资金使用效率和投资回报率。

坚持统一建设。由管道企业总部统一组建项目实施团队,在各分公司或成员单位统一组织实施,确保在全企业范围内建成集中统一的信息系统。

坚持统一管理。在决策层面,建立"信息化工作领导小组加主管领导"的决策体制,负责审批信息技术总体规划和年度工作计划,确定信息化发展方向,部署和督导重点工作,协调解决重大问题;在执行层面,健全和完善以总部和成员企业两级信息部门为主体的组织管理体系,建立一整套自上而下统一的信息化工作管理制度,实现统一的规范的管理。

17.2 深入落实集中管控

管道企业信息化建设从分散走向集中是革命性的过程,建设集中统一的信息系统对增强企业竞争力、实现快速发展有着重大战略意义,但它同时也会引发企业管理和业务运营模式的深刻变革,涉及跨组织边界的流程优化,与传统的组织结构条块分割存在矛盾。在具体工作中,该企业统一数据标准、优化经营管理模式、改变信息获取方式;转变员工工作方式和行为习惯,对员工的素质和能力提出更高要求;对资源、责任、利益等进行科学的调整和再分配等。

为了能尽快消除分散建设和集中管控的统一建设这两种思想观念的矛盾和冲突,新建系统的覆盖和已有系统的替代过程中,更加重视各级领导特别是"一把手"的果断决策和强力推进,形成了自上而下的组织领导。

在信息化集成推进过程中,企业明确提出了"信息化工作要坚持企业发展理念、坚持集中统一管理、坚持持续投入机制"的总体要求。在项目建设过程中,该企业成立了信息化工作领导小组,及时审定信息技术总体规划、年度计划、管理制度及其他重大事项,并切实担负起领导决策的责任。各级领导深刻认识信息化价值,并将之放入重要的议事日程,工作中积极倡导,重大项目亲自挂帅,关键环节及时决策,注重在学习信息化、应用信息化、推进信息化方面起到表率作用,有力推动信息系统建设和应用。例如,在ERP系统建设过程中,信息化主管领导亲自组织制定ERP系统详细计划大表,并明确要求各成员企业主要领导对系统建设负总责,将系统建设应用情况纳入各企业主要领导任期绩效考核体系;各分公司领导统一组织管理模式和业务流程优化,亲自督导业务蓝图设计,定期听取项目汇报,经常到现场调研了解项目进展、协调解决疑难问题;各成员企业领导积极组织资源,层层落实责任,做到技术骨干组织到位、管理理念调整到位、全员培训应用到位,保证了ERP系统按计划、高质量建成应用。

17.3 推行项目管理机制

针对信息系统集成项目涉及专业面广、参与人员多、周期长、过程复杂等特点,企业通过规范的项目管理打破职能管理界限,有效地协调资源,全面提高信息系统集成建设质量和效率,在此过程中,还要注重充分发挥业务需求的驱动作用,加强参与方之间的紧密合作,共同研究解决项目实施过程中的各种问题,形成了信息化建设合力。

建立健全由业务部门、信息部门、内外部实施队伍共同组成的项目组织,明确责任分工,按计划进度组织项目实施。业务部门要负责提出并确认需求,统一组织对业务运营模式和流程进行简化、优化和标准化,进行业务蓝图设计,确保信息系统满足业务需求,使业务和技术能够更好地融合;信息部门加强统一管理,在制定系统方案、进行系统集成、开展运行维护、完善信息技术基础设施等方面,充分发挥组织协调作用。系统建成投用后,业务部门负责推动系统应用,承担起深化系统应用的责任,引导广大业务人员形成向信息系统要解决方案的思维习惯和工作方法,使其真正成为日常处理业务必需的工作平台;信息部门做好系统运行维护工作,保障系统平稳运行和有效应用。相关管理部门统一协调落实各种资源,保证按规划持续投入、配套投资和运行维护费用的足额到位,协同推进项目实施。

17.4 通过招标选商降本

信息系统集成项目的实施需要软件供应商、硬件供应商和咨询实施商的共同参与,高水平的合作伙伴和高质量的软硬件产品是项目成功的重要前提。通过招标选商来选择产品和服务成为信息化建设的一个必要环节,也是有效降低信息化建设成本、提高投资收益率的重要手段。

管道企业需坚持"技术领先、价格优惠"的原则,对所需的软件、硬件以及咨询服务分别实施招标选商,并采取"一次招标、按项目进度和乙方业绩分期签合同"的商务运作模式。首先与供应商签订试点实施合同,再结合项目进展和供应商业绩签订推广合同。这不仅有利于加大标的、降低风险、争取更好的折扣,而且能够有效避免对同一项目多次招标,保持软硬件平台和服务厂商的统一性,最终确保所选产品和服务均能满足项目需要。例如,在 PioaGIS 系统建设过程中,充分发挥企业的规模优势,根据前期详细的调研结果,对需要的软件、硬件和咨询实施商分别集中招标,获取最大限度上的价格优惠,节省项目总体投资。在做好招标工作的基础上,进一步发挥企业整体市场和资源优势,积极与主要供应商开展战略合作,力求在更大的时间和空间上获取更高质量的产品和服务。

通过招标选商,以合理的价格采购到适合的软硬件产品和服务,可以大幅降低采购成本,同时还可以避免反复冗长的技术、商务谈判,节省大量的采购时间,保证高效率的决策,很大程度上加快了项目进程。另外规范的采购流程还能有效地预防或杜绝"暗箱操作",使采购过程更加透明,防止和减少腐败及其他不法行为。

17.5 持续推进系统集成

应用产生效益,信息化集成的价值必须通过业务应用集成实现。只有持续提高信息系统集成应用水平,最大限度地发挥信息化价值,才能实现对业务发展的有效支撑。

信息系统集成建成后,相关业务主管部门积极发挥主体作用,担当起提升业务管理水平的重要角色,下发专门文件提出应用要求和运行规范,组织多层次的应用培训和研讨交流,总结推广先进经验和典型做法,提高系统操作水平和整体应用效果。同时,加大对各成员企业的应用考核力度,从系统中提取实时数据考核系统应用,努力将已建成投入使用的系统运用好。各成员企业及时制定信息系统集成应用和运行维护管理制度,将业务流程、数据标准、使用规则等通过系统固化下来,并结合自身实际,组织面向基础管理、安全隐患治理等方面的系统应用开发,作为加强审计、监察、内控等工作的有效手段,努力提高风险防控能力,促进源头治理。广大业务人员要在实践中积极转变传统工作模式和行为习惯,从解决企业发展的迫切问题入手,将系统应用融入个人日常工作中。信息系统集成运行维护队伍坚持做好 7×24 小时不间断服务,提高日常运维服务质量,加强应急演练,增强应对突发事件的能力,确保系统安全可靠和稳定运行。

17.6 注重自主创新能力

信息技术发展日新月异,只有不断提高自主创新能力和水平,注重培养内部支持队伍自主建设能力,才能有效提升信息系统集成建设质量和水平。

在信息化集成建设过程中,管道企业一方面需要注重引进成熟软件和国内外最佳实践,另一方面还要结合自身业务发展实际,进行集成创新和消化吸收、再创新。某油气管道企业在率先采用大集中的系统架构、有效实现 ERP 与已有财务系统集成、研发成功超大型企业资源管控模型等方面,实现了多项技术创新,形成了一系列具有自主知识产权的软件产品和技术专利。在与国际知名咨询公司合作的同时,注重信息化建设自主能力的培养,根据信息技术总体规划项目实施的需要,立足于企业内部资源,逐步培养形成了十余支能在全企业范围内提供共享服务的专业化信息技术队伍,按照"边建边学、建成后独立承担系统运维"的成长模式,注重向业务人员和外部专家学习,实现知识转移和经验积累,基本具备了独立承担系统运行维护和拓展实施的能力。同时,企业每年都组织多领域、多层次的信息技术及业务知识培训,不断提升广大信息技术人员的专业技术水平。积极与国内外知名企业开展前沿技术交流,组织了一批信息技术骨干人员赴国际知名信息技术公司开展专项技术培训,了解国际信息技术发展趋势,为信息化持续发展培养了高层次人才。从信息技术骨干人员中评聘高级信息技术专家,在参与信息技术规划设计、解决信息系统复杂故障、保障系统高可用性、持续跟踪新技术动态、指导系统升级与集成方案设计等方面发挥越来越重要的作用。

· 小结 ·

管控一体化的最终实现依赖于自上而下的推动,信息化集成对统一标准的依赖性是极大的,但在要求统一的同时,企业应该意识到如何调动每个人的积极性。

第 18 章　信息系统集成建设效益

经过管道信息系统集成项目的建设与实施,企业实现了业务的集成化和智能化管理,形成集约、有序、标准开放、资源共享、相互支撑、协同工作的有机整体,实现了资源的有效共享和整合,使企业具有更强大的业务处理能力,提高了企业管理水平和核心竞争力,为今后的可持续发展奠定信息化基础。

18.1　提高工作效率

18.1.1　实现系统智能性

通过建设集成平台,提供了统一、标准化的系统间交互方式,可以有效整合企业现有的在用信息系统,以业务为中心,集成各专业应用系统,优化业务流程。在应用集成和数据整合的基础之上建设数据仓库以及运营指挥调度等展现综合信息的子系统,从而辅助领导决策。实现各级管理层关注的各类综合管理信息的查询、多维分析、钻取和挖掘等功能,为决策的制定提供及时、有效的信息支持和管理手段。系统将建立统一访问入口,实现单点登陆,与办公管理系统、移动应用平台等高效集成,通过待办业务提醒、移动业务操作、移动审批、移动业务操作、移动信息录入和查询等功能,使管理者和业务人员摆脱固定办公地点、固定办公设施的束缚,实现移动办公,极大提高了工作效率。

18.1.2　提高数据准确性

集成平台的建立实现了企业的人力、物力和财力这三大资源的统一,保证了数据的一致性和准确性,也免除了各系统重复的工作流,提高了工作效率。

18.1.3　流程管理自动化

集成平台实现了各应用系统的协同工作,实现单据在系统内的传递,优化业务流程,实现无纸化办公。

18.1.4 减少业务工作量

系统集成性和信息处理自动化大大减少了独立账套的数量、核算层次、报表合并的层次和复杂性,以及内部交易对账的工作量,提高了财务处理的工作效率,降低了财务交易处理成本。

18.1.5 挖掘内部潜力

集成平台以业务为中心,集成各专业应用系统,优化业务流程。企业分公司可以在统一的应用集成平台上对实际业务流程进行检验,从整个业务流程和内部管理等角度进行分析,挖掘出隐藏在企业某个运营环节中的有价值资源和信息。结合决策与支持子系统对企业的整体经营状况进行分析,深度挖掘企业内部资源和潜在利润增长点,从而寻找到企业新的效益增长点。

18.2 优化系统配置

某管道企业之前建成的信息系统大多数采用了独立的系统结构、数据库服务器、磁盘阵列和专用的用户端计算机及应用软件,随着这些信息系统数量的增加,不可避免地出现了设备的闲置和资源的浪费,通过建立应用集成系统架构,整合各应用系统的系统设备、数据库、用户界面,优化系统配置,提高信息系统资源的利用率。

18.3 加强成本控制

企业注意加强对工程进度、工程物资、投资进度和投资过程的管理,避免人为浪费,节约投资的同时也提高了投资回报率。通过对投资和预算的实时管控,强化了成本分析,进一步提高预算管控的精细化程度,实现了生产过程和业务流程的集成化管理。

通过企业生产经营层面各应用系统的有效集成和应用,实现了业务信息共享、业务管理规范和标准的集成化、实时化,降低了企业运作的整体成本,使企业生产经营处于最佳运行状态;能够提高库存周转率,降低库存成本;通过ERP系统与物流管理系统等系统的应用集成,以及自身物流功能的提升,能够对运输、仓储、配送等物流业务进行有效管理,提升物流工作效率,降低企业物流成本。

另外,随着应用系统的增加,系统结构越来越复杂,运行管理的成本也随之增加,通过管道应用系统集成,形成统一的应用运行环境、服务调用、流程管理和门户服务等,逐步减少人工信息处理的过程,能够有效降低系统运营维护难度。通过 ERP 系统与其他信息系统的应用集成,实现数据的及时采集和充分共享,减少信息采集的资源投入,降低信息管理成本。通过天然气与管道应用集成系统项目,能够整合既有软件、硬件、网络、设备资源,合理利用原有信息化基础设施,避免信息化建设重复建设、盲目投资,提高信息化建设科学性和合理性,从长远和整体角度降低企业信息化建设的成本。

18.4　提升决策支持

企业决策的产生依赖于有效的决策信息,决策支持平台将以实时的业务数据为基础,通过对各类数据的抽取、汇总、挖掘、整理和分析,通过最直观有效的方式对数据进行多维度立体化的展现,使决策层能够从不同的角度全面把握企业的生产经营状况,提高快速反应能力,为正确而快速的决策提供强有力的支持。

若信息缺乏或分析展现不足,企业领导层在制定决策的时候往往只能依赖管理人员对相关数据的主观判断,难免造成决策失误。决策支持平台使企业可以获得更为直观的信息,减少决策层在查询各类数据时在多系统之间不断切换的时间,提高决策层对各类数据的分析能力,使领导层能够及时获得最需要的信息,为经营管理决策提供支持。高效率的决策支持将有效地提高企业的核心竞争力和市场反应能力。

小结

众所周知信息化可以为企业管理带来质的提升,本章主要对信息化带来的经济效益进行了定性分析,信息化的价值往往要通过业务所产生的价值来体现,因此,对于信息化产生经济效益的量化计算还在深入地研究之中。

参 考 文 献

崔红升.2003.信息化再造管道运营技术[J].油气储运,22(10):1-4.
刘斌.2011.油气管道生产经营信息系统应用集成研究[D].西南石油大学.
卢正,毕旭东.2009.天然气管线信息系统的设计与开发[J].西南石油大学学报:自然科学版,(4):173-175.
潘家华.2004.全面提高我国油气储运事业的整体水平[J].油气储运,23(5):1-6.
赵晨.2007.基于SOA的企业应用集成架构研究[D].北京:北京交通大学.

附录

词 汇 表

名　称	定　义
SOA 服务	在集成平台运维环境设计中,为了区别应用集成范畴中的服务(即使用开放标准定义的功能)与运维组织提供的实际服务(如保持服务器可用性在99%以上),特将应用集成范畴中的服务称为 SOA 服务,以下提到的业务服务、组件服务及应用与基础服务都属于 SOA 服务的范畴
业务服务 (Business Service)	指暴露给服务消费方(如其他应用或流程执行模块)使用的,通常对应一个实际可见的业务功能的服务
组件服务 (Component Service)	指提供业务服务使用,但不对服务消费方可见的内部服务
应用与基础服务 (Application and Technical Service)	提供 SOA 框架下的上层服务所需的底层功能的服务,如安全、转换、管理、路由等
SOAP	Simple Object Access Protocol 简单对象访问协议
BPEL	Web Services Business Process Execution Language 业务流程执行语言
BPM	Business Process Management 业务流程管理
ESB	Enterprise Service Bus 企业服务总线
ESR	Enterprise Service Repository 企业服务库

缩 略 语

缩　写	全　称
CURD	C 指创建,U 指更新,R 指读取,D 指删除
SCADA	数据采集与监视控制系统
ERP	企业资源计划
PPS	管道生产管理系统
PioaGIS	面向管道完整性应用的地理信息系统
EAM	设备资产管理系统
PCM	管道工程建设管理系统
ERP–PS	ERP 系统中的管道项目管理子系统
ERP–SD	ERP 系统中的油气销售子系统
ERP–HR	ERP 系统中的人力资源管理子系统
FMIS	财务管理系统
ERP–MM	ERP 系统中的物料管理子系统
HSE	健康安全环保